夏直播花生高产栽培理论与技术

张佳蕾 刘兆新 等 著

U0249423

科学出版社

北 京

内 容 简 介

本书共分9章,概述了夏直播花生的生产状况、生育特点和高产途径;从出苗特性、农艺性状、光合衰老特性、养分吸收利用、土壤碳氮组分、根瘤固氮特性、微生物群落结构、温室气体排放和产量构成因素等方面全面系统地论述了夏直播花生的生长发育规律和高产生理基础;重点介绍了夏直播花生单粒精播核心技术和关键配套技术,并在此基础上构建了夏直播花生高产栽培技术体系。

本书理论与实践紧密结合,可供广大花生科技工作者、农业院校师生、农业技术推广人员和从事花生生产的新型经济主体与种植户等阅读参考。

图书在版编目 (CIP) 数据

夏直播花生高产栽培理论与技术 / 张佳蕾等著. — 北京 : 科学出版社, 2025. 3. — ISBN 978-7-03-081114-1

Ⅰ. S565.2

中国国家版本馆 CIP 数据核字第 20255BS467 号

责任编辑:李秀伟 / 责任校对:宁辉彩
责任印制:肖 兴 / 封面设计:无极书装

科学出版社 出版
北京东黄城根北街 16 号
邮政编码:100717
http://www.sciencep.com
北京九州迅驰传媒文化有限公司印刷
科学出版社发行 各地新华书店经销
*
2025 年 3 月第 一 版 开本:720×1000 1/16
2025 年 3 月第一次印刷 印张:13
字数:262 000
定价:150.00 元
(如有印装质量问题,我社负责调换)

著 者 名 单

主要著者

张佳蕾　刘兆新

其他著者

郭　峰　刘　娟　康　涛　李向东　万书波

前　言

　　小麦、花生两熟栽培是黄淮海地区解决粮油争地矛盾，发展花生生产的主要种植模式。该模式有麦套花生和夏直播花生两种方式，麦套花生因两种作物有一段共生期导致诸多不利因素存在，如品种和机械不配套、机械化水平低；播种受小麦影响大，质量难以提高、密度不易掌握，出苗率低、难全苗、易出现高脚苗；收麦时对花生幼苗损害严重；不能整地施底肥，肥水利用效率不高；小麦收获后花生有缓苗期，杂草难防除，后期易早衰等，近几年发展受到一定限制。实行小麦收获后播种花生，不仅可以解决麦套花生播种质量差等问题，而且便于小麦机械化收获，具有整地、施肥、播种花生省时省工等优点，在小麦、花生两熟区农民容易接受，是提高劳动效率、增加产量和效益的有效途径。除小麦外，大麦、油菜、大蒜、马铃薯等夏收作物的收获时间均早于小麦，收获后种植夏直播花生具有更高的产量潜力。凡麦收后至小麦秋播前总积温在2800℃以上的地区，均可发展覆膜夏直播花生，总积温超过2900℃的地区可以发展露地夏直播花生。

　　发展夏直播花生是现代农业发展的需要，对充分利用土地、光热资源，大幅度提高粮油产量、确保粮食和油脂安全，提高作物生产机械化水平、降低生产成本、提高种植效益都具有重要的现实意义。早在1988年山东农业大学和临沂市农业科学院就在莒南县开展了覆膜夏直播花生高产攻关与试验示范研究，并培创出大面积亩产超过400kg的高产田，建立了较完善的技术体系。该技术获得了山东省科学技术进步奖二等奖，2013年被农业部发布为农业行业标准《夏直播花生生产技术规程》（NY/T 2398—2013）。近几年，山东省农业科学院花生栽培与生理生态创新团队和山东农业大学花生栽培研究室对夏直播花生生育特点和高产途径进行了系统研究，阐明了品种、播期、地膜覆盖、种植方式、水肥运筹等对夏直播花生生长发育的调控效应，以单粒精播为核心技术，创建了夏直播花生"三增加三精准"高产栽培技术体系。夏直播花生轻简高产高效栽培技术在2022年同时入选农业农村部主推技术和山东省农业主推技术。2022年10月10日，山东省农业科学院组织国内有关专家，对花生栽培与生理生态创新团队设在山东省泰安市宁阳县堽城镇赵家堂村的夏直播花生高产攻关田进行了实打验收，花生产量达到619.31kg/亩（1亩≈666.7m^2），创造了我国夏直播花生单产新纪录。近几年，夏直播花生高产栽培技术体系在山东省泰安市、临沂市、菏泽市等主产区大面积推广应用，有力推动了我国夏直播花生生产达到全新水平。

本书全面系统介绍了夏直播花生增产的机理及栽培技术，所涉及的内容是作者及其团队长期对相关理论和栽培技术研究的提炼与总结。希望本书的出版可以完善花生高产理论研究，加快推广夏直播花生高产栽培技术，并为相关领域的科研、教学、推广工作者提供参考。在研究过程中，国家重点研发计划课题（2020YFD1000905、2022YFD1000105）、国家花生产业技术体系（CARS-13）、山东省重点研发计划项目（2022CXPT031、ZFJH202310、2024CXGC010902）、泰山学者工程（tsqn202211275、tspd20221107）和山东省花生产业技术体系（SDAIT-04-01）等项目给予了研究经费支持，在此表示感谢。

受作者水平所限，书中难免存在一些不足，恳请广大读者提出宝贵意见和建议。

作 者

2024 年 10 月

目　　录

第一章　概　　述

扩大小麦花生两熟制是花生生产进一步发展的必然趋势，也是解决粮油争地矛盾的主要途径（李向东等，1994）。我国黄淮海花生产区自然光照资源比较丰富，能满足一年两熟的热量要求，但在 2010 年之前，夏花生以麦套花生为主。随着农业生产现代化水平的不断提高，麦套花生由于不利于花生机械化播种和机械化收获小麦，加之劳动强度提高、劳动生产率降低，不适合现代农业发展的要求。与麦套花生相比，夏直播花生具有小麦花生无共生期、相互间影响较小、有利于两种作物机械化作业等优点，在麦油两熟现代农业生产中的优势越来越明显（王在序和盖树人，1998；万书波，2003）。改一年一作花生为夏直播花生，一方面，使原来一年一熟的纯作花生改为一年二作二熟，有效地提高了复种指数，能够充分利用土地资源和光热资源，粮油产量和经济效益均得到了大幅度提高；另一方面，随着农村结构调整和农业生产现代化水平的不断提高，大批农村劳动力转向城市和从事乡镇企业等其他非农工作，农村劳动力明显不足，而夏直播花生可实现小麦、花生两熟机械化作业，大大降低劳动强度，解放了农村劳动力，这正是现代农业生产发展的必然要求，对促进农村经济发展、增加农民收入、加快乡村振兴具有积极意义。

第一节　发展夏直播花生的生态条件

发展夏直播花生是适应现代农业发展要求和提高复种指数的重要途径，但由于夏直播花生生育期短，营养体生长不足，对热量、光照条件等要求较高，要发展夏直播花生必须满足以下生态条件（孙彦浩等，1992；王才斌等，1996）。

一、热量条件

热量条件是发展夏直播花生的首要条件。夏直播花生的生育期限定在小麦等夏收作物收获后至下茬小麦等秋播前。这就要求选用既适合晚播又早熟的小麦品种，从而为夏直播花生留有足够的生长期。所留时间除夏直播花生所需的生育期外，还应有麦收后整地播种花生及花生收获后整地播种小麦所需时间。

夏直播花生生育期与品种熟性及其要求的积温、种植方式等因素有关。据山东农业大学研究，'海花 1 号'、'花 37'、'双纪 2 号'等中熟大花生品种，夏直播地膜覆盖栽培要求 2600～2800℃的积温条件,在鲁南的生育期 108d 以上。若露地栽培,需增加约 200℃积温,总积温需 2800～3000℃,在鲁南的生育期 115d 以上。若考虑麦收后整地播种花生和花生收获后整地播种小麦所需时间,则麦收至秋播所留时间应为 115～120d。因此,麦收后至小麦秋播前总积温高于 2800℃的地区,才能发展夏直播花生,而且只有地膜覆盖栽培方式,才能获得高产、稳产。

二、光照条件

夏直播花生生长季节正处在高温多雨的夏季,阴雨天较多,光照时间不足是影响夏直播花生生育的另一重要因素。光照时间不足易造成花生营养体生长过旺、倒伏、光合能力降低,干物质积累少、分配不合理等不良现象。山东、河南等省份处在半湿润温暖带季风气候区,虽然夏热多雨,但夏季很少出现阴雨连绵的天气,光照资源比较充沛,多数地区能满足夏直播花生的光照要求。

三、灌溉条件

夏直播花生生育期短,生育进程回旋余地小,任何时期遇到干旱或涝害,均会影响正常的生育进程和器官发育速度,造成减产,特别在播种期和盛花期前后尤为严重。我国黄河流域和长江流域等主要夏直播花生产区经常出现夏旱和伏旱,如无灌溉条件,出现夏旱很难保证按时播种夏花生,勉强播种,则难以保证全苗,严重夏旱年份,无灌溉条件地块曾出现夏直播花生大片旱死的现象。如果出现伏旱,此时又正值夏直播花生大量开花、下针和幼果形成期,对干旱特别敏感,而夏直播花生有效花期只有 15～20d,会造成严重减产。可见,发展夏直播花生必须具备灌溉条件。

四、土壤条件

花生虽然具有根瘤固氮能力,在较瘠薄的土壤上仍能生长良好,但夏直播花生要获得高产,必须选择中等肥力以上的土壤。夏直播花生生育期短,对环境的适应性差,根瘤发育不良,耐瘠能力不如春花生强,在春花生可以生长良好的瘠薄地夏直播花生则难以高产(孙彦浩等,1989;王才斌等,1994)。据山东省花生研究所研究,夏直播花生要获得高产,土壤的理化性状必须达到以下指标:0～30cm 耕层土壤有机质含量 7.24～10.34g/kg,全氮含量 0.56～0.87g/kg,全磷含量 0.58～1.88g/kg,碱解氮 60～90mg/kg,速效磷(P_2O_5)15～25mg/kg,速效钾(K_2O) 60～96mg/kg;0～30cm 土壤容重 1.3～1.45g/cm^3,土壤总孔隙度 49.4%～52.1%。

第二节 夏直播花生的生长发育规律

夏直播花生由于播种至收获所处的环境条件与春花生明显不同，其生育特点也与春花生有明显的差异（李向东和张高英，1992；万勇善等，1998b）。

一、生育进程

夏直播花生生育期长短主要受麦收时间和小麦播种时间的限定。山东省莒南县夏直播花生高产田一般在 6 月 16 日播种，10 月 4 日收获，全生育期 111d，总积温约 2600℃，>10℃有效积温 1513.6℃。而春花生生育期 151d，总积温 3501.4℃，>10℃有效积温 1991.4℃。与春花生相比夏直播花生全生育期少 43d，>10℃有效积温少 478℃。天数减少主要少在生育期两端，一是播种至始花阶段少 17～20d，二是饱果成熟期少 19～27d。前期天数少主要因为夏直播花生在播种至始花阶段，气温显著高于春花生，夏直播花生该期平均气温约 25℃，春花生为 20℃，如果以有效积温比较，则两者相差不大。结荚期均为 40d 左右。而且从播种到饱果出现（包括播种出苗期、苗期、花针期和结荚期 4 个生育时期），春花生和夏直播花生天数虽然相差很多，但所经历的>10℃的有效积温却基本一致，分别为 1385.8℃和 1355℃。因此，可将播种至饱果出现作为疏枝中熟大果品种的基本生育期。这一时期的长短基本取决于热量条件，可以把有效积温 1350℃作为这一基本生育期的热量指标，低于这一指标，就不能形成饱果。夏直播花生的饱果成熟期不仅天数较少于春花生，而且热量指标也远远少于春花生，这是夏直播花生饱果少，单个荚果重量小，产量一般低于春花生的基本原因。

夏直播花生采用地膜覆盖，出苗期可能延迟或提前，这主要与当时地表温度有关，地表温度过高，则出苗推迟；地表温度适宜，则出苗提前，同时始花期能够提前 2～4d，成针期也略有提前，以致覆膜夏直播花生比露地夏直播花生早 5～6d 出现幼果，从而使覆膜夏花生的产量形成期（结荚期+饱果成熟期）多 6d。覆膜夏直播花生从播种到饱果出现的基本热量指标约为 1260℃，比露地夏直播花生少 95℃，这是地膜覆盖提高地温所起的补偿效应。

夏直播花生生育进程的另外一个特点是花针期后结荚期比春花生推迟近 1 个月，在山东省处于 7 月中旬至 8 月，此时常年光、热、水条件最佳，对开花下针和荚果发育非常有利。

二、营养器官生育规律

（一）主茎生长动态

主茎高度是衡量营养生长的重要指标，夏直播花生的主茎高度受外界条件影响，变化很大。在高肥水条件下，主茎高度能达到40～50cm，甚至更高，与春花生基本无区别，其变化动态与春花生呈相似的"S"形曲线。春花生主茎日增长量为0.3cm，平均相对生长率为0.035%。夏直播花生生育期短，其生长率明显大于春花生，尤其在生育初期，在出苗后30d内，其平均日增长量达1.0cm，平均相对生长率为0.558%。覆膜夏直播花生的主茎生长高峰期在花针期至结荚期，较春花生明显提前。

（二）叶面积消长动态

夏直播花生叶面积指数（LAI）消长动态可用一元三次方程近似地模拟。据山东农业大学对山东省宫南县1988年夏直播花生高产田叶面积实测数据拟合得

$$LAI = -0.489\,038 + 0.081\,786\,87x + 0.000\,615\,329x^2 - 0.000\,012\,159\,43x^3$$

式中，x为出苗后天数。

与春花生相比，夏直播花生叶面积指数在生育前期增长很快，增长速率最快的时间是出苗后17d，增长率达到9.2%。从出苗到幼果出现，近40d内，日增长率始终保持在8.7%，基本上呈线性增长，以致进入结荚期时，叶面积指数就达到3以上，田间封垄，形成足够的光合面积。进入结荚期后，叶面积增长速率明显变慢，但直到出苗后67d，叶面积指数始终都在3以上，平均叶面积指数约为3.71。夏直播花生结荚期天数占全生育期的39.6%，光合势占全生育期光合势的56%，可见结荚期叶面积在夏直播花生物质生产和产量形成中占有举足轻重的地位。进入饱果期后，叶面积下降速率加快，但到收获为止，叶面积指数仍保持在2.25，整个饱果期平均叶面积指数保持在2.96，说明夏直播高产田花生的光合面积可基本满足高产需要。

（三）主茎叶数增长

覆膜夏直播花生主茎叶为16～21片，一般高产田为19～21片，按叶片的出叶速率（以每出1叶所需天数表示）可大体分为三组。第一组为1～4叶，出叶快，3～4d内相继出齐。第二组为5叶后，直到第15～17叶，出叶速率比较恒定，如果无严重干旱，大致每出1叶需要>10℃有效积温>77℃，如果气温为25℃，大概5d出1片叶，出叶速率随气温逐渐下降而变慢。第三组为第15叶或第17叶以后，由于饱果形成，加之9月气温明显下降，出叶速率明显变慢，需8～9d出1片叶。

主茎叶数可用来表示营养生长进程，即所谓"叶龄"，与花生生殖器官发育进程有一定的对应关系。据万勇善等（1998b）研究表明，中熟大果品种，通常在叶龄7.5时始花，叶龄8～9时成针，叶龄11～12时出现幼果，叶龄13～14时秕果开始生成（籽仁开始生长），叶龄16～17时饱果开始生成。无论春花生还是夏直播花生，无论覆膜与否，上述对应关系都基本一致。

三、生殖器官生育规律

（一）开花规律

夏直播花生单株开花数受环境和栽培等条件的影响很大。高产夏直播花生单株开花数为 90～120 朵。夏直播花生开花十分集中，在山东省鲁南地区，通常 7 月中旬始花（7 月 12 日），整个花期延续约 40d，如以每天单株开花 3 朵作为盛花期的标志，大约始花后 5d（7 月 17 日）即进入盛花期，持续 20d 左右（自 7 月 17 日至 8 月 7 日）。盛花期内开花数占总开花数的 60%～80%，此后每天开花数锐减。据山东农业大学研究，不同时期所开的花，其结果率及所结果的成熟指数（按中果皮色泽将荚果成熟度划分 5 级，把各级成熟度的果数加权平均作为成熟指数，最大值为 5，即所有荚果都充分成熟）有显著差异。

7 月 15 日和 7 月 22 日所开的花，其结果率相差不大，在 44%～56%；7 月 29 日开的花结果率显著下降，仅 10%～24%；8 月 5 日开的花，总果重接近于 0。因此，可以粗略地将 7 月 31 日确定为覆膜夏直播花生的有效花终止期。

覆膜夏直播花生有效花期（始花至有效花终止期）通常不到 20d，有时只有 10d 左右，远少于春花生。这一时期如果光、水、肥条件不良，对夏直播花生果数、果重都有很大影响，可以说是夏直播花生整个生育期的临界期。在夏直播花生高产栽培上，一方面要尽早播种，促早发，延长有效花期，另一方面又必须使水、肥、光、热高度协调，使有效花期内的花多成针、早入土。

（二）果针形成规律

夏直播花生果针形成比开花略分散，早期花成针率高，形成果针的时间短。据 1989 年在山东省泰安市的研究，7 月 15 日开的花，花后 4d 有 92%成针；7 月 30 日开的花，花后 4d 仅 4%成针，花后 10d，成针率也仅 34%；8 月 10 日开的花，花后 10d 后成针率仅 6%。但与春花生比，夏直播花生果针的形成仍然相对集中，70%～90%的果针是在果针开始出现后的 3 周（7 月 25 日至 8 月 15 日）形成。其中 7 月 25 日至 8 月 5 日是果针形成高峰期。

不同时期入土的果针结果情况也有显著差异。如果以饱果等于 0、成熟指数小于 2 作为有效果针入土期的最后时限，可以划定有效入土终止期为 8 月 10 日，从 8 月 10 日到收获约 50d，>10℃有效积温约为 680℃，根据田间观察资料统计，覆膜夏直播花生果针入土到形成饱果约需>10℃有效积温 670℃，两者基本吻合。因此，也可以从收获日向前推>10℃有效积温 670℃为有效果针入土的终止期。

（三）荚果形成规律

夏直播花生幼果出现始于果针形成后的 11～15d，大约 80%的幼果在此后 3 周形成（7 月 30 日至 8 月 20 日）。秕果和饱果的增长情况有所不同。在幼果形成后 11～13d 即可形成有可食用仁的秕果，此后秕果数量不断增长，几乎延续到收获期。饱果数的增长情况与之类似，从 9 月上旬饱果开始出现后，饱果数大致按线性增长，直到收获为止。

四、物质积累与产量形成

（一）干物质积累过程

夏直播花生干物质积累与春花生相似，生育初期缓慢，但增长率不断加快，到一定时间达到最快的时期，接近最高值，然后又逐渐下降，符合典型的"S"形生长曲线。夏直播覆膜高产田花生，干物质最大增长率为 0.552～0.768g/(株·d)，高于露地夏直播花生，低于春花生，其高峰期在出苗后 43～51d，结荚期所生产的干物质总量占全生育期总量的 65%。夏直播花生饱果成熟期短，加上气温下降等不利因素，该期所积累的干物质不到全生育期总量的 12%。

（二）荚果产量的形成

花生荚果产量形成始于幼果形成，由于幼果不断增加，单株荚果干重的日增量不断提高，单株果干重不断上升。以后由于成熟果日益增加、秕果数减少，以及植株日渐衰老等原因，果干重的增长率逐渐下降，单株果干重日益接近于一渐近值，所以荚果干物质增长也可用逻辑斯谛（Logistic）方程模拟（万勇善等，1998b）。

山东农业大学连续 4 年在 4 个地方的试验结果表明，覆膜夏直播花生荚果干重增长高峰日分别为出苗后 76d、82d、72d 和 81d，平均 78d，比露地夏直播花生早 6d，比春花生提前 16d。覆膜夏直播花生荚果干重增长高峰日增量平均为 0.62g/株，比露地夏直播花生和春花生分别高 0.20g/株和 0.07g/株。表明覆膜夏直播花生荚果干重增长强度较大（万勇善等，1997）。

覆膜夏直播花生荚果干重增长高峰期在饱果出现前后。饱果大量出现后，荚果干重增长速率逐渐下降，但下降幅度低于植株干重增长率下降的幅度。覆膜夏直播花生和春花生在饱果成熟期植株干重日增量较结荚期均下降了 70%，但同期荚果干重日增量基本保持不变，荚果干重日增量超过了植株总干重的日增量。

覆膜夏直播花生与春花生相比，由于产量形成期短，主要是饱果成熟期（25d）明显短于春花生（42d），在饱果期积累的果重只有结荚期总积累量的50%，而且与麦套花生相比，饱果成熟期果重日增量也明显减少，说明在夏直播花生高产栽培中，除了尽量延长产量形成期外，还应特别注意维持后期较高的叶面积指数，提高叶片的光合功能，促进光合产物向荚果转运。

（三）分配系数

分配系数也称分配率，是荚果干重日增量与植株干重日增量的比率（%）。表示在产量形成期，植株有机物质（包括光合产物和储藏物质）向荚果运转分配的强度。

覆膜夏直播花生在结荚期和饱果期（产量形成期）积累的干物质向荚果分配的比例明显增加，在饱果期因果干重增加量明显超过总干物质增加量，其分配率高达170%，而春花生仅为117.9%；在结荚期分配率为62.5%，春花生为37%；整个产量形成期，覆膜夏直播花生分配率达80%，而春花生只有57%。夏直播花生干物质向荚果分配的比率高，可能与其开花、成针、结果集中有关。一旦进入结荚期，便很快产生大批幼果，形成强大的"产品库"，吸收大量营养物质，但是也可能因为分配率过高，从而造成后期干物质生产能力过早减弱，总干重日增量也会大幅度下降。

第三节　夏直播花生的生育特点和高产途径

一、夏直播花生的生育特点

夏直播花生全生育期一般只有100～115d，明显短于春花生和麦套花生。全生育期总积温2400～2600℃，>10℃有效积温约1500℃。与春花生相比，生育进程中有"三短、一快、一高"的特点。所谓"三短"，一是播种至始花时间短，约短15d，苗期生长量不够，花芽分化少。一般从播种至出苗6～8d，出苗至开花20～24d。二是有效花期短，在山东省鲁南区一般7月中旬始花，始花后5d即进入盛花期，8月1日前为有效花期，仅15～20d，若在有效花期遇干旱、低温、光照不足等不利因素，对有效花量、果针数、单株结果数和饱果数影响极大。有效花期短、有效花量少是影响结果数的主要因素。三是饱果成熟期短，比春花生短25d左右，因而单株饱果数不可能很多，这是夏直播花生饱果少、果重轻、产量和品质一般低于春花生的基本原因。"一快"是指生育前期生长速率快，因所处温度高，肥水充足，株高、叶面积的增长率、发芽分化进程和开花速率等明显快于春花生，再配合密植，结荚初期叶面积指数可达3以上，能形成强大的物质生产能力。但在肥水充足、高温多雨情况下，也容易徒长倒伏。"一高"是指夏直播花生的分配系数明显高于春花生。由此可见，"三短"是夏直播花生高产的限制因素，"一快、一高"是夏直播花生高产的突出优势（李向东和张高英，1992；万勇善等，1997；1998b）。

夏直播花生群体生长有前期猛增，中、后期突降的陡升陡降特点。一般在始花后20d，主茎叶片和单株叶片生长均达到高峰，至始花后65d，茎枝和叶片生长渐趋停滞，至始花后70d，单株叶片和茎枝已停止增长。始花后的10～70d，叶面积指数由2.5增到4.3，再降至2.5，净同化率不同步，由8g/(m²·d)降至3g/(m²·d)。这期间积累的干物质量占全期总量的86.8%。单株开花量72.5朵，成针率54.1%，结实率14.3%，饱果率6.8%。始花后25d为单株盛花期，45d终花。始花后10d成针，25d达高峰，60d无新增果针。始花后40d形成荚果，45d达高峰，80d已无新增荚果。70d已有饱果形成，90d达高峰，100d已无新增饱果。收获前40d，群体荚果产量占最终荚果产量的70%。

二、夏直播花生的高产途径

生产实践及大量的数据分析表明，荚果重量是制约夏直播花生产量提高的主要因素。温度、土壤肥力、品种特性、种植密度等均是影响荚果重的主要因素。因此，在其他因素恒定的情况下，增加群体密度，提高饱果率是夏直播花生高产的主要途径。据此，万勇善等（1997）提出了提高夏直播花生产量的三个指标。

（1）尽可能延长产量形成期：夏直播花生的荚果产量全部在结荚期和饱果期形成，这两个时期称为产量形成期。基于夏直播花生收获后不能影响秋种，以及10月后气温明显下降，不利于干物质生产两个原因，应使夏直播花生尽可能提早进入产量形成期。其指标是8月1日开始长成幼果，保证有65d以上的产量形成期。

（2）力争产量形成期有强大的干物质生产能力：产量形成期内生产的干物质一般有70%～80%分配于荚果，因此，若荚果产量达到6000kg/hm²，则在产量形成期应至少有8250kg/hm²的干物质生产量，平均日增干物质重127.5kg/hm²。在干物质积累最高峰日增量应达到240～270kg/hm²。要保持这样的干物质生产规模，必须保持足够的叶面积和光合能力，要求在进入结荚期时叶面积指数能达到3。田间封垄，最大叶面积指数不超过4.5；到收获期，叶面积指数不低于2.5；整个产量形成期，平均叶面积指数应在3.5。同时，还应保持较高的群体光合能力，平均净同化率不低于3.5～4g/(m²·d)。

（3）保持较高的物质分配系数：整个产量形成期，分配系数应保持在0.7～0.8，使荚果平均日增量不低于 97.5kg/hm^2。结荚期分配系数应力争超过 0.6，饱果期保持在 0.9。

提高分配系数的有效途径是尽快扩大产品库（成长中荚果数目）的数量和容量，提高产品器官对总干物质的需求和接纳能力。力争进入结荚期后，幼果数迅速增加，力争进入结荚期的前 20d 内，平均每株每天增加幼果 0.7 个以上，到 8 月 20 日每株幼果总量达 14 个以上。

第四节 超高产夏直播花生生育动态及生理特性

关于夏花生已有研究总结了 6000kg/hm^2 产量水平下夏直播花生高产生育规律及高产栽培技术（万勇善等，1998a），并研究了夏直播花生 6000～6520kg/hm^2 产量水平下的植株生育动态及营养特性（王才斌等，2004）。进入"十一五"后，山东省农业科学院继续探索夏直播花生的高产潜力，并取得了重要进展。2007～2009 年，连续三年小面积栽培（667～1334m^2）产量突破7500kg/hm^2，建立了夏直播花生 7500kg/hm^2 超高产栽培技术，研究了其生长发育规律和生理特性。

试验于 2009 年在莒南县洙边镇张家莲子坡村进行，土壤类型为壤土，有机质含量 0.96%，碱解氮 89.4mg/kg，速效磷 18.3mg/kg，速效钾 87.5mg/kg，供试品种为山东省目前主推品种'科花 2 号'（直立型早熟大花生）。麦收后于 6 月 10 日播种，地膜覆盖栽培，双行垄种，畦距 80cm，密度 15 万穴/hm^2，每穴 2 粒种子。10 月 2 日收获。常年夏直播花生全生育期积温为 2600～2700℃，总日照时数为620～650h，降水量为 700～800mm。

一、茎、叶的生长规律

叶龄数、分枝数、主茎高及侧枝长是反映花生植株性状的重要指标。夏直播花生生育前期温度高，营养生长速率快，到花针期（出苗后 30d），叶龄数达到 11 左右，分枝数增加至 10，主茎及侧枝的累积高度均达到 24cm 以上，进入结荚期之后，叶龄仍然保持良好的增长趋势，而分枝数则开始增长放慢，尤其进入结荚中期之后分枝数几乎停止增长。主茎高及侧枝长在花针末期（出苗后 40d）达到生长高峰，日生长量分别达到 1.67cm 和 1.69cm，累积高度分别为 41.3cm 和42.1cm，之后二者增长速率逐渐减缓，进入饱果期之后生长渐趋停滞。果针数的增长主要集中在花针期（出苗后 30～40d），之后随着果针膨大，其数量逐渐减少（表 1-1）。

表1-1   超高产夏直播花生单株植株性状（梁晓艳等，2011）

出苗后天数/d	叶龄数	分枝数	主茎高/cm	主茎高日生长量/cm	侧枝长/cm	侧枝长日生长量/cm	果针数
30	10.8±1.17	10.3±0.82	24.6±0.44	0.82	25.2±0.52	0.84	0
40	13.5±0.55	11.2±0.98	41.3±0.37	1.67	42.1±0.67	1.69	23.5±2.0
50	14.8±0.75	12.0±0.63	48.9±0.51	0.76	50.0±0.45	0.79	19.6±2.08
60	17.3±1.03	13.3±0.52	53.9±0.49	0.5	54.8±0.31	0.48	18.8±1.8
70	18.0±0.63	13.0±1.41	55.2±0.28	0.13	56.0±0.54	0.12	13.0±1.7
80	18.8±0.75	13.3±0.52	56.7±0.65	0.15	57.6±0.61	0.16	12.0±1.8
90	19.3±0.55	13.2±0.63	57.2±0.38	0.05	58.1±0.47	0.05	8.0±1.3
100	19.8±1.17	13.3±0.82	57.4±0.47	0.02	58.2±0.36	0.01	5.0±1.1

二、叶面积指数及光合势的变化规律

由图1-1可以看出，叶面积指数从出苗后30d开始就达到3.0以上；之后叶面积指数继续上升，到结荚中期（出苗后60d）达到高峰，最高叶面积指数达到5.6；峰值过后叶面积指数逐渐下降，进入饱果期（出苗后80d）后，降至3.7；到收获时，叶片大部分衰老脱落，叶面积指数降至1.1左右。全生育期叶面积指数≥3.0维持在55d左右。

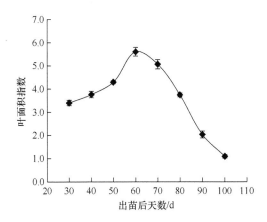

图1-1   超高产夏直播花生叶面积指数增长动态（梁晓艳等，2011）

由图1-2可以看出，从苗期开始光合势呈逐渐增加的趋势，到结荚期达到高峰，进入饱果期开始下降。产量形成期（结荚期和饱果期）的光合势占全生育期的74.3%。有研究表明，春花生的产量形成期光合势占全生育期的80%以上（万勇善等，1997），说明夏直播花生的光合势在产量形成期对产量的贡献率要低于春花生。

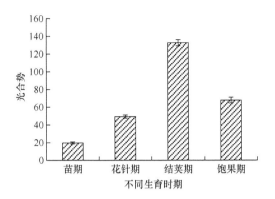

图 1-2　超高产夏直播花生光合势的变化趋势（梁晓艳等，2011）

三、干物质积累的规律

　　超高产夏直播花生干物质积累，出苗之后随着光合面积的增加，干物质不断积累，此期光合积累几乎全部用于植株的生根、发叶和增枝。进入花针期（出苗后 30 天）之后，植株开始迅速增长，平均累积速率为 1.1g/(株·d)，达到干物质积累速率的高峰，该时期的干物质仍然以营养体发育为主，部分营养开始向生殖体转移。进入结荚期后，营养体增长逐渐趋缓，到结荚末期，植株干重达到最大值，之后由于营养向生殖体转移及叶片脱落，植株干重呈下降趋势。荚果干重从花针末期开始逐渐积累，到结荚中期积累速率最快，之后荚果干物质增长又逐渐减缓（图 1-3）。

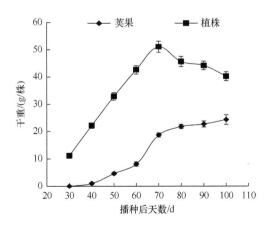

图 1-3　超高产夏直播花生植株及荚果干物质积累动态（梁晓艳等，2011）

四、叶片叶绿素含量的变化规律

叶绿素是重要的含氮化合物,在光能吸收、传递和转换中起着重要作用,其含量的多少直接影响着花生的光合作用。由图 1-4 可以看出,整个生育期内叶绿素含量基本呈先升高后降低的变化趋势,出苗后 70d 达到高峰。之后由于叶片衰老,叶绿素含量逐渐降低。

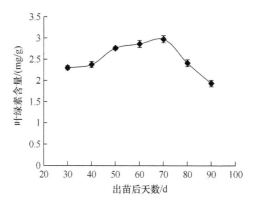

图 1-4　超高产夏直播花生叶绿素含量的变化趋势(梁晓艳等,2011)

五、抗氧化酶、丙二醛和可溶性蛋白的变化规律

超氧化物歧化酶(SOD)是活性氧清除系统的主要组成部分,它催化假循环电子传递(Mehler 反应)产生的 O_2^- 生成 H_2O_2,然后在抗坏血酸过氧化物酶催化下生成 H_2O。较高的 SOD 活性能防止膜脂质过氧化,减轻膜伤害和延缓植物衰老。由图 1-5 可以看出,苗期花生叶片 SOD 活性较低,随着生育期的推进,叶片细胞内以活性氧为代表的氧自由基会大量积累,导致膜脂质过氧化作用加剧。因此,SOD 活性逐渐升高,到出苗后 60 天活性达到最高,之后活性开始缓慢降低,到出苗后 80 天活性迅速降低。

过氧化物酶(POD)和过氧化氢酶(CAT)是植物膜脂质过氧化过程中重要的保护酶,其作用是消除自由基,防止膜脂质过氧化,减轻对植物的伤害或延缓衰老。POD 和 CAT 是诱导酶,其活性一般随植株体内过氧化物含量增加而增加。夏直播花生 POD 活性在花针前期增长缓慢,后期增长较快,而 CAT 活性在整个花针期增长较快。两种酶活性的高峰期都出现在苗后 70d 左右,80d 后开始下降(图 1-6、图 1-7)。由此可以看出,POD 和 CAT 在结荚中期活性最强,与植株生长高峰时间基本一致。

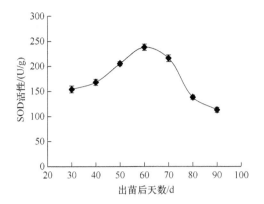

图 1-5 超高产夏直播花生 SOD 活性的变化趋势（梁晓艳等，2011）

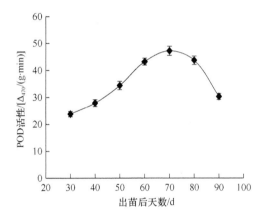

图 1-6 超高产夏直播花生 POD 活性的变化趋势（梁晓艳等，2011）

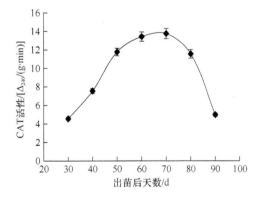

图 1-7 超高产夏直播花生 CAT 活性的变化趋势（梁晓艳等，2011）

　　丙二醛（MDA）是膜脂质过氧化的最终分解产物，对细胞膜具有伤害作用，其含量的高低反映植物细胞膜受伤害程度，是常用的膜脂质过氧化指标。从图 1-8

可以看出，夏直播花生叶片中 MDA 含量在整个生育期内呈上升趋势。前中期增长比较平缓，出苗后 70d 含量迅速增加，说明夏直播花生生育后期膜受损程度逐渐加重，生理代谢减缓，导致植株衰老脱落。

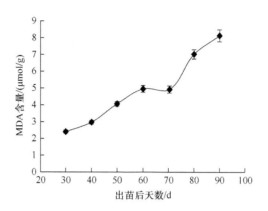

图 1-8　超高产夏直播花生 MDA 含量变化趋势（梁晓艳等，2011）

可溶性蛋白是植物体内氮素存在的主要形式，其含量与植物体的代谢和衰老有密切关系，衰老过程中蛋白质含量下降是由于蛋白质代谢失去了平衡，分解速率超过合成速率所致。从图 1-9 可以看出，夏直播花生生育过程中叶片可溶性蛋白总体呈先升高后降低的变化趋势，在出苗后 60d 达到高峰，之后蛋白质合成速率减慢，分解速率加快，可溶性蛋白的含量也逐渐降低。

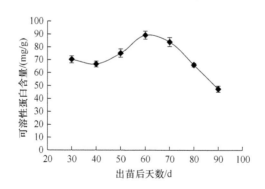

图 1-9　超高产夏直播花生可溶性蛋白含量的变化趋势（梁晓艳等，2011）

本试验在大田条件下研究了麦田覆膜夏直播花生 7500kg/hm² 产量水平下植株的生育动态及生理特性。结果表明，夏直播花生营养生长主要出现在结荚期之前，植株的主茎和侧枝长的日生长量均在出苗后 30～40d 达到高峰，出苗后 70～80d 基本不再增加。叶面积指数、光合势、叶绿素含量及干物质积累量均在结荚中期（出苗后 60～70d）达到高峰；叶片内 SOD、POD、CAT 三种抗衰老酶活性及可溶性蛋白含量的变化基本一致，均呈现先升高后降低的单峰变化趋势，高峰期出现在结荚中期。MDA 含量在整个生育期呈逐渐上升的趋势，从结荚中期开始上升速率明显加快。

参 考 文 献

李向东, 万勇善, 张高英, 等. 1994. 麦套夏花生生育特点及干物质积累分配规律的研究. 中国油料, (4): 17-21.

李向东, 张高英. 1992. 高产夏花生营养积累动态的研究. 山东农业大学学报, 23(1): 36-40.

梁晓艳, 李安东, 万书波. 2011. 超高产夏直播花生生育动态及生理特性研究. 作物杂志, 27(3): 46-50.

孙彦浩, 陶寿祥, 王才斌. 1992. 麦田夏直播花生生育特点及麦油两熟双高产配套技术. 花生科技, (2): 13-17.

孙彦浩, 陶寿祥, 王才斌, 等. 1989. 夏花生小麦双高产技术规范. 花生科技, (4): 18-20.

万书波. 2003. 中国花生栽培学. 上海: 上海科学技术出版社.

万勇善, 张高英, 李向东. 1997. 夏直播花生高产生育规律的研究. 中国油料, 19 (4): 32-36.

万勇善, 张高英, 李向东, 等. 1998a. 夏直播花生高产途径和配套栽培技术. 中国油料作物学报, 20(3): 43-47.

万勇善, 张高英, 李向东, 等. 1998b. 高产夏直播花生干物质积累动态与产量形成规律的研究. 中国油料作物学报, 20(2): 43-47.

王才斌, 成波, 孙秀山, 等. 1996. 小麦花生两熟制高产生育规律及栽培技术研究: Ⅱ. 种植模式. 中国油料, (2): 37-40.

王才斌, 孙彦浩, 陶寿祥, 等. 1994. 小麦花生两熟制不同种植方式花生产量构成因素分析及高产途径. 花生科技, (3): 24-26.

王才斌, 郑亚萍, 成波, 等. 2004. 高产花生冠层光截获和光合、呼吸特性研究. 作物学报, 30(3): 274-278.

王在序, 盖树人. 1998. 山东花生. 上海: 上海科学技术出版社.

第二章　栽培方式对夏直播花生出苗和幼苗生长的影响

秸秆还田是农业生产中提升土壤质量和增加作物产量的重要措施（Sarker et al.，2018）。不同秸秆还田方式下，各土层的秸秆量和土壤紧实度不同，再加上土壤类型和作业机械性能等因素的影响，使花生生产中播种深浅不一，易导致花生出苗差、出苗不齐和形成弱苗，最终影响产量（刘娟等，2017；谢明惠等，2017；甄晓宇等，2019）。因此，探讨不同秸秆还田方式下适宜的播种深度，对花生高产栽培具有重要指导意义。作物秸秆是农业生态系统中主要的副产品，是重要的可再生物质资源（宋大利等，2018）。前茬小麦收获后对小麦秸秆进行还田处理，一方面解决了农民焚烧秸秆造成的环境污染问题（Guo et al.，2015）；另一方面秸秆中含有丰富的碳、氮、磷、钾等大量元素以及中微量元素（李逢雨等，2009），可以提高土壤养分含量，减少化学肥料的投入（Xu et al.，2018）。

关于秸秆还田、播种深度对土壤和植株的影响已有诸多报道。前人研究表明，秸秆还田能改善土壤结构、降低土壤容重，提高团聚体的稳定性和各粒径团聚体的有机碳含量，增加土壤有机质含量，进而提高土壤肥力（Zhao et al.，2019；郑凤君等，2021；Zhao et al.，2022）。播种深度是播种技术的一个关键质量因素，也是评判播种出苗质量的重要标准（杨文钰和屠乃美，2003）。适宜的播种深度可以提高出苗率和群体整齐度，更有利于发挥群体增产优势（岳丽杰等，2012）。种子萌发并破土出苗是幼苗建成的第一步，种子萌发和出土能力受到很多因素的影响，是品种的遗传特性和周围环境因子共同作用的结果。不同播种深度改变了种子萌发和幼苗出土的环境条件，进而影响植株的生理代谢过程与形态建成（Amram et al.，2015）。在大田生产中，播种过浅，土壤易失墒干旱，不利于种子萌发，导致出苗率低，同时也不利于苗期根系深扎，后期容易发生倒伏；播种过深，土壤机械阻力加大致使破土过程中消耗养分过多，加之种子的顶土能力较差，出苗时间延长，使茎秆纤细，易形成弱苗（甄晓宇等，2019）。因此，花生播种过浅或过深均使出苗率降低，延长出苗时间，影响生长势，导致减产。除此之外，种子萌发出苗还受到种子大小的显著影响，在10cm的播种深度下，种子大小不同的玉米出苗率较播种深度2cm处理平均降低了12.8%，由于小粒种子储藏养分少、顶土能力弱，深播条件下发芽率下降幅度最大。这表明大、中粒种子环境适应能力较小粒种子更强，大粒种子较小粒种子更耐深播（周芳等，2019）。针对播种深度对花生出苗影响的研究多围绕春花生进行，在小麦—花生周年轮作体系中，小麦秸秆还田方式主要包括翻耕还田、旋耕还田和免耕秸秆覆盖。翻耕还田和旋耕还田可使土质疏松，降低土壤紧实度；免耕秸秆覆盖虽然使土壤紧实，但可以保墒，为下茬作物创造适宜的土壤温湿度。本试验设置不同小麦秸秆还田方式和播种深度处理，研究其对不同粒型花生下胚轴生长动态、子叶脂肪酶活性、子叶可溶性糖和蔗糖含量、出苗率、幼苗生理特性和荚果产量形成的影响，以期为夏直播花生确定适宜的播种深度，提高播种质量，确保苗齐、苗全、苗壮，提高花生产量提供理论指导。

本研究于 2020～2022 年在山东农业大学农学试验站进行，土壤类型为沙壤土，2021 年花生季试验开始前耕层（0～20cm）土壤有机质含量 13.09g/kg、全氮含量 0.96g/kg、速效磷含量 38.73g/kg、速效钾含量 80.68g/kg。该地区属于温带大陆性季风气候，年平均降水量为 631.5mm，年平均气温为 13.7℃，年平均无霜期为 195d，年平均日照时数为 2462.3h。

设置小麦—花生周年定位试验，小麦收获后秸秆全量还田，还田量为7800kg/hm^2。花生季采用裂区试验设计，主区为小麦秸秆还田方式处理，包括翻耕还田（P）、旋耕还田（R）、免耕秸秆覆盖（N），其中深耕作业深度为 30cm，旋耕作业深度为 15cm。裂区的花生品种处理，试验选用大花生品种'山花 108'（B）与小花生品种'山花 106'（S）；裂区的花生播种深度处理，2021 年设置 3cm（3）、5cm（5）、9cm（9）、15cm（15），2022 年设置 3cm（3）、6cm（6）、9cm（9）。由于 2021 年试验结果表明播种深度 15cm 处理出苗率及产量均显著低于其他处理，故 2022 年不设置此处理。小区面积 5m×1.5m＝7.5m^2，三次重复；种植方式为畦种，穴播，每穴两粒；行距 30cm，穴距 20cm；种植密度 15 万穴/hm^2。花生种植前基施化肥纯氮 120kg/hm^2、P$_2$O$_5$ 120kg/hm^2、K$_2$O 120kg/hm^2，6 月 15 日播种，其他田间管理同一般花生高产田，具体试验处理操作见表 2-1。

表 2-1　试验处理操作方式（朱荣昱等，2024）

处理	耕作方式
PB3、PB5、PB6、PB9、PB15	小麦秸秆全量粉碎，深翻土壤并旋耕整平地面后播种，播种花生品种'山花 108'，播种深度为 3cm、5cm、6cm、9cm、15cm
RB3、RB5、RB6、RB9、RB15	小麦秸秆全量粉碎，旋耕还田并整平地面后播种，播种花生品种'山花 108'，播种深度 3cm、5cm、6cm、9cm、15cm
NB3、NB5、NB6、NB9、NB15	小麦秸秆粉碎后移出地块，播种后将秸秆均匀覆盖地表，播种花生品种'山花 108'，播种深度 3cm、5cm、6cm、9cm、15cm
PS3、PS5、PS6、PS9、PS15	小麦秸秆全量粉碎，深翻土壤并旋耕整平地面后播种，播种花生品种'山花 106'，播种深度 3cm、5cm、6cm、9cm、15cm
RS3、RS5、RS6、RS9、RS15	小麦秸秆全量粉碎，旋耕还田并整平地面后播种，播种花生品种'山花 106'，播种深度 3cm、5cm、6cm、9cm、15cm
NS3、NS5、NS6、NS9、NS15	小麦秸秆粉碎后移出地块，播种后将秸秆均匀覆盖地表，播种花生品种'山花 106'，播种深度 3cm、5cm、6cm、9cm、15cm

第一节　秸秆还田方式和播种深度对夏直播花生下胚轴生长特性的影响

由图 2-1 可知，花生出苗过程中，下胚轴生长呈 "S" 形曲线变化趋势，在破土出苗后长度达到最大值，下胚轴最大长度随播种深度增加而增加，两品种两年间试验结果趋势一致。在 2021 年，与 PB3 相比，PB5、PB9 和 PB15 下胚轴最大长度分别增加了 71.10%、194.35% 和 352.82%；与 PS3 相比，PS5、PS9 和 PS15 下胚轴最大长度分别增加了 71.85%、200.99% 和 304.97%；2022 年，与 PB3 相比，PB6、PB9 下胚轴最大长度分别增加了 115.50%、208.42%；与 PS3 相比，PS6、PS9 下胚轴最大长度分别增加了 85.25%、160.18%。且当播种深度大于 3cm 时，翻耕还田和旋耕还田处理的花生下胚轴达到最大长度所需时间要短于免耕秸秆覆盖处理。

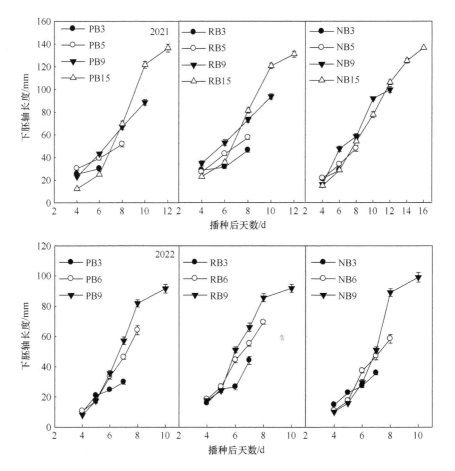

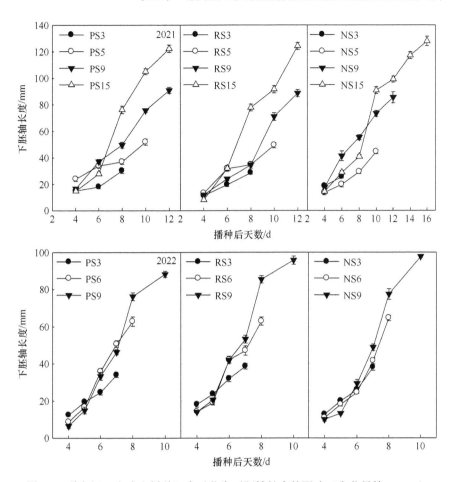

图 2-1　秸秆还田方式和播种深度对花生下胚轴长度的影响（朱荣昱等，2024）

　　下胚轴伸长对双子叶植物种子萌发后的破土出苗极其重要，下胚轴的生长过程受光、温、湿、重力和触碰等外界环境条件的强烈影响（宋雨函和张锐，2021）。研究表明，花生种子吸胀萌动后，胚根首先向下生长，接着下胚轴向上伸长，将子叶及胚芽推向土表，当子叶出土见光或其中养分耗尽时，下胚轴则停止生长。若播种过深，种子承受的土壤压力过大，子叶养分供给不足，则难以出苗（刘斌祥等，2020）；而播种过浅时，土壤表层含水量较低且易失墒干旱，而种子吸胀萌发需水多，种子或因缺水失去发芽能力，或勉强发芽形成弱苗，也易遭虫鸟破坏，导致出苗率降低（Zuo et al.，2017）。本研究表明下胚轴长度在花生破土出苗后即达到最大值，随着播种深度的增加，下胚轴的最大长度提高。

第二节　秸秆还田方式和播种深度对夏直播花生子叶生理特性的影响

一、子叶干重

两年试验结果表明，各处理花生子叶干重随时间进程呈逐渐下降的变化趋势，花生破土出苗时，子叶干重随播种深度的增加而降低（图 2-2）。2021 年，与 PB3 相比，PB5、PB9 和 PB15 出苗时子叶干重分别降低了 12.88%、63.30% 和 72.32%；与 PS3 相比，PS5、PS9 和 PS15 出苗时子叶干重分别降低了 2.23%、61.79% 和 67.99%；2022 年，与 PB3 相比，PB6 和 PB9 出苗时子叶干重分别降低了 21.68% 和 57.82%；与 PS3 相比，PS6 和 PS9 出苗时子叶干重分别降低了 27.77% 和 70.00%。同一播种深度不同秸秆还田方式间比较，免耕秸秆覆盖处理出苗时的子叶干重最低。

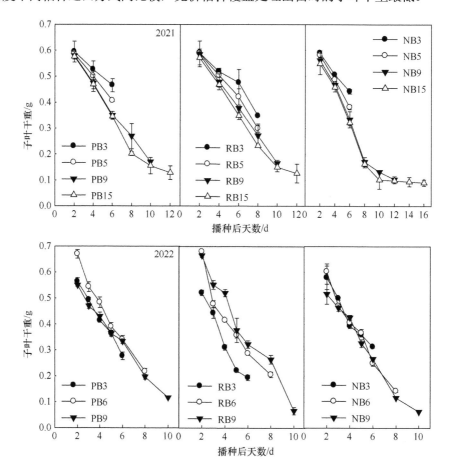

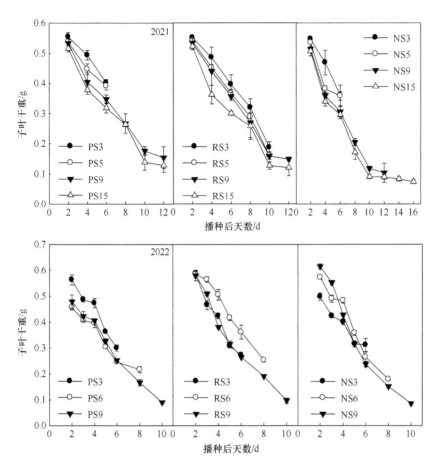

图 2-2　秸秆还田方式和播种深度对花生子叶干重的影响（朱荣昱等，2024）

二、子叶脂肪酶活性

由图 2-3 可知，出苗过程中，花生子叶脂肪酶（lipase）活性呈先升高后降低的趋势，相同播种深度下，免耕秸秆覆盖处理的子叶脂肪酶活性显著高于翻耕还田和旋耕还田处理，相同秸秆还田方式下，子叶脂肪酶活性随播种深度的增加而升高，播种深度 3cm、6cm 条件下在第 4～5 天达到最大值，而播种深度超过 9cm 时在第 6 天达到峰值，两品种两年间试验结果趋势基本一致。2022 年，播种后 2d 时，与 PB6 相比，PB3 的脂肪酶活性降低了 13.44%，PB9 的脂肪酶活性升高了 30.91%；与 PS3 相比，PS6 和 PS9 的脂肪酶活性分别升高了 25.88% 和 46.28%。播种后 5d，与 PB6 相比，PB3 的脂肪酶活性降低了 20.35%，PB9 的脂肪酶活性升高了 9.24%；与 PS3 相比，PS6 和 PS9 的脂肪酶活性升高了 21.54% 和 30.63%。

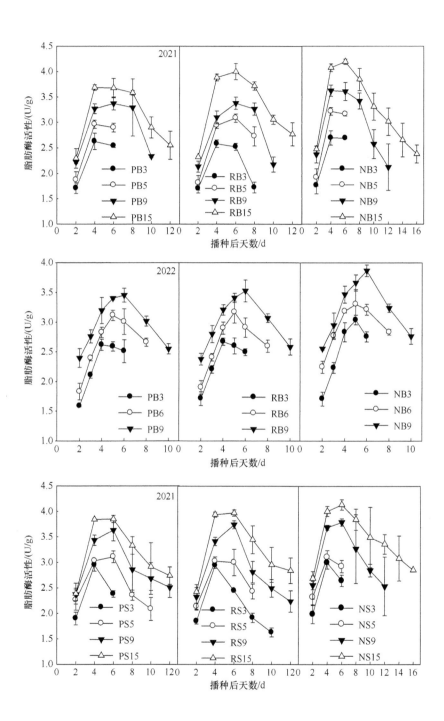

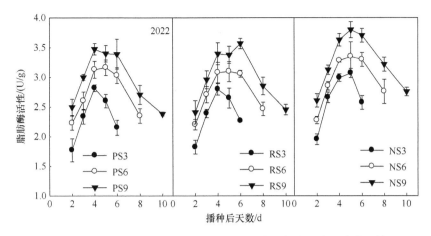

图 2-3 秸秆还田方式和播种深度对花生子叶脂肪酶活性的影响（朱荣昱等，2024）

三、子叶可溶性糖

秸秆还田方式和播种深度对花生子叶中可溶性糖具有显著影响（图 2-4）。子叶中可溶性糖含量随播种深度的增加而降低，但在相同播种深度下，不同秸秆还田方式处理间无显著差异。2021 年，与 PB3 的相比，PB5 与 PB9 的子叶可溶性糖含量分别下降了 19.72%和 39.43%；与 PS3 的相比，PS5 与 PS9 的子叶可溶性糖含量分别下降了 10.08%和 24.84%；2022 年，与 PB3 的相比，PB6 与 PB9 的子叶可溶性糖含量分别下降了 19.72%和 39.43%；与 PS3 的相比，PS6 与 PS9 的子叶可溶性糖含量分别下降了 10.08%和 24.84%，说明深播处理出苗过程中子叶养分消耗更多。

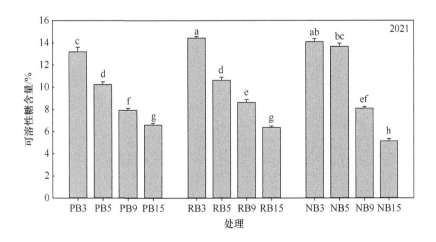

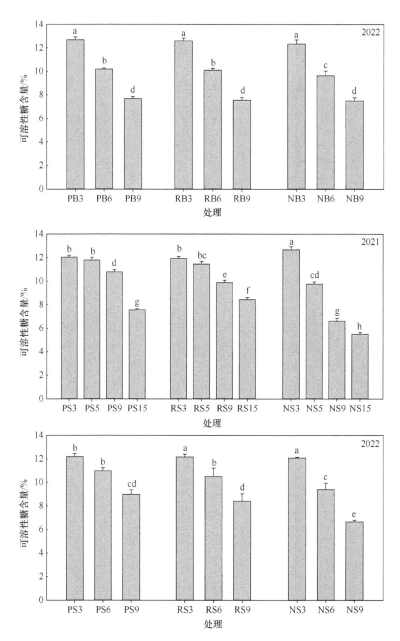

图 2-4　秸秆还田方式和播种深度对花生子叶可溶性糖含量的影响（朱荣昱等，2024）

不同小写字母表示同一年份处理间差异显著（$P<0.05$）

四、子叶蔗糖含量

秸秆还田方式和播种深度对花生子叶中蔗糖含量具有显著影响（图 2-5）。2021

年，与 PB3 相比，PB5 与 PB9 的蔗糖含量分别下降了 14.15% 和 40.23%；与 PS3 的相比，PS5 与 PS9 的子叶蔗糖含量分别下降了 20.04% 和 37.08%；2022 年，与 PB3 的相比，PB6 与 PB9 的子叶蔗糖含量分别下降了 14.15% 和 40.23%；与 PS3 的相比，PS6 与 PS9 的蔗糖含量分别下降了 20.04% 和 37.08%。

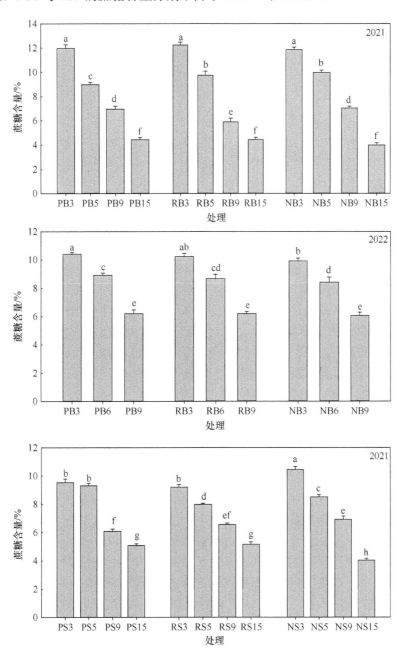

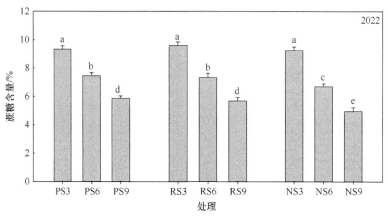

图 2-5　秸秆还田方式和播种深度对花生子叶蔗糖含量的影响（朱荣昱等，2024）

不同小写字母表示同一年份处理间差异显著（*P*<0.05）

　　脂肪是花生种子的主要储藏物质之一，在种子萌发过程中，油脂在脂肪酶的作用下水解为甘油及游离脂肪酸，转化为葡萄糖，脂肪的分解既是种子萌发和幼苗生长的必要能量来源，又为新生器官的形成提供主要营养物质（徐宜民和时焦，1993）。研究表明，花生种子吸胀后 24～72h，子叶脂肪酶活性迅速升高，有利于大分子脂肪的分解调运和脂质体形成（申琳等，2003）。因此，所储存油脂的动员速率对花生萌发出苗有重要影响，脂肪酶的活性可以反映下胚轴生长速率。研究发现，在小麦种子萌发过程中，呼吸速率和胚乳分解速率随脂肪酶活性降低而减慢（李清芳等，2003）。本研究中，免耕秸秆覆盖处理花生子叶脂肪酶活性高于翻耕还田和旋耕还田处理，在同一秸秆还田方式下，子叶脂肪酶活性随播种深度增加而升高。分析认为免耕秸秆覆盖处理土壤紧实度高，下胚轴伸长生长需要消耗更多能量；加之由于深层土壤紧实度高于浅层土壤，下胚轴伸长相同的距离，深播处理的种子萌发需要更多能量。

　　可溶性糖是花生种子储藏的主要碳水化合物之一，也是种子萌发过程中脂肪代谢的最终产物。对芝麻种子萌发动态的研究发现，随着萌发过程的推进，芝麻种子中储藏的可溶性糖含量在 0～48h 内急剧下降，但不同品种之间差异较大（孙建等，2020）。对一串红种子发育的研究表明，在种子萌发过程中，随萌发时间延长可溶性糖含量逐渐下降（曾丽等，2000）。本研究表明，花生子叶中可溶性糖和蔗糖含量随播种深度增加而降低，两品种间变化趋势基本一致。这是因为在播种深度增加后，种子萌发时间延长，在种子萌发过程中，从种子吸胀到胚芽下胚轴开始伸长生长，可溶性糖被不断利用，为种子萌发和胚生长提供能量，而深播处理的种子萌发需要更多能量，使其含量降低较快。此外，研究发现播种深度不同，土壤中水分对花生种子萌发的胁迫程度就不同，进而影响种子内可溶性蛋白、可溶性糖、脂肪和淀粉的含量（孙奎香等，2012）。

第三节　秸秆还田方式和播种深度对夏直播花生出苗率和出苗时间的影响

相同秸秆还田方式下，花生出苗率均随播种深度增加而降低，而在相同的播种深度下，翻耕还田和旋耕还田处理的花生出苗率均高于免耕秸秆覆盖处理，两品种两年试验结果趋势一致（表 2-2 和表 2-3）。2022 年，NB6 和 NB9 的出苗率较 NB3 分别降低了 6.60% 和 27.93%；NS6、NS9 处理出苗率较 NS3 分别降低了 3.41% 和 46.83%。两品种均在秸秆翻耕还田播种深度 3cm 的条件下出苗率最高，'山花 108' 为 90.8%，'山花 106' 为 88.3%，随着播种深度增加，出苗时间延长，导致群体整齐度下降。

表 2-2　秸秆还田方式和播种深度对花生出苗率的影响（2021 年）（朱荣昱等，2024）

处理	出苗率/%					
	第 5 天	第 8 天	第 11 天	第 14 天	第 17 天	第 20 天
PB3	34.2	64.2	79.2	87.5		
PB5	20.0	51.7	81.7	85.0	85.8	
PB9		13.3	40.0	70.8	77.5	
PB15			19.2	50.8	74.2	76.7
RB3	10.0	30.0	51.7	89.2		
RB5	4.2	26.7	45.0	79.2	85.8	
RB9		15.0	37.5	70.0	80.0	
RB15			10.8	38.3	60.8	60.0
NB3	22.5	53.3	82.5	90.8		
NB5	19.2	47.5	67.5	75.0	77.5	
NB9		11.7	35.0	50.0	51.7	
NB15				1.7	2.5	2.5
PS3	16.7	38.3	74.2	85.0		
PS5	4.2	10.8	17.5	26.7	48.3	50.0
PS9		9.2	23.3	45.0	51.7	
PS15			11.7	35.8	44.2	46.7
RS3	22.5	36.7	72.5	82.5		
RS5	13.3	23.3	52.5	80.8	81.7	
RS9		3.3	15.0	46.7	50.8	
RS15			8.3	35.0	48.3	48.3
NS3	20.8	46.7	65.8	82.5		
NS5	15.0	30.8	52.5	66.7	70.0	
NS9		5.0	30.0	51.7	55.8	
NS15				2.5	5.0	5.8

表 2-3　秸秆还田方式和播种深度对花生出苗率的影响（2022 年）（朱荣昱等，2024）

处理	出苗率/%							
	第4天	第5天	第6天	第7天	第8天	第10天	第12天	第14天
PB3	21.7	49.6	77.5	82.9	87.1	90.8		
PB6	0.0	15.8	40.4	69.2	79.2	87.5	87.9	
PB9	0.0	0.0	7.9	23.8	36.7	65.0	69.2	70.8
RB3	15.4	42.1	58.3	70.8	80.4	87.5		
RB6	0.0	12.9	38.3	65.8	81.3	82.5	84.6	
RB9	0.0	0.0	1.3	6.7	13.8	59.2	65.8	69.2
NB3	13.3	36.7	52.1	68.3	78.3	87.9		
NB6	0.0	10.4	22.5	53.3	75.8	79.6	82.1	
NB9	0.0	0.0	0.4	5.8	12.1	41.3	55.8	63.3
PS3	17.1	35.0	64.2	78.3	83.8	88.3		
PS6	0.0	12.1	30.4	50.0	71.7	85.8	86.7	
PS9	0.0	0.0	0.8	2.9	16.3	43.3	57.1	62.5
RS3	12.1	20.0	38.3	68.8	80.0			
RS6	0.0	5.4	12.9	48.8	75.4	87.5	87.9	
RS9	0.0	0.0	1.3	5.4	11.3	55.4	65.4	67.5
NS3	7.9	17.9	26.3	65.8	83.3	86.3		
NS6	0.0	5.0	11.3	58.3	70.0	79.6	83.3	
NS9	0.0	0.0	0.4	2.5	7.5	33.3	43.3	45.8

　　出苗率与单位面积株数显著相关，出苗时间影响群体整齐度，两者对产量均有重要影响。前人研究发现，稻秸全量还田条件下，深耕+旋耕处理小麦出苗率和群体整齐度显著高于旋耕处理；翻耕和旋耕处理下的玉米出苗率显著高于少免耕处理（范红霞，2018；于庆峰等，2019）。本试验结果表明，在浅播（播深 3cm）条件下，3 种秸秆还田方式处理出苗率无显著差异，当播种深度大于 5cm 时，免耕秸秆覆盖处理出苗率显著低于翻耕还田和旋耕还田处理，原因是免耕秸秆覆盖处理土壤紧实度更高，相同播种深度下花生出苗需要消耗更多能量，部分种子在子叶中养分耗尽时也未能出苗，当播种深度大于9cm时这种情况更为明显，免耕秸秆覆盖播种深度15cm处理出苗率甚至不足5%。在同一秸秆还田方式下，随着播种深度增加，出苗时间逐渐延长，原因是种子个体间下胚轴伸长生长速率存在差异，浅播处理由于其出苗路径较短，能在播种后 10d 内基本完全出苗，而深播处理需要更长时间，播种深度9cm处理的出苗时间较 3cm 处理延长了 4～6d，群体整齐度下降，不利于形成高产。

　　在花生出苗过程中，与免耕秸秆覆盖处理相比，秸秆翻耕还田与旋耕还田处理能够降低 3～15cm 土层土壤紧实度，提高土壤温度，改善土壤结构，从而缩短了出苗时间，提高了出苗率，最终增加荚果产量。随着播种深度增加，花生子叶干重下降，子叶脂肪酶活性升高，子叶中可溶性糖和蔗糖含量消耗增加，下胚轴伸长速率增加，降低了出苗率。秸秆翻耕还田更有利于获得高产，在此条件下大粒型花生与小粒型花生的适宜播种深度分别为 5～6cm 与 3cm。

第四节 秸秆还田方式和播种深度对夏直播花生幼苗发育的影响

一、秸秆还田方式和播种深度对花生苗期根系活力的影响

由图 2-6 可知，花生出苗后根系活力逐渐增加。出苗后 25d 里，同一秸秆还田方式下'山花 108'的根系活力随播种深度增加呈先升高后降低的变化趋势，'山花 106'的根系活力随播种深度增加逐渐降低。在 2021 年，与 PB5 相比，PB3、PB9 和 PB15 的根系活力分别降低了 10.59%、24.87%和 34.64%；与 PS3 相比，PS5、PS9 和 PS15 根系活力分别降低了 8.89%、5.85%和 30.07%；2022 年，与 PB6 相比，PB3、PB9 根系活力分别降低了 5.77%、14.30%；与 PS3 相比，PS6、PS9 根系活力分别降低了 4.67%、11.22%，且两年趋势一致。不同秸秆还田方式间比较，两品种根系活力均呈现翻耕还田>旋耕还田>免耕秸秆覆盖的趋势，说明秸秆翻耕还田更有利于花生苗期根系发育。

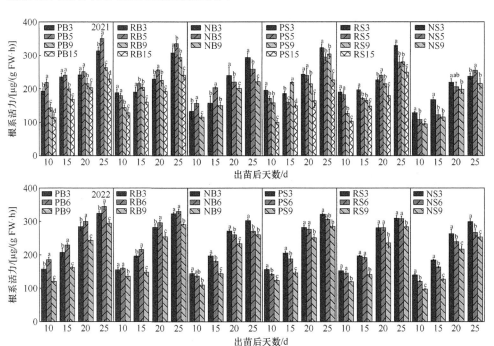

图 2-6 秸秆还田方式和播种深度对花生苗期根系活力的影响（朱荣昱等，2024）

不同小写字母表示相同秸秆还田方式下不同播种深度间差异显著（$P<0.05$）

二、秸秆还田方式和播种深度对花生叶片叶绿素相对含量的影响

由图 2-7 可知，花生出苗后叶片叶绿素相对含量（SPAD）呈逐渐增加的趋势。'山花 108' 在翻耕还田和旋耕还田条件下叶片 SPAD 随播种深度增加呈先升高后降低的趋势；'山花 106' 在翻耕还田条件下叶片 SPAD 随播种深度增加，出苗后在 20d 和 25d 时呈逐渐降低的趋势，在旋耕还田条件下 25d 时呈逐渐下降趋势；两品种在免耕秸秆覆盖条件下叶片 SPAD 在出苗后 25d 时随播种深度增加均逐渐降低。2021 年，出苗后 25d 时，与 PB5 相比，PB3、PB9 和 PB15 处理叶片 SPAD 分别降低了 1.93%、3.65%和 8.21%；与 PS3 相比，PS6、PS9 叶片 SPAD 分别降低了 2.51%、3.06%；2022 年，与 PB6 相比，PB3、PB9 叶片 SPAD 分别降低了 2.62%、5.24%；与 PS3 处理相比，PS6、PS9 叶片 SPAD 分别降低了 3.81%、8.07%，且两年试验结果变化趋势一致。结果表明，在秸秆翻耕还田条件下 '山花 108' 与 '山花 106' 分别在播种深度为 5～6cm、3cm 时叶绿素含量较高，说明在适宜的播种深度下，结合秸秆翻耕还田有利于提高其叶片 SPAD。

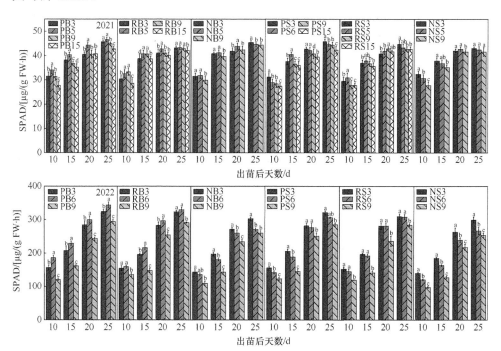

图 2-7 秸秆还田方式和播种深度对花生叶片 SPAD 的影响（朱荣昱等，2024）

不同小写字母表示相同秸秆还田方式下不同播种深度间差异显著（$P<0.05$）

三、秸秆还田方式和播种深度对花生碳代谢酶活性的影响

由图 2-8、图 2-9 可知，花生出苗后叶片蔗糖合成酶（SS）和蔗糖磷酸合成酶（SPS）活性呈逐渐升高的趋势，'山花 108'的叶片蔗糖合成酶和蔗糖磷酸合成酶活性在翻耕还田和旋耕还田条件下随播种深度增加呈先升高后降低的趋势，在免耕秸秆覆盖条件下随播种深度增加逐渐降低，各处理相比以 PB6 活性最高；'山花 106'在三种秸秆还田方式下叶片蔗糖合成酶和蔗糖磷酸合成酶活性随播种深度增加均呈逐渐降低的趋势，各处理相比以 PS3 活性最高。出苗后 25d 时，与 PB6 相比，PB3、PB9 叶片蔗糖合成酶、蔗糖磷酸合成酶活性分别降低了 9.47%、8.51% 和 25.81%、20.62%；与 PS3 相比，PS6、PS9 叶片蔗糖合成酶、蔗糖磷酸合成酶活性分别降低了 6.37%、9.84% 和 29.43%、24.39%。说明 PB6 和 PS3 花生中更多同化物进入代谢途径，为植株苗期生长提供营养物质和能量。

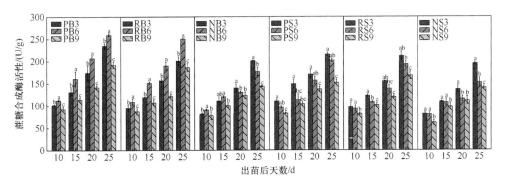

图 2-8　秸秆还田方式和播种深度对花生蔗糖合成酶活性的影响（朱荣昱等，2024）

不同小写字母表示相同秸秆还田方式下不同播种深度间差异显著（P<0.05）

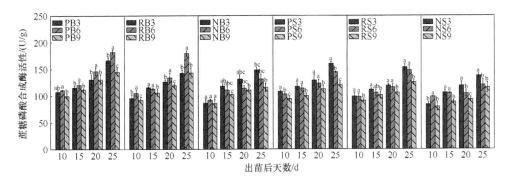

图 2-9　秸秆还田方式和播种深度对花生蔗糖磷酸合成酶活性的影响（朱荣昱等，2024）

不同小写字母表示相同秸秆还田方式下不同播种深度间差异显著（P<0.05）

四、秸秆还田方式和播种深度对花生叶片净光合速率的影响

由图 2-10 可知，花生出苗后净光合速率逐渐升高，由于 2021 年花生出苗后 15d 前后阴雨不断，故未能测定第 15 天的净光合速率。同一播种深度下不同秸秆还田方式间比较，花生叶片的净光合速率无显著差异，但同一秸秆还田方式下，'山花 108' 的净光合速率随播种深度增加先升高后降低，'山花 106' 的净光合速率随播种深度增加而降低。2021 年，出苗后 25d 时，与 PB5 相比，PB3、PB9 和 PB15 叶片净光合速率分别降低了 4.45%、8.33% 和 10.26%；与 PS3 相比，PS6、PS9 和 PS15 叶片净光合速率分别降低了 2.99%、4.98% 和 7.97%；2022 年，与 PB6 相比，PB3、PB9 叶片净光合速率分别降低了 3.00%、9.90%；与 PS3 相比，PS6、PS9 叶片净光合速率分别降低了 9.77%、20.22%，两年试验结果趋势基本一致。

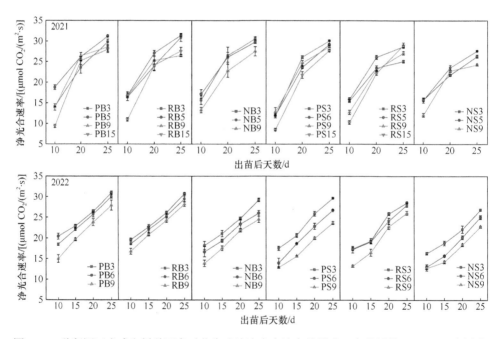

图 2-10　秸秆还田方式和播种深度对花生叶片净光合速率的影响（朱荣昱等，2024）（彩图请扫封底二维码）

五、秸秆还田方式和播种深度对花生单株干物质积累量的影响

由表 2-4、表 2-5 可知，出苗后 25d，在相同播种深度下，两品种单株干物质积累量翻耕还田和旋耕还田均高于免耕还田；'山花 108' 在翻耕和旋耕条件下单

株干物质积累量随播种深度增加先升高后降低，在免耕秸秆覆盖条件下单株干物质积累量随播种深度增加而降低；'山花106'在三种秸秆还田方式下单株干物质积累量均随播种深度增加而降低。两品种分别以PB6和PS3单株干物质积累最快，单株干物质积累量最高。在2021年，与PB5相比，PB3、PB9和PB15单株干物质积累量分别降低了5.44%、16.15%和21.83%；与PS3相比，PS5、PS9和PS15单株干物质积累量分别降低了2.42%、2.59%和26.88%。2022年，与PB6相比，PB3、PB9单株干物质积累量分别降低了21.71%、52.29%；与PS3相比，PS6、PS9单株干物质积累量分别降低了17.67%、31.67%。两年试验结果变化趋势基本一致，说明PB5、PB6和PS3花生干物质积累更多。

表2-4 秸秆还田方式和播种深度对'山花108'单株干物质积累量的影响（朱荣昱等，2024）

年份	处理	出苗后天数			
		10d	15d	20d	25d
2021	PB3	1.63b	3.27a	5.44cd	11.65ab
	PB5	2.15a	3.26a	5.99b	12.32a
	PB9	1.14de	2.63bc	4.64ef	10.33cd
	PB15	0.92e	2.18ef	4.41f	9.63d
	RB3	1.49bc	2.49cd	5.26cd	11.42ab
	RB5	1.62b	2.30de	5.16d	11.37ab
	RB9	1.32cd	2.84b	6.56a	12.15a
	RB15	1.20d	2.04efg	4.46f	10.07cd
	NB3	1.33cd	1.97fg	5.69bc	10.91bc
	NB5	1.54bc	2.66bc	4.96de	10.18cd
	NB9	1.15d	1.90g	4.28f	9.53d
2022	PB3	1.53a	3.14bc	5.81b	10.24b
	PB6	1.67a	4.25a	7.37a	13.08a
	PB9	1.42a	2.48cd	4.06cd	6.24c
	RB3	1.36ab	2.99bc	5.19bc	9.48b
	RB6	1.49a	3.42ab	5.83b	11.05ab
	RB9	1.12bc	2.01d	3.48de	5.72c
	NB3	1.48a	2.88bc	5.30bc	9.73b
	NB6	1.36ab	2.48cd	5.19bc	8.85b
	NB9	1.02c	1.66d	2.67e	4.90c

注：同列不同字母表示不同秸秆还田处理间在 $P<0.05$ 水平上差异显著，本研究利用最小显著差数（least significant difference，LSD）法统计分析

表 2-5 秸秆还田方式和播种深度对'山花 106'单株干物质积累量的影响（朱荣昱等，2024）

年份	处理	出苗后天数			
		10d	15d	20d	25d
2021	PS3	1.57ab	2.65a	6.44a	11.57a
	PS5	1.24cde	1.85cd	4.57cde	11.29abc
	PS9	0.93f	1.98cd	4.54cde	11.27abc
	PS15	0.97ef	2.2bc	3.86e	8.46de
	RS3	1.43abc	2.1bc	5.05bc	11.52ab
	RS5	1.69a	2.42ab	5.77ab	10.69bc
	RS9	1.37bcd	2.23bc	4.36cde	10.64c
	RS15	1.51abc	1.88cd	3.95de	9.10d
	NS3	1.34bcd	2.10bc	4.69cd	8.70de
	NS5	1.10def	1.65d	3.99de	8.45de
	NS9	0.98ef	1.70d	4.18de	8.17e
2022	PS3	1.33a	2.62a	6.28a	10.64a
	PS6	1.16ab	1.83c	5.37ab	8.76b
	PS9	1.03bc	2.14b	5.27ab	7.27c
	RS3	1.12ab	2.48a	5.87ab	9.35ab
	RS6	1.12ab	2.03bc	6.15a	9.47ab
	RS9	1.08abc	1.82c	5.32ab	6.37c
	NS3	1.09abc	2.06bc	6.18a	7.26c
	NS6	1.07abc	1.94bc	4.49bc	6.12c
	NS9	0.83c	1.33d	3.43c	4.71d

注：同列不同字母表示不同秸秆还田处理间在 $P<0.05$ 水平上差异显著，本研究利用 LSD 法统计分析

六、秸秆还田方式和播种深度对花生植株性状的影响

由表 2-6、表 2-7 可知，秸秆还田方式和播种深度对花生主茎高、主茎粗均有极显著影响，两者互作对花生壮苗指数影响极显著。花生出苗后 25d 时，不同秸秆还田方式间比较，两品种主茎高、主茎粗均表现为翻耕还田>旋耕还田>免耕秸秆覆盖的趋势，在翻耕还田与旋耕还田条件下，'山花 108'在播种深度 6cm 时主茎高、主茎粗最大，壮苗指数也高于其他播种深度处理，而'山花 106'在播种深度 3cm 时植株长势最好，两品种在免耕秸秆覆盖条件下均为播种深度 3cm 时壮苗指数最高。与 PB6 相比，PB3 与 PB9 主茎高、主茎粗、壮苗指数分别降低了8.95%、3.70%、17.23%与 22.85%、10.92%、44.92%；与 PS3 相比，PS6 与 PS9处理主茎高、主茎粗、壮苗指数分别降低了 10.11%、2.27%、10.49%与 26.06%、10.12%、16.78%，说明在秸秆翻耕还田条件下配合适宜的播种深度更有利于形成壮苗。

表 2-6　秸秆还田方式和播种深度对'山花 108'植株性状的影响（朱荣昱等，2024）

处理	主茎高/cm	主茎粗/mm	单株干重/g	壮苗指数
PB3	18.81a	4.94a	10.24b	0.269
PB6	20.66a	5.13a	13.08a	0.325
PB9	15.94b	4.57ab	6.24c	0.179
RB3	18.48b	4.90b	9.48b	0.252
RB6	20.21b	5.12b	11.05ab	0.280
RB9	15.69b	4.55c	5.72c	0.166
NB3	18.64c	4.82c	9.73b	0.252
NB6	18.51c	4.59c	8.85b	0.219
NB9	15.56c	4.40c	4.90c	0.139
方差分析（ANOVA）				
秸秆还田方式（T）	**	**	*	**
播种深度（D）	**	**	**	**
T×D	*	*	NS	**

注：同列不同字母表示不同秸秆还田处理间在 $P<0.05$ 水平上差异显著，本研究利用 LSD 法统计分析。**代表 0.01 显著水平，*代表 0.05 显著水平，NS 代表 0.05 水平不显著

表 2-7　秸秆还田方式和播种深度对'山花 106'植株性状的影响（朱荣昱等，2024）

处理	主茎高/cm	主茎粗/mm	单株干重/g	壮苗指数
PS3	18.00a	4.84a	10.64a	0.286
PS6	16.18a	4.73a	8.76b	0.256
PS9	13.31b	4.35ab	7.27cd	0.238
RS3	17.61b	4.77bc	8.35bc	0.254
RS6	16.10b	4.65c	9.47ab	0.273
RS9	13.35c	4.32d	6.37d	0.207
NS3	16.06d	4.55d	7.26cd	0.206
NS6	14.82d	4.31d	6.12d	0.178
NS9	12.72d	4.25d	4.71e	0.157
方差分析（ANOVA）				
秸秆还田方式（T）	**	**	**	**
播种深度（D）	**	**	**	**
T×D	NS	**	NS	**

注：同列不同字母表示不同秸秆还田处理间在 $P<0.05$ 水平上差异显著，本研究利用 LSD 法统计分析。**代表 0.01 显著水平，NS 代表 0.05 水平不显著

前茬小麦收获后对小麦秸秆进行还田处理，一方面由于秸秆中含有丰富的碳、氮、磷、钾等大量元素，有利于提高土壤养分含量，减少化学肥料的投入；还能够调节土壤中的水分含量，具有保墒作用，促进作物单株次生根的生发，提高根

系活力及根干重密度，促进作物生长（张磊，2020；高俊等，2023）。另一方面，秸秆还田较未还田处理能提高花生叶片生理活性，显著增强花生叶片抗氧化酶活性，降低丙二醛含量，从而延缓植株衰老；秸秆还田结合深耕处理还能提高花生植株干物质积累速率，并有效促进干物质由营养器官向籽仁转运，提高收获指数，增加产量（罗盛，2016；陈庆政等，2023）。

花生播种后苗齐、苗全、苗壮是获得高产的基础保障，而播种深度对花生苗齐、苗全、苗壮的影响较大，并进一步影响幼苗根系发育和光合性能。前人研究发现，适宜的播种深度能够维持较大的叶面积指数和较高的叶绿素含量，有利于提高叶片光能转化效率和净光合速率，进而改善功能叶的光合性能，增加光合产物，促进花生总干物质积累（甄晓宇，2019；李冬冬，2022）。而播种过深时，因大量根系生长所处的土层土壤容重过大影响根系发育，导致幼苗根系活力显著降低；且随播种深度增加，花生叶片可溶性蛋白含量也随之降低，进而加速植株衰老（曹慧英等，2015；甄晓宇等，2019）。除此之外，花生种子大小也会不同程度地影响萌发出苗和幼苗生长，研究表明花生种子一般需吸收风干种子重的40%～60%的水分才开始萌动，从萌发到出苗约需吸收种子重量4倍的水。大籽品种吸水多而慢，中小籽、小籽吸水少而快，而土壤含水量随土层深度增加而提高，因此，大籽花生应适当深播，小籽花生可适当浅播。此外，在适当深播条件下，大种子出苗快、出苗率高、幼苗素质好（张冠初等，2016；李冬冬等，2022）。

植物根系是作物获得高产稳产的关键，其活性在很大程度上决定着植物获取养分的能力。前人研究表明，秸秆还田有利于改善土壤水、肥、气、热等状况，能增加开花期夏玉米根长、根表面积与根干物质重，同时提高根系活性，促进根系生长（徐莹莹等，2018）。研究表明，粉垄耕作下可以显著提高玉米的根系活力，促进根系养分、水分运输能力，而合理深度的粉垄耕作方式有利于促进根系向下生长，提高玉米根系吸收养分及根系的抗逆能力，有利于玉米干物质积累，从而获得较高的产量（陶星安等，2021）。另有研究表明，花生的干物质积累量也随根系活力的增加而增加（宁泽光，2023）。本试验中，秸秆还田结合翻耕、旋耕均可提高花生根系活力。

研究表明，随着播种深度增加，玉米出苗时间延后，幼苗长度及幼苗整齐度显著降低，初生胚根长度逐渐减小，总根长度差异不显著，但根系活力降低（曹慧英等，2015）。研究也表明，在相同土壤湿度下，播种深度过浅或过深均会显著降低花生的根系活力（李航宇等，2023）。在本研究中，随着播种深度增加，花生的根系活力先增加后降低，此外，花生根系活力在同一播种深度下呈翻耕还田>旋耕还田>免耕秸秆覆盖的变化趋势，说明秸秆翻耕还田更有利于花生根系发育。在免耕秸秆覆盖处理中，两品种花生根系活力均随播种深度增加而降低，而在翻耕还田和旋耕还田处理中，两品种花生根系活力达到最大值的对应播种深度不同，

'山花 108' 为 5~6cm，'山花 106' 为 3cm，说明小粒型花生品种适当浅播更有利于根系发育，大粒型花生适当深播有利于根系生长。

　　光合能力的强弱直接影响作物后期产量的高低，净光合速率可以直接反映作物的光合同化能力，叶绿素含量与光合速率关系密切，也是影响作物光合作用的重要因素之一（娄璐岩等，2017；Nasar et al.，2022）。据研究发现，秸秆还田结合深松处理可减缓光合午休现象，使冬小麦维持较高的光合速率，有利于干物质积累和产量提高（张向前等，2017）；研究表明，在秸秆还田条件下，大豆叶片光合势及 SPAD 均呈现翻耕还田>旋耕还田>免耕秸秆覆盖的变化趋势（陈传信等，2016）。在水稻—花生周年种植体系中，水稻秸秆还田能提高后茬花生叶片生理活性和叶片抗氧化能力，降低过氧化产物形成，从而有效延缓叶片衰老，延长光合作用时间，增加光合持续能力（陈庆政等，2023）。在适宜播种深度（4~7cm）条件下，花生生育期内叶片叶面积、叶绿素含量及光合速率可以维持在较高水平，有利于光合产物的合成、转运和积累，促进荚果发育，进而提高产量（张旺锋等，2002；谢明惠等，2017；甄晓宇，2019）。本研究表明，秸秆翻耕还田与旋耕还田条件下，花生叶片 SPAD 和净光合速率要显著高于免耕秸秆覆盖处理；'山花 108' 在翻耕还田和旋耕还田处理播种深度 5~6cm 时，叶片 SPAD 和净光合速率最高，在免耕秸秆覆盖处理播种深度 3cm 时最高，而'山花 106'在三种秸秆还田方式下，均为播种深度 3cm 时植株光合性能最强。

　　碳代谢途径是植物体内物质和能量代谢及分配的关键途径，提高作物碳代谢效率，对增加作物产量有重要作用（高芳，2021）。碳代谢酶活性大小在作物生长发育过程中直接影响着其光合产物的形成和转化，蔗糖合成酶和蔗糖磷酸合成酶都是催化蔗糖合成途径的重要酶，可通过调节叶片蔗糖合成进而调控碳代谢的相关过程（邹晓霞等，2020）。研究表明，秸秆还田可以显著提高玉米、小麦的叶片蔗糖合成酶与蔗糖磷酸合成酶活性，增强植株蔗糖合成和代谢能力，秸秆还田条件下，翻耕还田和旋耕还田处理的小麦苗期蔗糖合成酶和蔗糖磷酸合成酶活性显著高于免耕秸秆覆盖处理，有利于促进小麦苗期可溶性糖的合成和运输，提高其越冬抗寒能力（李福建等，2022；郭伟等，2023）。研究发现，光合作用碳素同化和光合同化产物向籽粒输入对产量最终形成具有同样重要作用，因此小麦籽粒产量与光合生理特性以及蔗糖代谢之间互呈显著正相关关系（王嘉男等，2020）。本研究中，秸秆翻耕与旋耕还田处理下花生苗期叶片的蔗糖合成酶和蔗糖磷酸合成酶活性均显著高于免耕秸秆覆盖处理。

　　秸秆还田与耕作方式的交互作用对作物的干物质积累量有极显著影响，并最终影响作物产量（谢娇等，2021）。研究发现，与秸秆不还田相比较，秸秆还田显著增加了小麦和玉米的植株干物质积累量（Wu et al.，2022），深翻+平作深松处理可显著提高玉米花前营养器官干物质转运量，增加花后同化物向籽粒输入的效率，进而提高玉米籽粒产量（齐翔鲲等，2022）。播种深度对作物干物质积累同样具有显著影响，适宜的播种深度提高了谷子苗期及生育后期的干物质积累，播种过深显著降低了玉米及麻疯树的单株干物质积累量及出苗质量，花生和玉米均在播种5cm条件下干物质积累量最高（曹慧英等，2015；2016；韦剑锋等，2017；王振华等，2017）。本研究中，在出苗后25d时，不同秸秆还田方式间比较，两品种的单株干物质积累量、主茎高和主茎粗均为翻耕还田>旋耕还田>免耕秸秆覆盖，在秸秆翻耕还田处理中，'山花108'与'山花106'分别在5～6cm与3cm单株干重最高，植株长势最好，壮苗指数最高。说明秸秆翻耕还田配合适宜的播种深度更有利于花生提高干物质积累量，形成壮苗，进而获得高产。

在花生苗期，与免耕秸秆覆盖处理相比，秸秆翻耕还田与旋耕还田处理能够提高植株根系活力、叶片 SPAD、净光合速率、蔗糖合成酶与蔗糖磷酸合成酶活性，增加了植物干物质积累量，进而提高壮苗指数；随着播种深度增加，'山花108'的根系活力、叶片 SPAD、净光合速率、植物干物质积累量以及蔗糖合成酶与蔗糖磷酸合成酶活性呈先增加后降低的趋势，而'山花106'的各项指标逐渐降低，两品种分别在5～6cm 与3cm 处各项指标最高。综上，秸秆翻耕还田更有利于获得高产，在此条件下大粒型花生与小粒型花生的适宜播种深度分别为 5～6cm 与3cm。

参 考 文 献

曹慧英, 史建国, 朱昆仑, 等. 2016. 播种深度对夏玉米冠层结构及光合特性的影响. 玉米科学, 24(1): 102-109.

曹慧英, 王丁波, 史建国, 等. 2015. 播种深度对夏玉米幼苗性状和根系特性的影响. 应用生态学报, 26(8): 2397-2404.

陈传信, 唐江华, 罗家祥, 等. 2016. 复播大豆光合特性、干物质积累分配及产量对土壤耕作方式的响应. 新疆农业大学学报, 39(2): 94-99.

陈庆政, 吴春玲, 林秀芳, 等. 2023. 水稻秸秆还田对后茬花生形态、生理及品质特征的影响. 热带农业科学, 43(2): 8-12.

范红霞. 2018. 秸秆全量还田下不同耕作方式对小麦出苗质量及产量构成的影响. 种子科技, 36(2): 117-118.

高芳. 2021. 不同源库类型花生品种产量品质形成机理及调控. 泰安: 山东农业大学.

高俊, 汪慧泉, 顾东祥, 等. 2023. 秸秆还田对土壤生态及农作物生长发育影响的研究进展. 中国农学通报, 39(30): 87-93.

郭伟, 但武侠, 马传芳, 等. 2023. 化肥减量条件下秸秆还田配施腐植酸对玉米碳氮代谢的影响. 福建农业学报, 38(4): 475-484.

李冬冬. 2022. 播种深度对不同粒型花生温湿度及生长发育的影响. 长沙: 湖南农业大学.

李冬冬, 唐康, 曾宁波, 等. 2022. 不同粒型花生种子吸胀特性及播种深度对其种际土壤温湿度与出苗的影响. 山东农业科学, 54(6): 27-34.

李逢雨, 孙锡发, 冯文强, 等.2009. 麦秆、油菜秆还田腐解速率及养分释放规律研究. 植物营养与肥料学报, 15(2): 374-380.

李福建, 徐东忆, 刘凯丽, 等. 2022. 耕作方式对稻茬小麦幼苗茎蘖生长生理和生产力的影响. 华北农学报, 37(1): 58-67.

李航宇, 余明慧, 陈龙, 等. 2023. 不同土壤湿度下播种深度对花生出苗及生理特性的影响. 天津农业科学, 29(7): 49-53.

李清芳, 辛天蓉, 马成仓, 等. 2003. pH 值对小麦种子萌发和幼苗生长代谢的影响. 安徽农业科学, (2): 185-187.

刘斌祥, 程秋博, 周芳, 等. 2020. 种子大小与播种深度对玉米出苗、苗期光合特性与保护酶活性的影响. 华北农学报, 35(2): 98-106.

刘娟, 汤丰收, 张俊, 等. 2017. 国内花生生产技术现状及发展趋势研究. 中国农学通报, 33(22): 13-18.

娄璐岩, 杨素欣, 于慧, 等. 2017. 大豆光能高效利用的分子调控机制研究进展. 土壤与作物, 6(2): 119-126.

罗盛. 2016. 玉米秸秆还田与耕作方式对花生田土壤质量和花生养分吸收的影响. 长沙: 湖南农业大学.

宁泽光. 2023. 砂培环境下镉对花生幼苗根系活力和叶绿素含量的影响研究. 基层农技推广, 11(10): 30-38.

齐翔鲲, 安思危, 侯楠, 等. 2022. 耕作和秸秆还田方式对半干旱区黑土玉米养分积累分配与产量的影响. 植物营养与肥料学报, 28(12): 2214-2226.

申琳, 张智强, 史兰, 等. 2003. 花生种子萌发过程中蛋白酶、脂肪酶及 SOD、CAT 酶活性变化. 中国食品学报, (z1): 24-27.

宋大利, 侯胜鹏, 王秀斌, 等. 2018. 中国秸秆养分资源数量及替代化肥潜力. 植物营养与肥料学报, 24(1): 1-21.

宋雨函, 张锐. 2021. 高等植物下胚轴伸长的调控机制. 生命的化学, 41(6): 1116-1125.

孙建, 周红英, 乐美旺, 等. 2020. 芝麻种子萌发动态及其代谢生理变化研究. 中国农业科技导报, 22(8): 41-48.

孙奎香, 于道功, 张玉凤, 等. 2012. 水分胁迫对花生种子萌发过程中贮藏物质降解的影响. 中国农学通报, 28(12): 60-65.

陶星安, 陈彦云, 李梦露, 等. 2021. 粉垄耕作对玉米根系活力的影响. 广东蚕业, 55(2): 17-18.

万书波. 2003. 中国花生栽培学. 上海: 上海科学技术出版社, 252-272.

王嘉男, 李玲玲, 谢军红, 等. 2020. 半干旱区保护性耕作对旱作春小麦光合特性和产量形成的影响. 麦类作物学报, 40(12): 1493-1500.

王振华, 王宏富, 刘鑫, 等. 2017. 播种深度对谷子出苗率及干物质积累的影响. 农学学报, 7(9): 6-13.

韦剑锋, 韦冬萍, 吴炫柯, 等. 2017. 不同播种深度对麻疯树种子出苗和苗木性状的影响. 种子, 36(11): 90-94.

谢娇, 刘建玲, 吴晶, 等. 2021. 钙在冀东花生上的产量效应研究. 河北农业大学学报, 44(5): 30-35.

谢明惠, 陈浩梁, 张光玲, 等. 2017. 温度、土壤湿度和播种深度对花生种子萌发及幼苗生长的影响. 花生学报, 46(2): 52-59.

徐宜民, 时焦. 1993. 花生种子萌发中主要贮藏物质的变化. 中国油料, (2): 37-40.

徐莹莹, 王俊河, 刘玉涛, 等. 2018. 秸秆不同还田方式对土壤物理性状、玉米产量的影响. 玉米科学, 26(5): 78-84.

杨文钰, 屠乃美. 2003. 作物栽培学各论. 北京: 中国农业出版社, 88-90.

于庆峰, 苗庆丰, 史海滨, 等. 2019. 耕作方式对秸秆覆盖玉米田春播期土壤水热盐状况的影响. 水土保持研究, 26(3): 265-268.

岳丽杰, 文涛, 杨勤, 等. 2012. 不同播种深度对玉米出苗的影响. 玉米科学, 20(5): 88-93.

曾丽, 赵梁军, 苏立峰. 2000. 一串红种子发育及内含物对种子萌发的影响. 中国农业大学学报, (1): 35-38.

张冠初, 丁红, 戴良香, 等. 2016. 不同粒重、粒型花生种子吸水规律及萌发特性的研究. 核农学报, 30(2): 372-378.

张磊. 2020. 秸秆还田方式及利弊分析. 乡村科技, (2): 103-104.

张旺锋, 王振林, 余松烈, 等. 2002. 膜下滴灌对新疆高产棉花群体光合作用冠层结构和产量形成的影响. 中国农业科学, 35(6): 632-637.

张向前, 赵秀玲, 王钰乔, 等. 2017. 耕作方式对冬小麦灌浆期光合性能日变化和籽粒产量的影响. 应用生态学报, 28(3): 885-893.

甄晓宇. 2019. 播种深度对花生幼苗质量及产量形成的影响. 泰安: 山东农业大学.

甄晓宇, 杨坚群, 栗鑫鑫, 等. 2019. 播种深度对花生生育进程和叶片衰老的影响及其生理机制. 作物学报, 45(9): 1386-1397.

郑凤君, 王雪, 李生平, 等. 2021. 免耕覆盖下土壤水分、团聚体稳定性及其有机碳分布对小麦产量的协同效应. 中国农业科学, 54(3): 596-607.

周芳, 程秋博, 金容, 等. 2019. 种子大小与播种深度对川中丘陵区玉米根系生长的影响. 中国生态农业学报, 27(12): 1799-1811.

朱荣昱, 赵蒙杰, 姚云凤, 等. 2024. 秸秆还田方式与播种深度对夏直播花生苗期植株生理特性的影响. 中国油料作物学报, 46(3): 507-517.

邹晓霞, 张甜, 王丽丽, 等. 2020. 黑曲霉菌肥施用对花生碳氮代谢、产量及籽仁品质的影响. 植物生理学报, 56(9): 1974-1984.

Amram, A, Fadida-Myers A, Golan, G, et al. 2015. Effect of GA-sensitivity on wheat early vigor and yield components under deep sowing. Frontiers in Plant Science, 6: 487.

Guo L J, Zhang Z S, Wang D D, et al. 2015. Effects of short term conservation management practices on soil organic carbon fractions and microbial community composition under arice-wheat rotation system. Biology and Fertility of Soils, 51(1): 65-75.

Nasar J, Wang G Y, Ahmad S, et al. 2022. Nitrogen fertilization coupled with iron foliar application improves the photosynthetic characteristics, photosynthetic nitrogen use efficiency, and the related enzymes of maize crops under different planting patterns. Frontiers in Plant Science , 13: 988055.

Sarker J R, Singh B P, Cowie A L, et al. 2018. Agricultural management practices impacted carbon and nutrient concentrations in soil aggregates, with minimal influence on aggregate stability and total carbon and nutrient stocks in contrasting soils. Soil and Tillage Research, 178: 209-223.

Wu G, Ling J, Zhao D Q, et al. 2022. Deep-injected straw incorporation improves subsoil fertility and crop productivity in a wheat-maize rotation system in the North China Plain. Field Crops Res, 286: 108612.

Xu X, Pang D W, Chen J, et al. 2018. Straw return accompany with low nitrogen moderately promoted deep root. Field Crops Research, 221: 71-80.

Zhao H L, Jiang Y H, Ning P, et al. 2019. Effect of different straw return modes on soil bacterial community, enzyme activities and organic carbon fractions. Soil Science Society of America Journal, 83(3): 638-648.

Zhao J H, Liu Z X, Lai H J, et al. 2022. Optimizing residue and tillage management practices to improve soil carbon sequestration in a wheat-peanut rotation system. Journal of Environmental Management, 306: 114468.

Zuo Q S, Kuai J, Zhao L, et al. 2017. The effect of sowing depth and soil compaction on the growth and yield of rapeseed in rice straw returning field. Field Crops Research, 203: 47-54.

第三章　栽培方式对夏直播花生生理特性及产量品质的影响

夏直播花生生育前期生长较快，为花生高产打下了良好的基础。但在 8～9 月，北方降雨较多，花生易徒长倒伏。研究表明，花生覆膜栽培植株较露地栽培矮小，减小了花生生育后期倒伏的风险，覆膜栽培促进了花生发育，增加了植株分枝数和有效分枝；秸秆还田对花生植株生长影响较小；秸秆还田结合覆膜，同时进行化学调控，花生植株高度明显降低（杨富军等，2013b）。关于覆膜对花生生育后期植株生长影响的研究结果不一致。研究指出，花生生育中期破膜降低了花生主茎高、侧枝长，减小了花生后期倒伏的风险；破膜具有一定的增产作用，增产 8.4%（王海新等，2014）。

据报道，秸秆还田促进了大豆生长，提高了植株株高和主茎节数，且秸秆翻耕还田效果优于覆盖还田和焚烧还田（王囡囡等，2014）。在玉米上，秸秆还田降低了玉米的出苗率，在肥水充足的条件下，秸秆还田促进了玉米幼苗的生长，增加了玉米干物质积累（朱丽君等，2013）；秸秆还田还可以增加玉米株高和径粗，在拔节期和收获期显著提高了春玉米的单株叶面积（高飞等，2011）。在小麦上，秸秆还田可以降低小麦株高，缩短节间，提升小麦的抗倒伏能力（李波等，2013b）。耕作方式和秸秆还田对大豆生长发育有显著影响，免耕降低了大豆株高、主根长，增加了侧根长，从而提高了根冠比，降低了倒伏的风险；秸秆还田对大豆苗期影响较小，促进了后期植株生长，提高了大豆干物质积累量，翻耕秸秆还田效果最好，但与免耕秸秆还田差异不显著（Campbell et al.，1984）。

叶面积指数反映了植株的生长状况，同时能够代表植株进行光合作用的光合面积。研究表明，花生叶面积指数在结荚期达到最大值，覆膜栽培叶面积指数高于露地栽培；秸秆还田对叶面积指数影响较小（杨富军等，2013a）。秸秆还田提高了小麦叶面积指数，增幅为 12.36%～30.34%，从而提高了小麦的群体光合生产效率（沈学善等，2012）。光合作用是作物干物质积累的基础，不同品质类型花生光合生理指标和花生干重之间有较强的相关性（潘德成等，2011）。覆膜降低了花生生育前期叶片净光合速率，提高了生育后期光合速率；秸秆还田增强了花生叶片光合性能，提高了叶片的净光合速率。覆膜和秸秆还田增加了花生叶片的气孔导度，降低了胞间二氧化碳浓度，对蒸腾速率的影响同净光合速率相似（杨富军等，2013a）。不同颜色地膜对花生光合特性有一定影响（孙涛等，2013）。研究结果表明，秸秆还田使玉米吐丝期光合作用和蒸腾作用显著高于对照，并在 12:00～15:00 出现持续高值；秸秆还田使春玉米光合速率提高了 3.20～6.52μmol/(m²·s)，蒸腾速率提高了 0.72～2.08μmol/(m²·s)；秸秆还田同时提高了春玉米叶片瞬时水分利用效率（高飞等，2011）。免耕较翻耕提高了大豆叶片净光合速率和水分利用效率（黄茂林等，2009）。

作物遭受逆境胁迫，或者经历衰老，体内的氧代谢就会失调，活性氧产生加快，从而引起生物膜脱脂化和膜脂质过氧化，使膜系统产生变性，积累许多有害物质如 MDA，进而引起作物细胞中生物大分子降解，使细胞结构和功能受到损伤。抗氧化酶可以清除细胞代谢过程中产生的自由基和活性氧，以保证细胞正常代谢。花生衰老过程具有渐进衰老和整株衰老的特点（李向东等，2001）。关于花生叶片的衰老生理已有较多研究，花生叶片的衰老主要是由于氧代谢的失调（李向东等，2003）。合理施肥能够延缓花生叶片衰老（杜连涛等，2008；郑亚萍等，2011）。花生冠层温度和衰老特性之间具有一定的相关性，冠层温度低的品种在生育后期生理活性更强，延缓了花生衰老（任学敏等，2014）。有研究表明，夏花生施用有机肥提高了叶片叶绿素、可溶性蛋白含量，增强了叶片抗氧化酶活性，并降低了 MDA 含量；这在花生生育后期表现更加明显，延缓了花生后期衰老（郑亚萍等，2009）。研究指出，库的减少抑制了营养物质向生殖器官的转移，从而提高了花生叶片叶绿素含量和净光合速率，增强了抗氧化酶的活性，进而延缓了叶片的衰老（王丽丽等，2005）。对花生做摘叶处理，改变花生的源库关系，在生育后期叶绿素降解加快，表现出早衰（万勇善等，2003）。

覆膜提高谷子生育前期的生理活性，但在生育后期衰老加快（贾根良等，2009）。秸秆还田提高了小麦幼苗 SOD 活性（陈小文等，2012），延缓了小麦衰老（高茂盛等，2007；郑伟等，2009）。研究表明，秸秆覆盖、免耕和深松等保护性耕作措施，提高了大豆叶片生育后期 POD、SOD 活性，降低了叶片 MDA 含量，延缓了大豆衰老，从而延长了大豆产量形成期，为增产提供了可能。有关栽培措施、保护性耕作对花生衰老的研究较少（朱倩，2014）。

张艳艳等（2014）研究表明，覆膜促进了夏直播花生生长，提高了叶片的光合速率，使植株在生育前期具有较高的干物质积累量，从而提高了夏直播花生产量，较露地栽培和麦套栽培分别增产 13.98%、24.25%。来敬伟等（2009）研究表明，覆膜提高了花生饱果率，减少了花生的烂果和秕果，从而提高了产量，增产幅度为 10.6%～16.6%。林英杰等（2010）研究了种植方式对花生产量的影响，结果表明覆膜通过提高单株结果数，降低千克果数，从而提高单株生产力；春花生覆膜种植比露地种植增产 22.8%，相比于春花生，夏花生覆膜种植增产幅度较小，仅增产 4.8%。

王才斌等（2000）研究了小麦秸秆还田对土壤肥力和夏直播花生产量的影响，结果表明，秸秆还田增加了土壤有机质含量，提高了花生产量，两年秸秆还田效果优于一年秸秆还田；秸秆还田增加了花生单株结果数，降低了千克果数，两年秸秆还田增产 14.2%，上年小麦秸秆还田花生增产 9.2%，效果优于当年小麦还田处理。王囡囡等（2014）研究了不同秸秆还田方式对大豆产量的影响，结果表明，秸秆还田促进了大豆生长，增加了单株粒数和粒重，且秸秆翻耕还田效果优于覆盖还田和焚烧还田，增产 32.31%。

花生品质的好坏一般由品种决定，品质和产量相互制约。并且营养品质中的蛋白质和脂肪含量相互矛盾，培育专用花生品种是花生品质育种的重要发展方向（邱庆树等，2001）。不同栽培条件、措施对花生品质也有一定影响。王才斌等（2008）认为环境对山东省栽培花生品质的影响大于品种。李新华等（2010b）研究了土壤肥力对花生品质的影响，结果表明土壤全氮含量与籽仁蛋白质含量呈显著正相关；土壤有机质含量与籽仁脂肪酸含量，油酸、亚油酸比值呈显著正相关。郭洪海等（2010）认为气候和土壤肥力是影响花生品质和空间分布的主导因子。不同土壤类型和肥料运筹影响了花生品质（张吉民等，2003；余常兵等，2010）。控制施肥可以改善花生品质，提高籽仁粗蛋白和粗脂肪含量（张玉树等，2007；邱现奎等，2010），喷施化学调控物质对花生品质也有一定影响（钟瑞春等，2013；张佳蕾等，2013）。

栽培因素对花生籽仁品质的影响也不可忽视，胡文广等（2002）研究了栽培因素对花生品质的影响。随着收获期的推迟，花生籽仁蛋白质和可溶性糖含量不断增加，脂肪含量不断减少；干旱降低了花生脂肪含量，随干旱时间增长，影响越严重；春播花生较夏播花生提高了籽仁粗脂肪、蛋白质含量，以及油酸/亚油酸（O/L）值，春播花生生育期较夏播花生长，其各项品质指标高于夏播花生。有研究表明，花生连作降低了花生产量，同时也降低了花生品质，连作降低了花生中人体必需脂肪酸、粗蛋白、总氨基酸含量及 O/L 值。

脂肪和蛋白质含量是花生重要的品质指标，王激清等（2011）研究表明，覆膜双行垄种显著提高花生籽仁的蛋白质含量，对脂肪影响不显著，但提高了花生的 O/L 值。覆膜栽培提高了花生荚果饱满度，提高了 O/L 值，降低了花生可溶性糖含量。覆膜对花生品质的影响因不同种植方式而不同。覆膜增加了春播花生蛋白质含量，降低了脂肪含量，同时增加了夏播花生蛋白质、脂肪含量（胡文广等，2002）。金建猛等（2013）认为覆膜栽培提高了花生籽仁蛋白质含量和 O/L 值，降低了脂肪酸含量。万书波（2003）也提出覆膜提高了花生籽仁蛋白质、脂肪、氨基酸含量，以及 O/L 值。

本章通过探究覆膜、秸秆还田和免耕对夏直播花生植株农艺性状和光合特性的影响，明确覆膜、秸秆还田和免耕对夏直播花生产量和品质影响的生理基础，提出增加产量和改善品质的栽培措施，为夏直播花生高产、优质、高效提供理论依据和技术指导。

本研究于 2013～2014 年在山东农业大学农学试验站进行，土壤为沙壤土。供试材料为早熟大花生品种'365-1'（由山东农业大学花生栽培研究室提供）。试验设 6 个处理：①小麦收获后，将小麦秸秆均匀撒在地表，灭茬粉碎秸秆；深耕，然后旋耕两遍；先播种后覆膜（HTFM）。②小麦收获后，将小麦秸秆均匀撒在地表，灭茬粉碎秸秆；深耕，然后旋耕两遍（HTLD）。③小麦收获后，将小麦秸秆移出大田；灭茬，深耕，然后旋耕两遍；先播种后覆膜（FM）。④小麦收获后，将小麦秸秆移出大田；灭茬，深耕，然后旋耕两遍（LD）。⑤小麦收获后，抢时播种，然后将小麦秸秆均匀撒在地表（MGFG）。⑥小麦收获后，将小麦秸秆移出大田，抢时播种（MGLD）。采用随机区组设计，重复 3 次。小区面积 40m×2m。小麦收获后每公顷施复合肥（N-P$_2$O$_5$-K$_2$O，16-9-20）750kg。小麦秸秆还田量 6×10^{3}kg/hm^2。花生种植密度 1.5×10^{5}穴/hm^2，每穴 2 粒，行距 30cm，穴距 20cm。免耕处理 6 月 15 日播种，其他处理 6 月 17 日播种。完全成熟时收获。其他田间管理，同一般花生高产田。

第一节 栽培方式对夏直播花生植株农艺性状的影响

良好的营养生长是作物高产的基础。主茎高和侧枝长是花生营养生长的直观表现。不同栽培方式影响了夏直播花生的主茎高、侧枝长（图 3-1、图 3-2）。与

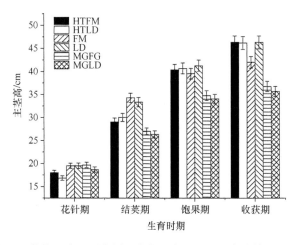

图 3-1 栽培方式对夏直播花生主茎高的影响（高波等，2015）

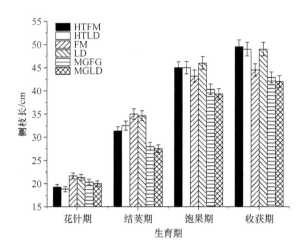

图 3-2　栽培方式对夏直播花生侧枝长的影响（高波等，2015）

无秸秆还田露地栽培相比，秸秆还田显著降低了花生花针期、结荚期主茎高和侧枝长，对饱果期、收获期主茎高和侧枝长影响不显著；覆膜增加了生育前期主茎高和侧枝长，但显著降低了生育后期株高；免耕降低了花生主茎高和侧枝长。说明秸秆还田抑制了花生前期植株生长，覆膜延缓了后期植株生长，免耕栽培不利于花生植株生长。

研究表明，覆膜栽培提高了花生结荚期主茎高、侧枝长，在饱果期和收获期，花生主茎高、侧枝长低于露地栽培（马登超等，2014）。研究还表明，不同种植方式对夏直播花生单株绿叶面积的影响不同，覆膜提高了夏花生单株绿叶面积，便于光合产物的积累（张艳艳等，2014）。本研究表明，主茎高和侧枝长的变化趋势一致，在花针期、结荚期增长较快，在饱果期增长缓慢。覆膜改善了生育前期土壤环境，花生生长较快，提高了主茎高和侧枝长；在生育后期，根系活力下降，光合性能减弱，花生出现早衰现象，生长延缓，株高低于露地处理。

前人研究指出，秸秆覆盖还田对花生主茎高和侧枝长影响较小，但显著增加了花生主茎分枝数（王慧新等，2010）。常规耕作作物株高、茎粗在生育前期具有优势，保护性耕作可以加快作物生育后期的生长，免耕秸秆覆盖处理植株矮小（朱倩，2014）。本研究表明：在花生生育前期，秸秆翻耕还田降低了主茎高和侧枝长，其可能原因是秸秆翻耕还田造成土壤碳氮失调，微生物和花生争夺氮素，同时土壤大小孔隙不合理，土壤过松，从而影响了花生生长；免耕降低了土壤速效养分含量和微生物数量，杂草和病害严重，以致花生生长缓慢，植株矮小。

第二节　栽培方式对夏直播花生光合特性的影响

一、叶面积指数

不同栽培方式影响夏直播花生的叶面积指数（图3-3）。与无秸秆还田露地栽培相比，覆膜提高了夏直播花生的叶面积指数，在结荚期、饱果期，覆膜处理明显低于秸秆还田覆膜处理；秸秆还田降低了夏直播花生叶面积指数，差异不明显；免耕显著降低了叶面积指数。说明覆膜可以提高花生光合面积，利于碳水化合物的积累，进而增加花生产量。

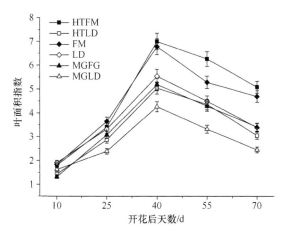

图3-3　栽培方式对夏直播花生叶面积指数的影响（高波等，2015）

二、净光合速率和叶绿素含量

净光合速率是植物光合特性中的关键性指标。与无秸秆还田露地栽培相比，覆膜提高了花针期叶片净光合速率，明显降低了饱果期和收获期净光合速率；秸秆还田降低了花针期叶片净光合速率，提高了饱果期、收获期净光合速率；免耕降低花生花针期、结荚期净光合速率，在饱果期，免耕保持了较高的光合速率水平（图3-4）。说明秸秆还田在一定程度上提高了花生光合性能，利于碳水化合物积累，进而增加花生产量。

叶绿素是植物进行光合作用的物质基础。与无秸秆还田露地栽培相比，覆膜提高了花生花针期、结荚期叶片叶绿素含量，降低了饱果期、收获期叶绿素含量；秸秆还田降低了花针期叶绿素含量，但提高了中后期叶绿素含量；免耕降低了花针期、结荚期叶绿素含量，但在生育后期保持较高了的叶绿素含量水平（图3-5）。

说明秸秆还田促进了花生叶片中叶绿素合成，增强了光合性能，利于碳水化合物的积累。

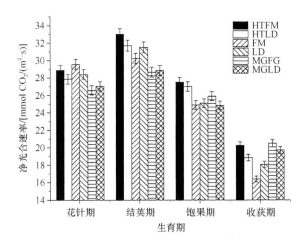

图 3-4　栽培方式对夏直播花生净光合速率的影响（高波等，2015）

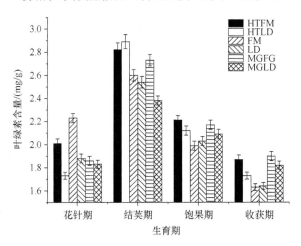

图 3-5　栽培方式对夏直播花生叶绿素含量的影响（高波等，2015）

　　光合作用是作物干物质积累的基础，光合作用显著影响作物产量。花生干物质积累主要来自光合作用，较强的光合速率是花生高产的前提。农艺措施通过影响作物的光合性能从而影响产量。秸秆还田提高了小麦旗叶的净光合速率，改善了旗叶的光合性能，在小麦灌浆中后期表现更为明显，秸秆还田量 9000kg/hm^2 为最优处理（刘阳，2008）。免耕秸秆覆盖延缓了小麦生育后期叶绿素降解，可将光合面积维持在较高水平，并提高旗叶净光合速率，促进了干物质的积累（吴金芝等，2008）。本研究结果表明，秸秆还田影响了花生前期的生长，花针期光合速率略微降低。在生育后期，秸秆腐解为花生生长提供充足养分，光合速率较高；覆膜降低了根系活力，加速了叶绿素降解，出现早衰现象，叶片净光合速率较低。免耕处理土壤肥力下降较快，植株矮小，光合性能较弱，但在生育后期维持了较高的光合水平；秸秆还田覆膜栽培全生育期净光合速率较高。

叶绿素是光合作用的基础，叶绿素含量影响光合速率的高低（刘贞琦等，1984）；秸秆还田、覆膜提高了花生叶片中叶绿素含量（杨富军等，2013b）。秸秆还田能有效缓解小麦在灌浆末期旗叶叶绿素降解，延缓旗叶衰老（刘义国等，2013）。少耕、免耕有利于促进灌浆前期小麦旗叶叶绿素合成，延缓了灌浆后期叶绿素降解，提高了灌浆期叶绿素含量（江晓东等，2006）。本研究结果表明，覆膜处理在花生生育前期有助于叶绿素合成，在生育后期，叶绿素降解较快，可能与叶片早衰有关。秸秆还田、秸秆覆盖、免耕等保护性耕作有效延缓了花生饱果期、收获期叶绿素降解，从而维持较高的叶绿素含量水平。

第三节 栽培方式对夏直播花生抗氧化酶活性的影响

不同栽培方式对花生叶片 SOD、POD 活性具有影响。与无秸秆还田露地栽培相比，覆膜提高了花生花针期、结荚期叶片 SOD、POD 活性，但降低了饱果期叶片 SOD、POD 活性；秸秆还田、免耕提高了 SOD、POD 活性，在结荚期影响较大（图 3-6、图 3-7）。说明秸秆还田、免耕能提高花生叶片 SOD、POD 活性，减小活性氧的伤害，利于延缓衰老。

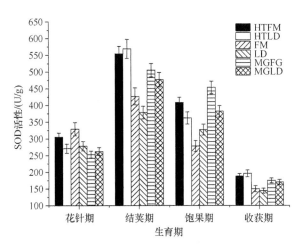

图 3-6 栽培方式对夏直播花生 SOD 活性的影响（高波等，2015）

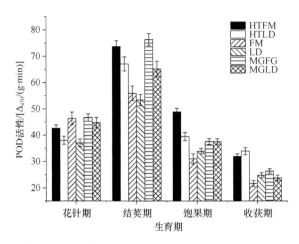

图 3-7　栽培方式对夏直播花生 POD 活性的影响（高波等，2015）

覆膜提高谷子生育前期的生理活性，但在生育后期衰老加快（贾根良等，2009）。秸秆还田提高了小麦幼苗 SOD 活性（陈小文等，2012），延缓了小麦衰老（高茂盛等，2007；郑伟等，2009；李波等，2013a）。研究表明，秸秆覆盖、免耕和深松等保护性耕作措施，提高了大豆叶片生育后期 POD、SOD 活性，降低了叶片 MDA 含量，延缓了大豆衰老，从而延长了大豆产量形成期，为增产提供了可能（朱倩，2014）。

本研究结果表明，秸秆还田提高了花生叶片 SOD、POD 活性及可溶性蛋白含量，降低了叶片 MDA 含量，延缓了叶片衰老，保证花生生育后期较强的生理活性水平，延长了花生产量形成期。覆膜处理提高了花生生育前期 SOD、POD 活性及可溶性蛋白含量，在生育后期抗氧化酶活性较低，MDA 积累量增加，加速了叶片衰老。免耕处理花生生长缓慢，在生育后期 SOD、CAT 保持了较高活性水平，并提高了叶片中可溶性蛋白含量，后期不早衰。

第四节　栽培方式对夏直播花生硝酸还原酶活性和根系活力的影响

一、硝酸还原酶活性

硝酸还原酶（NR）是植物体内硝酸盐还原的关键酶。与无秸秆还田露地栽培相比，秸秆还田、免耕提高了花生叶片硝酸还原酶活性，对结荚期、饱果期影响较大；覆膜提高了花针期叶片硝酸还原酶活性，但降低了中后期叶片硝酸还原酶活性（图 3-8）。说明秸秆还田、免耕能够促进氮素代谢，进而影响籽仁中蛋白质合成。

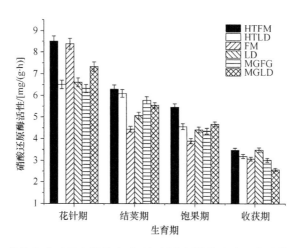

图 3-8 栽培方式对夏直播花生硝酸还原酶活性的影响（高波等，2015）

研究表明，覆膜提高了花生生育前期的硝酸还原酶活性，降低了花生生育中后期硝酸还原酶活性，对固氮酶活性的影响与对硝酸还原酶活性的影响正好相反。硝酸还原酶与固氮酶是氮素同化的两种限速酶，同时是一对拮抗酶，覆膜能使花生较好地协调两种酶的关系（李向东等，1996）。秸秆覆盖提高了土壤中硝态氮含量，同时增加了大豆的生物固氮量（谢田玲等，2006）。研究表明，秸秆覆盖、免耕和深松等保护性耕作措施能降低大豆叶片的游离脯氨酸含量，提高可溶性蛋白、硝态氮及游离蛋白质含量，降低逆境胁迫对叶片的伤害，提高叶片氮代谢活性，同时保护性耕作较常规翻耕提高了硝酸还原酶活性（朱倩，2014）。本研究结果表明，覆膜提高了花生生育前期硝酸还原酶活性；秸秆还田延缓了叶片衰老，在生育后期具有较高硝酸还原酶活性；免耕提高了花生叶片中硝酸还原酶活性。

二、根系活力

根系活力反映了根系的生长发育状况，是根系生命力的综合指标。不同栽培方式根系活力随生育期推进呈现逐渐降低趋势（图 3-9）。与无秸秆还田露地栽培相比，覆膜提高了花生花针期根系活力，但降低了结荚期、饱果期根系活力；秸秆还田降低了花针期根系活力，但在生育中后期保持了较高的根系活力水平；免耕降低了花生根系活力。这说明秸秆还田促进了花生生育中后期的根系生长，有利于花生对矿物质养分和水分的吸收。

秸秆还田提高了花生生育中后期叶片叶绿素含量、净光合速率和根系活力，

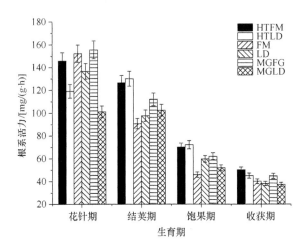

图 3-9　栽培方式对夏直播花生根系活力的影响（高波等，2015）

增加了硝酸还原酶和抗氧化酶活性，有利于延缓后期衰老；秸秆还田可以缓解覆膜条件下花生生育后期的早衰现象。免耕直播栽培花生营养生长不足，降低了叶片光合速率；但在饱果期和收获期，叶片维持较高的叶绿素含量和抗氧化酶活性水平，后期不早衰；秸秆覆盖缓解了免耕对花生的不利影响。

覆膜改善了花生根系生长环境，促进了花生根系生长和根系活力的提高。研究表明，覆膜栽培较露地栽培增加了大豆根系长度、侧根数、根系干重，同时增加了根瘤数（张立军等，2010）。秸秆还田有利于大豆的共生固氮，增加了大豆根瘤数和根瘤固氮总量，提高了固氮酶活性（汤树德和石晶波，1986）。本试验中，覆膜提高了花生生育前期根系活力，生育后期根系活力有所降低；秸秆还田对根系活力的影响与覆膜相反，延缓生育后期根系衰老；免耕栽培根系活力较低，秸秆覆盖缓解了免耕对根系生长的不利影响。

第五节　栽培方式对夏直播花生产量和品质的影响

一、产量及其构成因素

与无秸秆还田露地栽培相比，覆膜和秸秆还田对夏直播花生增产效果显著，分别增产 20.89%、4.89%；免耕显著降低了夏直播花生荚果产量，减产 6.24%；但免耕秸秆覆盖栽培较秸秆还田露地栽培增产 4.71%，差异显著（表 3-1）。说明覆膜对夏直播花生增产效果较好；免耕条件下，秸秆覆盖可显著提高荚果产量。

表 3-1　栽培方式对夏直播花生荚果产量及产量构成的影响

处理	产量/（kg/hm²）	出苗率/%	单株果数/个	千克果数/个	双果仁率/%	出仁率/%
HTFM	4997a	90.00b	12.80a	664.67c	71.64a	71.93a
HTLD	4036d	91.67b	10.94d	660.67c	70.05ab	71.91a
FM	4652b	94.17a	12.25b	676.67bc	60.98e	71.73a
LD	3848e	94.17a	10.81d	710.00a	63.86de	71.39a
MGFG	4226c	85.56d	12.42ab	689.33b	67.71bc	69.19b
MGLD	3608f	88.46c	11.58c	709.33a	66.36cd	71.07a

注：表中同列内不同小写字母表示处理间差异显著性 $P<0.05$，下同

　　覆膜和秸秆覆盖都能显著增加夏直播花生的单株结果数，秸秆还田能够显著提高双果仁率，秸秆还田和覆膜都能显著降低夏直播花生的千克果数。免耕处理千克果数较大，出苗率较低，是限制产量的重要原因。花生覆膜栽培双果仁率仅为 60.98%，免耕秸秆覆盖栽培出仁率为 69.19%，影响了夏直播花生的荚果产量和籽仁产量。秸秆还田覆膜栽培通过增加单株结果数和单果果重，提高双果仁率，获得最高产量。

　　马登超等（2014）研究了覆膜栽培对春花生产量的影响，结果表明，覆膜栽培提高了花生干物质积累量，并提高了收获指数，从而提高了花生产量，增产 25.22%；在产量构成方面，覆膜栽培提高了花生单株结果数和荚果饱满度。王激清等（2011）的研究表明，覆膜提高了不同花生品种的单株结果数、千克果数和千克仁数，从而提高了产量。本试验中，覆膜栽培促进了花生生育前期植株生长，提高了叶面积指数和净光合速率；在产量构成方面，覆膜增加了单株果数和单果重，增产 20.89%。

　　杨富军等（2013b）研究了覆膜和秸秆还田对夏直播花生产量的影响，结果表明，秸秆还田、覆膜对花生生物产量影响较小，但提高了花生的经济系数，从而提高了产量；覆膜、秸秆还田提高了花生单株结果数，降低了千克果数，增产 15.01%、8.12%。汤树德和石晶波（1986）研究表明，秸秆还田提高了大豆叶面积指数，促进了干物质积累，增加了百粒重和单株粒数，从而提高了产量。研究表明，秸秆覆盖还田增加了土壤含水量，提高了花生水分利用效率，进而提高了花生饱果率、出仁率，降低了千克果数、千克仁数，荚果增产 3.2%～13.2%，4500kg/hm²、6750kg/hm² 秸秆还田量处理最好，两处理间差异不显著（王慧新等，2010；陆岩和孟繁鑫，2011）。本研究表明，秸秆还田延缓了花生生育后期衰老，保证了较高的叶绿素含量和净光合速率，从而提高了产量。秸秆还田覆膜栽培减小了秸秆对花生苗期的影响，延缓了覆膜造成的花生后期衰老，可获得最高产量，效果最佳。本试验中，免耕产量显著低于翻耕处理，其原因是免耕出苗率较低，在收获时群体不足；免耕栽培地温较低，花生植株生长缓慢，干物质积累受到影响，果重较轻；并且地下害虫危害严重，从而造成作物减产。免耕条件下，秸秆

覆盖可以显著提高花生产量。

二、籽仁品质

秸秆还田显著降低了夏直播花生籽仁可溶性糖含量，增加了粗脂肪含量，降低了 O/L 值；秸秆还田降低了蛋白质含量，降低幅度为 0.49%；但在覆膜条件下，略增加了蛋白质含量，差异不显著（表 3-2）。地膜覆盖显著增加了粗脂肪含量，增幅为 1.46%；覆膜对蛋白质、可溶性糖含量和 O/L 值影响较小，无显著性差异。免耕对夏花生籽仁品质性状影响不明显。免耕秸秆覆盖栽培显著降低了可溶性糖含量，说明其可促进可溶性糖向脂肪转化，对提高粗脂肪含量有利；但免耕秸秆覆盖栽培显著降低了 O/L 值，不利于花生储存。

表 3-2　栽培方式对夏直播花生籽仁品质性状的影响

处理	蛋白质/%	粗脂肪/%	可溶性糖/%	O/L 值
HTFM	27.65a	48.57a	2.29bcd	1.29b
HTLD	26.51bc	48.56a	2.13cd	1.29b
FM	26.82ab	48.05ab	2.81abc	1.34a
LD	27.00ab	46.59c	2.92ab	1.32a
MGFG	25.77c	48.96a	1.82d	1.14c
MGLD	27.08ab	47.03bc	3.19a	1.31ab

三、氨基酸含量

与无秸秆还田露地栽培相比，秸秆还田、覆膜显著提高了蛋氨酸和苯丙氨酸含量，显著降低了苏氨酸、缬氨酸、亮氨酸、赖氨酸和谷氨酸含量；免耕降低了苏氨酸、亮氨酸、苯丙氨酸、赖氨酸和谷氨酸含量，差异显著（表 3-3）。说明秸秆还田、覆膜、免耕不同程度地影响了花生蛋白质品质。秸秆还田覆膜栽培显著提高了蛋氨酸、异亮氨酸、亮氨酸和苯丙氨酸含量，对赖氨酸、缬氨酸含量影响不显著。这表明秸秆还田覆膜栽培在一定程度上提高了花生氨基酸含量，改善了蛋白质品质。

表 3-3　栽培方式对夏直播花生籽仁氨基酸含量（%）的影响

处理	苏氨酸	缬氨酸	蛋氨酸	异亮氨酸	亮氨酸	苯丙氨酸	赖氨酸	谷氨酸
HTFM	0.75b	1.44a	0.51a	1.31a	2.09a	2.08a	1.06a	4.66bc
HTLD	0.71b	1.21b	0.40b	1.13b	1.74c	1.66b	0.92b	4.48c
FM	0.73b	1.10c	0.27c	0.97c	1.63d	1.67b	0.91b	4.40c
LD	0.86a	1.38ab	0.18d	1.00c	1.90b	1.58c	1.04a	5.74a
MGFG	0.60c	1.04c	0.18d	0.80d	1.44e	1.65b	0.92b	3.68d
MGLD	0.56c	1.28b	0.13d	0.95c	1.77c	1.22d	0.91b	4.79b

四、脂肪酸含量

脂肪酸是花生脂肪的重要组成部分，包括饱和脂肪酸和不饱和脂肪酸。其中含量较多的油酸、亚油酸、棕榈酸是人体必需的脂肪酸。与无秸秆还田露地栽培相比，覆膜显著提高了棕榈酸含量，略微增加了油酸和亚油酸含量，差异不显著；秸秆还田、免耕显著提高了棕榈酸、硬脂酸、亚油酸和花生酸含量，但显著降低了油酸含量（表3-4）。秸秆还田显著降低了油酸含量，并显著提高了亚油酸含量，使O/L值较低。这说明覆膜提高了花生人体必需脂肪酸的含量，秸秆还田降低了花生耐储藏性。

表3-4　栽培方式对夏直播花生籽仁脂肪酸含量（%）的影响

处理	棕榈酸	硬脂酸	油酸	亚油酸	花生酸	花生烯酸	山嵛酸	二十四烷酸
HTFM	10.74a	2.17b	45.71b	35.30b	1.14b	1.12b	2.57c	1.26ab
HTLD	10.26c	2.44a	45.56b	35.36b	1.28a	1.07b	2.81ab	1.22b
FM	10.52ab	2.24b	46.34a	34.95bc	1.17b	1.10b	2.70b	1.29ab
LD	10.07d	2.14b	46.04a	34.80c	1.17b	1.20ab	2.82ab	1.36a
MGFG	10.61ab	1.83c	43.04c	37.73a	1.15b	1.33a	2.96a	1.36a
MGLD	10.47b	2.45a	45.78b	35.06b	1.25a	1.08b	2.65c	1.27ab

前人研究表明，覆膜双行垄种显著提高花生籽仁的蛋白质含量，但对脂肪影响不显著，且提高了花生的O/L值（王激清等，2011）。也有研究认为，覆膜栽培提高了花生籽仁蛋白质含量和O/L值，降低了脂肪酸含量（金建猛等，2013）。这可能是种植方式不同造成的。油脂由脂肪酸和甘油合成，脂肪酸由丙酮酸生成乙酰辅酶A，经过一系列生化反应合成而来，甘油是由糖酵解产生的磷酸二羟丙酮转化而来，可见油脂合成的原料来自光合产物。花生籽仁中油脂含量随荚果的发育成熟度而提高，所以籽仁饱满度和饱满籽仁所占比例决定花生籽仁含油量。喷施多效唑降低了高O/L值花生品种的脂肪酸含量，其生理基础是降低了花生蔗糖磷酸合成酶和蔗糖合成酶等碳代谢酶的活性（张佳蕾等，2013）。O/L值是反映花生品质的重要指标，O/L值越高，花生及其制品稳定性越强。昼夜温差与O/L值呈负相关，结荚期干旱胁迫降低了花生O/L值（李新华等，2010a；李美等，2014）。本试验中，覆膜、秸秆还田提高了籽仁中粗脂肪含量，其可能原因是，覆膜、秸秆还田处理荚果饱满度较高，并提高了花生碳代谢酶活性，促进了可溶性糖向脂肪的转化；免耕处理对籽仁粗脂肪含量影响较小，秸秆覆盖显著增加了籽仁中粗脂肪含量。

蛋白质由氨基酸合成而来，在荚果充实期，氨基酸等可溶性蛋白从花生营养器官转移到种子中，在种子中合成蛋白质。高蛋白质花生品种具有较高的谷氨酰胺合成酶、谷氨酸合成酶、谷氨酸脱氢酶等氮代谢酶活性，提高氮代谢酶活性是提高花生籽仁蛋白质含量的基础，较高的磷酸烯醇丙酮酸羧化酶、核酮糖-1,5-双磷酸羧化酶活性有利于提高花生籽仁蛋白质含量（张佳蕾等，2013）。籽仁中蛋白质和脂肪都是由光合产物转化而来，两者含量呈显著负相关。本试验中，覆膜、秸秆还田、免耕对花生籽仁中蛋白质含量影响不显著；秸秆还田方式对籽仁蛋白质含量有一定影响，秸秆还田覆膜栽培蛋白质含量最高，免耕秸秆覆盖栽培显著降低了籽仁蛋白质含量，其可能原因是，秸秆还田方式影响了花生氮代谢酶活性。

参 考 文 献

陈小文, 祁鑫, 王海永, 等. 2012. Bt 玉米秸秆还田对小麦幼苗生长发育的影响. 生态学报, (3): 993-998.

杜连涛, 樊堂群, 王才斌, 等. 2008. 调环酸钙对夏直播花生衰老、产量和品质的影响. 花生学报, 37(4): 32-36.

高波, 孙奇泽, 刘辰, 等. 2015. 栽培方式对夏直播花生产量和品质的影响. 花生学报, 44(2): 7-11.

高飞, 贾志宽, 路文涛, 等. 2011. 秸秆不同还田量对宁南旱区土壤水分、玉米生长及光合特性的影响. 生态学报, (3): 777-783.

高茂盛, 廖允成, 尹振燕, 等. 2007. 麦秸还田对隔茬冬小麦根系及叶片衰老的影响. 西北植物学报, (2): 303-308.

郭洪海, 杨丽萍, 李新华, 等. 2010. 黄淮海区域花生生产与品质特征的研究. 中国生态农业学报, (6): 1233-1238.

胡文广, 邱庆树, 李正超, 等. 2002. 花生品质的影响因素研究 II . 栽培因素. 花生学报, 31(4): 14-18

黄茂林, 梁银丽, 韦泽秀, 等. 2009. 水土保持耕作及施肥对盛花期大豆光合生理的影响. 中国生态农业学报, (3): 448-453.

贾根良, 代惠萍, 孙三民, 等. 2009. 不同栽培模式下谷子叶片衰老的生理效应. 干旱地区农业研究, (2): 133-137.

江晓东, 王芸, 侯连涛, 等. 2006. 少免耕模式对冬小麦生育后期光合特性的影响. 农业工程学报, (5): 66-69.

金建猛, 李阳, 刘向阳, 等. 2013. 不同土壤质地及种植模式对花生品质的影响. 安徽农业科学, (12): 5260, 5377.

来敬伟, 马丽, 盛春雨. 2009. 不同覆膜材料对花生产量的影响. 山东农业科学, (5): 58-59.

李波, 魏亚凤, 季桦, 等. 2013a. 水稻秸秆还田与不同耕作方式下影响小麦出苗的因素. 扬州大学学报(农业与生命科学版), (2): 60-63.

李波, 魏亚凤, 汪波, 等. 2013b. 水稻秸秆还田和耕作方式对小麦抗倒伏能力的影响. 麦类作物学报, (4): 758-764.

李美, 张智猛, 丁红, 等. 2014. 土壤水分胁迫对花生品质的影响. 花生学报, (1): 28-32.

李向东, 万勇善, 张高英, 等. 1996. 夏花生覆膜对根瘤中固氮酶和叶片硝酸还原酶活性影响的研究. 作物学报, (1): 96-100.

李向东, 王晓云, 张高英, 等. 2001. 花生衰老进程的研究. 西北植物学报, (6): 121-127.

李向东, 张高英, 万勇善, 等. 2003. 花生不同叶位叶片衰老差异的研究. 中国油料作物学报, (3): 48-52.

李新华, 郭洪海, 杨丽萍, 等. 2010a. 气象因子对花生品质的影响. 中国农学通报, (16): 90-94.

李新华, 郭洪海, 杨丽萍, 等. 2010b. 土壤肥力对花生品质的影响. 安徽农业科学, (10): 5500-5502.

林英杰, 李向东, 周录英, 等. 2010. 花生不同种植方式对田间土壤微环境和产量的影响. 水土保持学报, (3): 131-135.

刘阳. 2008. 玉米秸秆还田对接茬冬小麦生长、衰老及土壤碳氮的影响. 杨凌: 西北农林科技大学.

刘义国, 林琪, 房清龙. 2013. 旱地秸秆还田对小麦花后光合特性及产量的影响. 华北农学报, (4): 110-114.

刘贞琦, 刘振业, 马达鹏, 等. 1984. 水稻叶绿素含量及其与光合速率关系的研究. 作物学报, (1): 57-62.

陆岩, 孟繁鑫. 2011. 辽西地区秸秆还田对花生产量与土壤水分利用效率的影响. 现代农业科技, (2): 298-299.

马登超, 历广辉, 樊宏. 2014. 地膜覆盖对春播花生荚果性状及产量形成的影响. 山东农业科学, (9): 49-52.

马旭俊, 朱大海. 2003. 植物超氧化物歧化酶(SOD)的研究进展. 遗传, 25(2): 225-231.

潘德成, 吴占鹏, 姜涛, 等. 2011. 不同花生品种光合生理特征与植株干重关系研究. 辽宁农业科学, (4): 18-20.

邱庆树, 李正超, 段淑芬. 2001. 花生品质的影响因素研究: 花生品种因素. 花生学报, (3): 21-26.

邱现奎, 董元杰, 史衍玺, 等. 2010. 控释肥对花生生理特性及产量、品质的影响. 水土保持学报, (2): 223-226.

任学敏, 朱雅, 王小立, 等. 2014. 花生产量性状与冠层温度的关系. 西北农林科技大学学报(自然科学版), 42(12): 39-45.

沈学善, 屈会娟, 李金才, 等. 2012. 小麦玉米秸秆全量还田对冬小麦出苗和光合生产的影响. 西南农业学报, (3): 847-851.

孙涛, 张智猛, 宁堂原, 等. 2013. 有色地膜覆盖对花生叶片光合特性及产量的影响. 作物杂志, (6): 82-86.

汤树德, 石晶波. 1986. 秸秆还田对大豆结瘤状况、固氮活性和生育产量的影响. 黑龙江八一农垦大学学报, (1): 9-16.

万书波. 2003. 中国花生栽培学. 上海: 上海科学技术出版社.

万勇善, 周志勇, 刘风珍, 等. 2003. 花生生理特性与库源比关系的研究. 花生学报, (S1): 338-345.

王才斌, 刘云峰, 吴正锋, 等. 2008. 山东省不同生态区花生品质差异及稳定性研究. 中国生态农业学报, (5): 1138-1142.

王才斌, 朱建华, 成波, 等. 2000. 小麦秸秆还田对小麦、花生产量及土壤肥力的影响. 山东农业科学, (1): 34-35.

王海新, 苏君伟, 王慧新, 等. 2014. 花生覆膜栽培中期破膜对生育及产量的影响. 农业科技通讯, (2): 81-83.

王慧新, 颜景波, 何跃, 等. 2010. 风沙半干旱区秸秆还田间作花生土壤酶活性与产量的影响. 花生学报, (4): 9-13.

王激清, 左利兵, 刘社平. 2011. 不同种植方式对冀西北花生产量和品质的影响. 湖北农业科学, (23): 4780-4783.

王丽丽, 李向东, 周录英, 等. 2005. 改变源库比对花生叶片和根系衰老的影响. 花生学报, (3): 1-5.

王囡囡, 张春峰, 贾会彬, 等. 2014. 秸秆还田技术对大豆产量及农艺性状的影响. 农学学报, (11): 41-44.

吴金芝, 黄明, 李友军, 等. 2008. 不同耕作方式对冬小麦光合作用产量和水分利用效率的影响. 干旱地区农业研究, (5): 17-21.

谢田玲, 沈禹颖, 高崇岳, 等. 2006. 不同耕作处理下大豆生物固 N 能力及对系统 N 素的贡献. 生态学报, (6): 1772-1780.

杨富军, 赵长星, 闫萌萌, 等. 2013a. 栽培方式对夏直播花生植株生长及产量的影响. 中国农学通报, (3): 141-146.

杨富军, 赵长星, 闫萌萌, 等. 2013b. 栽培方式对夏直播花生叶片光合特性及产量的影响. 应用生态学报, (3): 747-752.

余常兵, 李志玉, 廖伯寿, 等.2010. 湖北省花生平衡施肥技术研究-平衡施肥对花生品质的影响. 湖北农业科学, (11): 2724-2726.

张吉民, 苗华荣, 吴兰荣, 等. 2003. 不同类型土壤和肥料对花生品质性状的影响. 花生学报, (S1): 372-374.

张佳蕾, 高芳, 林英杰, 等. 2013. 不同品质类型花生品质性状及相关酶活性差异. 应用生态学报, (2): 481-487.

张立军, 杜冬梅, 王楫, 等. 2010. 花生覆膜栽培增产效果研究. 现代农业科技, (13): 44-45.

张艳艳, 陈建生, 张利民, 等. 2014. 不同种植方式对花生叶片光合特性、干物质积累与分配及产量的影响. 花生学报, (1): 39-43.

张玉树, 丁洪, 卢春生, 等. 2007. 控释肥料对花生产量、品质以及养分利用率的影响. 植物营养与肥料学报, (4): 700-706.

郑伟, 张静, 刘阳, 等. 2009. 低施肥条件下秸秆还田对冬小麦旗叶衰老的影响. 生态学报, (9): 4967-4975.

郑亚萍, 初长江, 王才斌, 等. 2009. 有机无机肥配施对夏花生叶片衰老的影响. 花生学报, (1): 22-26.

郑亚萍, 吴兰荣, 吴正锋, 等. 2011. 不同施肥处理对花生产量、品质及衰老的影响. 作物杂志, (2): 45-48.

钟瑞春, 陈元, 唐秀梅, 等. 2013. 3 种植物生长调节剂对花生的光合生理及产量品质的影响. 中国农学通报, (15): 112-116.

朱丽君, 李布青, 施六林, 等. 2013. 小麦秸秆还田对玉米生长发育及产量的影响初探. 中国农学通报, (9): 123-128.

朱倩. 2014. 不同耕作措施对夏大豆籽粒产量和生理特性的影响. 洛阳: 河南科技大学.

Campbell R B, Sojka R E, Karlen D L. 1984. Conservation tillage for soybean in the US Southeastern Coastal Plain. Soil and Tillage Research, 4(6): 531-541.

第四章　栽培方式对夏直播花生养分吸收
与分配的影响

第一节　施氮量对夏直播花生氮素吸收与分配的影响

氮素是作物生长发育必需的营养元素之一，对花生的营养特性及产量有重要影响，但过量施用氮肥，往往会造成严重的环境污染和生态问题，如水体富营养化、土壤板结和作物病虫害加重等（万书波等，2000）。因此，经济施用氮肥，提高氮肥利用率具有重要意义。

花生作为豆科作物，可以与根瘤菌共生形成特有的固氮体系，将大气中的氮气作为氮源，但仅靠根瘤菌所固定的氮肥尚不能满足花生对氮肥的需求，因此，仍需要施用氮肥来保证花生生长发育的正常进行（Hauggaard-Nielsen et al., 2001）。前人对夏花生的研究多集中在前茬处理、播种方式、播期及水分胁迫对其生长发育和产量的影响等方面（孙彦浩等，1999；黄长志等，2006；高建玲等，2012；张翔等，2013；张俊等，2015），对夏播花生肥料施用方面的研究较少。本试验研究了不同氮肥施用量对花生氮积累及氮分配的影响，以期为夏直播花生经济施氮提供依据。

田间试验于 2016 年在山东省农业科学院章丘龙山试验基地进行，前茬作物为小麦，供试花生品种为'花育 25 号'。6 月 15 日播种，10 月 2 日收获。土壤基础养分见表 4-1。

表 4-1　播种前土壤基础养分（张毅等，2018）

全氮/（g/kg）	有机质/（g/kg）	碱解氮/（mg/kg）	速效磷/（mg/kg）	速效钾/（mg/kg）
0.39	8.31	32.09	14.36	87.93

起垄种植，单粒精播，每公顷 249 000 株。设不同氮肥施用量处理：N0（不施氮，对照）、N1（纯氮 90kg/hm²）、N2（纯氮 150kg/hm²）、N3（纯氮 225kg/hm²）、N4（纯氮 300kg/hm²）5 个氮素水平，每处理 3 次重复，氮肥均作基肥；各处理均基施磷肥 150kg/hm² 过磷酸钙（含 P_2O_5 16%）和钾肥 150kg/hm² 氯化钾（含 K_2O 60%），适量施用硫酸锌 15kg/hm²。

一、花生植株性状

从表 4-2 可以看出，不施氮肥情况下，花生主茎高、侧枝长、茎叶干重和荚果干重均最低，随着施氮量增加，主茎高、侧枝长、茎叶干重和荚果干重均呈上升趋势，施氮量达到 N4 水平时，主茎高及侧枝长继续上升，但荚果干重出现显著下降，说明花生出现徒长现象，影响了氮素向荚果的转运；不同处理间分枝数和主茎节数没有显著差异。各处理荚果干重与对照相比分别高出4.08%、9.05%、18.10%、9.37%，与对照相比均表现为显著差异；但 N3 和 N4之间荚果干重存在显著差异，表明当施氮量达到 300kg/hm² 时，对植株产量的提高存在抑制作用。

表 4-2 不同氮水平对花生生长的影响（张毅等，2018）

施氮量/ (kg/hm²)	主茎高/ cm	侧枝长/ cm	分枝数	主茎节数	茎叶干重/ (g/株)	荚果干重/ (g/株)
0 (N0)	58.8c	58.2b	4.7a	14.3a	31.52b	25.52d
90 (N1)	59.9c	62.3a	5.3a	14.7a	32.39a	26.56c
150 (N2)	62.2b	63.1a	5.0a	14.7a	33.04a	27.83b
225 (N3)	65.3a	65.7a	5.7a	13.7a	33.09a	30.14a
300 (N4)	65.9a	66.5a	5.7a	14.3a	32.63a	27.91b

注：表中同列内不同小写字母表示处理间差异显著性 $P<0.05$，下同

二、植株不同器官氮积累量

由表 4-3 可知，根部氮积累在 N3 处理下有最大值（0.33g/m²），随着施氮量的增加，呈现升高趋势，但 N3 与 N4 之间存在显著差异，表明氮肥施用量达到300kg/hm² 时会抑制花生根部的氮素积累。N1 处理的茎叶部氮积累量与对照相比存在显著性差异，其余各处理的氮积累量均显著高于对照，N4 处理下有最大值（16.02g/m²），且 N3 和 N4 之间存在显著差异，可见增施氮肥可以促进花生茎叶部氮素的积累。荚果氮积累量在 N3 处理下达到最大值（28.68g/m²），各处理氮积累量分别比对照提高了 8.43%、23.14%、29.36%、25.71%，但 N3 与 N4 之间存在显著差异，说明氮肥施用量达到 300kg/hm² 时，会抑制花生荚果的氮素积累。

表 4-3 不同氮水平中花生不同器官氮积累量（张毅等，2018）

施氮量/（kg/hm²）	根积累量/（g/m²）	茎叶积累量/（g/m²）	荚果积累量/（g/m²）
0 (N0)	0.30b	7.11e	22.17d
90 (N1)	0.32a	8.82d	24.04c
150 (N2)	0.32a	10.82c	27.30b
225 (N3)	0.33a	11.97b	28.68a
300 (N4)	0.29b	16.02a	27.87b

三、氮肥利用率和产量

从表 4-4 可知，随着施氮量的增加，各处理产量均显著提高，与对照相比，分别增产 8.93%、14.35%、19.96%、15.71%；N3 处理下，最高产量达到 6603.25kg/hm² ，但与 N3 处理相比，N4 处理产量有所下降，且存在显著差异。随着施氮量的增加，氮肥利用率呈现先升高后降低的趋势，N2 处理下氮肥利用率达到最大，为 39.20%；而氮肥偏生产力则呈显著下降趋势，最大值出现在 N1 处理，为 66.62kg/kg。对氮肥施用量与花生产量关系进行拟合（图 4-1），随着施氮量的增加，花生产量呈抛物线变化趋势，氮最佳施用量为 244.70kg/hm² 。

表 4-4　施氮量对花生氮肥利用率、氮肥偏生产力和产量的影响（张毅等，2018）

施氮量/（kg/hm²）	氮肥利用率/%	氮肥偏生产力/（kg/kg）	产量/（kg/hm²）
0（N0）	—	—	5504.58d
90（N1）	26.66c	66.62a	5996.19c
150（N2）	39.20b	41.96b	6294.30b
225（N3）	33.78a	29.35c	6603.25a
300（N4）	32.43a	21.23d	6369.31b

在一定施氮量（0~225kg/hm²）范围内，随着施氮量的增加，花生产量逐渐提高，达到 300kg/hm² 施氮量时，会抑制花生根部和荚果的氮素积累，进而产量会降低；随着施氮量的增加，氮肥利用率呈现先升高后降低的趋势，氮肥偏生产力则呈显著下降趋势。从提高产量和减少氮素损失等方面考虑，本试验条件下，244.70kg/hm² 为最佳施用量（图 4-1）。

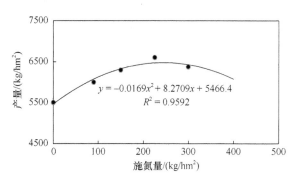

$$y = -0.0169x^2 + 8.2709x + 5466.4$$
$$R^2 = 0.9592$$

图 4-1　施氮量与花生产量的关系（张毅等，2018）

花生需氮量大，其氮素主要来源途径为土壤、根瘤固氮及肥料。本试验表明，不施氮肥的条件下，花生植株生长高度及其干重均较低；在一定范围内（0~

225kg/hm^2）随着氮肥施用量的增加，花生植株生长量及荚果产量均显著增加，最高产量达到 6603.25kg/hm^2，比不施用氮肥增产 19.96%，同时促进花生茎叶部氮素的积累；氮肥施用量达 300kg/hm^2 以后，产量出现显著下降趋势，同时氮素更多地向茎叶部积累，进而植株主茎高、侧枝长继续增加，但增加程度并不显著；在氮肥施用量过高的情况下，氮肥利用率、氮肥偏生产力均呈现出下降趋势，抑制了花生根部和荚果的氮素积累，导致花生产量的下降，也造成了氮肥的浪费。豆科作物具有很强的固氮能力，孙彦浩等（1998）的研究表明，花生根瘤菌固氮活动对施氮肥非常敏感，其固氮量与氮肥用量呈显著负相关。杨子文等（2009）通过盆栽试验发现较低供氮水平对大豆根瘤菌无抑制作用，而 4.0mmol/L 处理下大豆固氮百分率显著低于对照处理，表明 4.0mmol/L 的供氮水平可能已超过了大豆根瘤菌最高耐性。王树起等（2009）研究发现，适量施氮对根瘤生长有显著促进作用，当氮素供应不足时则会抑制根瘤生长，但当氮素供应过量时也会抑制根瘤形成。以上研究均证明了"氮阻遏"现象的存在。在高水平外源氮条件下，豆科作物生物固氮能力减弱（Cafaro La Menza et al.，2017），氮素对根瘤固氮的抑制程度与施肥量呈正相关（Eaglesham and Szalay，1983）。因此，提高豆科作物的固氮能力、减缓"氮阻遏"问题的关键是要明确不同豆科作物"氮阻遏"的界限水平。

第二节 栽培方式对夏直播花生氮素吸收与分配的影响

地膜覆盖+打孔播种+遮阳解决了湖南省秋繁花生地膜覆盖容易造成高温烫种、烧苗等突出问题（王建国等，2018a），实现了湖南省花生一年两熟。但覆膜+遮阳方式对湖南省按厢种植的夏播花生植株营养元素的吸收、积累、分配有何影响，鲜见报道。氮素、磷素和钾素在参与花生植株建成，促荚果多果饱，提高产量等方面有重要作用。锰（Mn）是作物生长发育必需的微量元素，参与叶绿体的结构组成，对氮素代谢有促进作用（张翔等，2010）。喷施锰肥后，花生增产 3.8%～20%（丁华萍等，2005）。铜（Cu）参与多种酶的组成及氮素代谢（万书波，2003）。通常花生植株缺铜，叶片出现失绿状况。据研究表明，当土壤中 Cu^{2+} 浓度为100mg/kg 时，花生营养生长和生殖生长最好，产量也最高（周苏玫等，2003）。而铝（Al）不是植物生长所必需的营养元素，土壤中铝过多还会对大多数植物产生毒害作用。铝胁迫可抑制花生的营养生长和生殖生长（廖伯寿等，2000）。本节论述覆膜+遮阳处理对夏直播花生植株氮素吸收与分配的影响，第三节、第四节和第五节分别论述了覆膜+遮阳处理对夏直播花生植株磷素、钾素，以及 Al、Mn、Cu 微量元素吸收与分配的影响，以期为指导花生合理施肥和湖南省一年两熟花生高产稳产提供技术参考。

供试品种：'湘花2008'。地膜：型号0.008mm。黑色遮阳网：型号SWZ-12（晴天透光率12%～17%，阴天透光率6%～9%）。

试验在湖南农业大学耘园试验基地进行。其年平均气温16.8～17.2℃，年积温5457℃，年均降水量1422.4mm。土壤为第四纪红壤发育的水旱轮作土。试验前耕层土壤基础养分含量为：有机质19g/kg、全氮1.27g/kg、全磷1.02g/kg、全钾19.6g/kg。pH为5.5。

设计处理2个，其中A：地膜覆盖+遮阳；B：露地。起厢栽培，处理A覆膜打孔播种，播种当天进行遮阳网覆盖，播种15d后揭除遮阳网。花生于2013年7月24日播种，株行距为20cm×30cm，每行8穴，每穴2粒种子。采用吡虫啉拌种以防地下害虫。每个处理3个重复，各小区按厢面横向分行。施用复合肥（N、P_2O_5、K_2O含量各15%）600kg/hm² 作基肥。花生于11月20日收获。结荚期喷施代森锰锌预防叶斑病等。常规田间管理。

一、覆膜+遮阳对不同生育时期花生各器官氮含量的影响

由表4-5可知，苗期覆膜+遮阳处理有助于提高叶、茎中的氮含量，其中叶氮含量显著增加6.7%。花针期和结荚期，覆膜+遮阳处理叶和茎中氮含量有所降低，根系和荚果中升高，但与露地播种差异不显著，主要原因可能是干物质量较大，对氮含量产生稀释效应，还可能与这两个时期生长中心开始向生殖生长转移有关。成熟期，荚果中的氮含量最高，覆膜+遮阳处理比露地栽培高6.7%，但未达显著水平。除苗期和饱果期，覆膜+遮阳处理均提高了根系的氮含量；花针期和饱果期果针氮含量略有提高，其余时期均降低。

表4-5　花生各器官氮含量（mg/g）（王建国等，2018b）

时期	处理	叶	茎	根系	果针	荚果
苗期	覆膜+遮阳	43.63±0.28a	28.01±0.57a	17.98±0.68a		
	露地	40.88±0.65b	27.29±0.76a	18.38±0.39a		
花针期	覆膜+遮阳	34.53±0.77a	13.48±0.39a	14.17±1.70a	23.64±1.39a	30.68±1.05a
	露地	34.85±0.99a	14.73±0.77a	11.87±0.61a	23.40±0.92a	30.66±0.96a
结荚期	覆膜+遮阳	29.97±0.17a	11.43±0.59a	16.15±0.52a	19.91±1.09b	31.02±0.12a
	露地	30.74±1.01a	12.94±0.38a	14.64±2.04a	21.27±0.47a	30.61±1.59a
饱果期	覆膜+遮阳	27.36±0.84a	10.36±0.24a	13.13±0.67a	19.46±1.38a	30.24±0.39a
	露地	26.53±0.53a	11.23±1.12a	13.29±0.36a	19.13±0.48a	31.54±0.58a
成熟期	覆膜+遮阳	26.10±0.63a	9.51±0.37a	12.20±1.06a	17.65±1.32a	32.77±1.35a
	露地	25.86±0.59a	9.76±0.42a	10.53±0.87a	18.83±0.82a	30.72±1.59a

二、覆膜+遮阳对花生氮总积累量的影响

不同生育时期覆膜+遮阳处理氮积累量显著高于露地播种（$P<0.05$）。结荚期氮素积累达到峰值，覆膜+遮阳处理单株积累量为 1154.92mg，比露地播种增加 14.1%。苗期、花针期、饱果期、成熟期覆膜+遮阳处理氮素积累与露地播种处理相比，分别提高 33.3%、25.1%、16.7%、21.8%（图 4-2）。

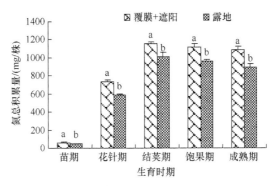

图 4-2　花生单株氮总积累量（王建国等，2018b）

三、覆膜+遮阳对氮分配的影响

花针期分配中心在营养体，覆膜+遮阳和露地播种处理分别占总氮的 69.69%和 75.11%（表 4-6）；随生育时期演变，荚果形成后分配中心逐渐转向荚果，成熟期覆膜+遮阳和露地播种处理生殖体中氮素分配系数分别为 62.10%、63.39%，明显高于营养体分配系数。覆膜+遮阳处理促进了花针期和结荚期氮素向生殖体的分配。

表 4-6　不同生育时期花生植株氮的分配系数（%）（王建国等，2018b）

时期	营养体		生殖体	
	覆膜+遮阳	露地	覆膜+遮阳	露地
花针期	69.69	75.11	30.31	24.89
结荚期	47.41	49.06	52.59	50.95
饱果期	42.85	42.78	57.15	57.22
成熟期	37.90	36.61	62.10	63.39

第三节　栽培方式对夏直播花生磷素吸收与分配的影响

一、覆膜+遮阳对不同生育时期花生各器官磷含量的影响

由表 4-7 可知，除去花针期、饱果期，其他期覆膜+遮阳处理叶和茎磷含

量高于露地处理。成熟期，覆膜+遮阳处理提高植株各器官磷含量，其中，叶、茎、根系、莢果磷含量相比露地处理分别提高 14.9%、23.7%、31.4%、14.0%，表明覆膜栽培有利于花生生育后期植株营养物质的吸收，促进莢果的充实。

表 4-7 花生各器官磷元素含量（mg/g）（王建国等，2018b）

时期	处理	叶	茎	根系	果针	莢果
苗期	覆膜+遮阳	3.55±0.38	5.01±0.23	1.63±0.09		
	露地	3.27±0.07	4.79±0.20	1.82±0.14		
花针期	覆膜+遮阳	2.80±0.02	1.91±0.02	2.26±0.10	2.87±0.08	3.51±0.13
	露地	2.69±0.14	1.96±0.07	1.98±0.16	2.79±0.06	3.62±0.17
结莢期	覆膜+遮阳	2.52±0.01	1.49±0.07	1.90±0.07	2.43±0.16	3.32±0.02
	露地	2.49±0.05	1.48±0.13	1.64±0.11	2.53±0.26	3.23±0.07
饱果期	覆膜+遮阳	2.32±0.06	1.29±0.08	1.39±0.03	2.31±0.16	3.34±0.04
	露地	2.34±0.06	1.15±0.07	1.51±0.15	2.23±0.12	3.30±0.15
成熟期	覆膜+遮阳	2.24±0.13	1.20±0.03	1.13±0.03	2.07±0.14	3.66±0.21
	露地	1.95±0.01	0.97±0.04	0.86±0.12	1.94±0.08	3.21±0.18

二、覆膜+遮阳对花生磷总积累量的影响

由图 4-3 可知，磷素积累规律为，不同生育时期覆膜+遮阳处理磷素积累量显著高于露地播种（$P<0.05$）。结莢期磷素积累达到峰值。苗期、花针期、结莢期、饱果期、成熟期覆膜+遮阳处理单株磷素积累量比露地栽培分别提高 34.3%、27.8%、18.6%、22.2%、34.8%。

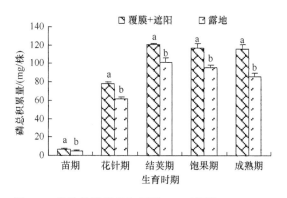

图 4-3 花生单株磷总积累量（王建国等，2018b）

三、覆膜+遮阳对磷分配的影响

由表 4-8 可知，磷素分配规律表现为，花针期分配中心在营养体，覆膜+遮阳和露地处理磷素分配系数分别为 66.89%、71.68%；荚果形成后分配中心逐渐转向荚果，成熟期生殖体中磷素分配系数分别为 65.15%、68.43%。

表 4-8　不同生育时期花生植株磷的分配系数（%）（王建国等，2018b）

时期	营养体		生殖体	
	覆膜+遮阳	露地	覆膜+遮阳	露地
花针期	66.89	71.68	33.11	28.32
结荚期	45.24	45.36	54.76	54.64
饱果期	39.61	39.73	60.39	60.27
成熟期	34.85	31.57	65.15	68.43

四、覆膜+遮阳对磷运转及运转贡献的影响

由表 4-9 可知，覆膜+遮阳处理降低了茎叶对磷的单株运转量、运转率及向荚果的运转贡献率，分别比露地处理低 4.76mg 和 15.35 个百分点、14.84 个百分点。

表 4-9　不同处理下花生磷的运转情况（王建国等，2018b）

处理	单株运转量/mg	运转率/%	运转贡献率/%
覆膜+遮阳	13.19 a	25.24 b	18.46 b
露地	17.95 a	40.59 a	33.30 a

第四节　栽培方式对夏直播花生钾素吸收与分配的影响

一、覆膜+遮阳对不同生育时期花生各器官 K 含量的影响

覆膜+遮阳处理显著提高苗期花生根系、茎、叶中钾（K）含量（$P<0.05$），提高幅度为 29.0%、31.0%、40.1%。花针期—成熟期覆膜+遮阳处理促进根系对 K 的吸收，其根系、茎、叶 K 含量高于露地栽培（表 4-10）。果针中 K 含量相对较高（20.03～25.56mg/g），不同栽培方式间差异较小。露地播种处理荚果 K 含量高于覆膜+遮阳处理，且在荚果发育前期（花针期和结荚期）差异显著，分别提高22.6%、37.5%。

表 4-10　花生各器官 K 元素含量（mg/g）（王建国等，2018b）

时期	处理	叶	茎	根系	果针	荚果
苗期	覆膜+遮阳	30.13±1.62a	32.74a	18.97±2.01a		
	露地	21.50±1.05b	24.99±1.68b	14.71±0.95b		
花针期	覆膜+遮阳	16.42±1.40a	20.66±0.77a	9.52±0.94a	23.80±0.72a	14.42±0.41b
	露地	13.55±1.26a	19.87±0.66a	7.69±0.45a	21.88±1.80a	17.68±2.02a
结荚期	覆膜+遮阳	14.92±1.34a	15.97±3.14a	6.88±0.78a	20.50±0.51a	7.62±0.17b
	露地	13.91±1.00a	13.77±1.68a	7.00±0.67a	20.03±0.95a	10.48±0.81a
饱果期	覆膜+遮阳	14.61±0.11a	13.63±1.08a	7.12±0.54a	24.27±0.86a	8.36±0.82a
	露地	11.66±0.57b	12.03±1.44a	7.07±0.61a	23.18±0.46a	9.88±0.85a
成熟期	覆膜+遮阳	12.99±0.70a	11.78±1.26a	6.31±0.79a	24.38±1.20a	8.60±0.49a
	露地	11.02±0.26a	11.66±0.91a	5.23±0.36a	25.56±0.99a	9.63±0.66a

二、覆膜+遮阳对花生 K 总积累量的影响

由图 4-4 可知，不同生育时期覆膜+遮阳处理 K 积累量显著高于露地栽培。覆膜+遮阳快速促进苗期 K 吸收、积累，K 积累量是露地栽培的 1.7 倍；花针期和饱果期不同栽培方式间 K 积累量差异较大，单株积累量差值分别提高 29.3%、22.8%。成熟期覆膜+遮阳 K 积累量提高 15.0%。

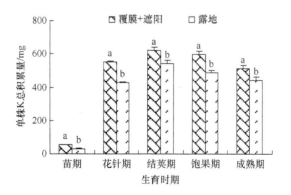

图 4-4　花生单株 K 总积累量（王建国等，2018b）

三、覆膜+遮阳对 K 分配的影响

K 素分配规律与氮、磷素不同，整个荚果发育期 K 素分配中心一直在营养体，覆膜+遮阳处理提高了营养体分配系数，而降低了生殖体分配系数（表 4-11）。

表 4-11　不同生育时期花生植株 K 的分配系数（%）（王建国等，2018b）

时期	营养体		生殖体	
	覆膜+遮阳	露地	覆膜+遮阳	露地
花针期	75.39	75.73	24.61	24.27
结荚期	67.75	59.25	32.25	40.75
饱果期	61.64	53.71	38.36	46.29
成熟期	58.06	49.08	41.94	50.92

四、覆膜+遮阳对 K 运转及运转贡献的影响

覆膜+遮阳处理提高了茎叶 K 向荚果中的单株运转量和运转贡献率，但运转率低于露地处理。总体表明，覆膜+遮阳处理有利于促进 K 向营养器官（茎叶）运输、积累，之后通过运转的方式积累到荚果（表 4-12）。

表 4-12　不同处理下花生 K 的运转情况（王建国等，2018b）

处理	单株运转量/mg	运转率/%	运转贡献率/%
覆膜+遮阳	124.36a	30.07a	74.15a
露地	106.25b	33.31a	65.64b

第五节　栽培方式对夏直播花生 Al、Mn、Cu 吸收与分配的影响

一、覆膜+遮阳处理花生植株不同器官 Al、Mn、Cu 含量

覆膜+遮阳处理对夏直播花生不同时期植株各器官 Al 含量的影响存在差异。由表 4-13 可知，根和果针中 Al 含量较高，分别为 1.07～2.79g/kg、1.75～3.35g/kg，其次是茎、叶，荚果含量较低。与露地栽培相比，覆膜+遮阳处理有助于提高花生不同时期叶、根中的 Al 含量；但花针期、结荚期、饱果期覆膜+遮阳处理降低了茎、果针、荚果中的 Al 含量。

由表 4-14 可知，覆膜+遮阳处理下苗期叶、茎和根中 Mn 含量均低于露地处理。覆膜+遮阳处理降低花针期和结荚期叶、茎、果针和荚果中 Mn 含量，提高根中 Mn 的含量。饱果期，与露地处理相比，覆膜+遮阳处理提高叶、根、果针、荚果中 Mn 含量，但降低茎中 Mn 含量。成熟期覆膜+遮阳处理显著提高叶与根中 Mn 含量，降低茎、果针、荚果中 Mn 含量。饱果期后，除去根，不同器官 Mn 含

量大幅提高，原因是结荚期喷施了代森锰锌。

表 4-13　覆膜+遮阳处理对夏直播花生植株各器官 Al 含量的影响（g/kg）（孟静静等，2018）

时期	处理	叶	茎	根	果针	荚果
苗期	覆膜+遮阳	0.26a	0.38a	2.79a		
	露地	0.17b	0.31b	1.55b		
花针期	覆膜+遮阳	0.30a	0.22a	2.38a	1.75a	0.28b
	露地	0.25a	0.24a	2.01a	2.09a	0.36a
结荚期	覆膜+遮阳	0.40a	0.18b	2.30a	2.02a	0.22a
	露地	0.35b	0.22a	1.66b	2.38a	0.24a
饱果期	覆膜+遮阳	0.46a	0.23a	2.16a	2.24b	0.23a
	露地	0.46a	0.26a	1.08b	3.08a	0.24a
成熟期	覆膜+遮阳	0.37a	0.32a	1.68a	2.33b	0.25a
	露地	0.34a	0.31a	1.07b	3.35a	0.24a

表 4-14　覆膜+遮阳处理对夏直播花生植株各器官 Mn 含量的影响（mg/kg）（孟静静等，2018）

生育期	处理	叶	茎	根	果针	荚果
苗期	覆膜+遮阳	50.94b	61.71a	91.65b		
	露地	84.11a	75.50a	109.10a		
花针期	覆膜+遮阳	141.34b	43.33b	80.05a	54.58a	22.24a
	露地	165.41a	52.16a	64.87b	56.73a	29.33a
结荚期	覆膜+遮阳	254.06b	46.63b	84.72a	55.39b	20.46a
	露地	296.22a	62.78a	67.38b	83.77a	25.02a
饱果期	覆膜+遮阳	552.84a	103.93b	87.40a	99.37a	38.07a
	露地	433.51b	122.97a	67.79b	91.16b	36.37a
成熟期	覆膜+遮阳	610.01a	141.72a	82.00a	144.44b	50.49a
	露地	590.17b	157.50a	67.05b	181.50a	54.06a

由表 4-15 可知，覆膜+遮阳处理降低不同时期花生叶、果针 Cu 含量，降幅分别为 1.20%～17.12%、1.28%～24.95%，但有利于根中 Cu 含量的增加，提高幅度为 1.85%～27.47%。苗期和花针期，覆膜+遮阳处理的茎、荚果中 Cu 含量略高于露地处理。生育中后期（结荚期以后），覆膜+遮阳处理均降低茎中 Cu 含量，降低 0.35～0.67mg/kg。结荚期和饱果期覆膜+遮阳栽培的荚果 Cu 含量分别降低 20.87%、23.75%。

表 4-15　覆膜+遮阳处理对夏直播花生植株各器官 Cu 含量的影响（mg/kg）（孟静静等，2018）

生育期	处理	叶	茎	根	果针	荚果
苗期	覆膜+遮阳	8.29a	9.22a	22.26a		
	露地	8.54a	7.23b	20.62a		
花针期	覆膜+遮阳	9.58a	9.98a	33.58a	13.91a	16.51a
	露地	10.24a	8.79b	28.89b	14.09a	15.32b
结荚期	覆膜+遮阳	13.23a	17.45a	31.44a	16.51b	12.85b
	露地	15.88a	17.80a	30.87a	22.00a	16.24a
饱果期	覆膜+遮阳	16.27b	16.77a	27.70a	22.20b	16.15b
	露地	19.63a	17.24a	21.73b	24.04a	21.18a
成熟期	覆膜+遮阳	20.50a	18.57a	33.39a	25.96b	22.33a
	露地	20.75a	19.24a	27.52b	29.77a	21.27a

二、覆膜+遮阳处理花生植株 Al、Mn、Cu 积累量

覆膜+遮阳处理有利于促进花生对 Al、Mn 的吸收、积累，但不同元素在不同生育阶段促进效果存在不同。苗期，覆膜+遮阳处理植株 Al 积累量显著高于露地栽培（$P<0.05$），约增加 90.90%，其余时期差异不显著（图 4-5A）。苗期到结荚期，与露地栽培相比，覆膜+遮阳处理植株 Mn 积累量提高较小，但饱果期和成熟期显著提高 Mn 积累量（$P<0.05$），提高 2.26mg/株、1.84mg/株，提高幅度为 33.61%、23.34%。其主要原因是在喷施代锌锰森后，覆膜+遮阳处理有利于叶片、茎秆等 Mn 富集及吸收（图 4-5B）。

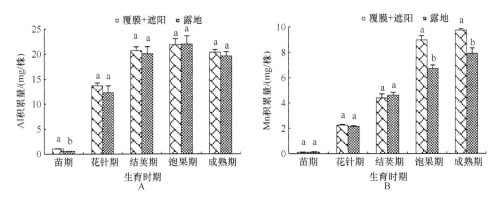

图 4-5　不同处理花生植株 Al（A）和 Mn（B）积累量（孟静静等，2018）

覆膜+遮阳栽培有利于花生生育前期（苗期和花针期）、成熟期对 Cu 的吸收、积累，积累量显著高于露地栽培，提高幅度为 13.29%～36.26%。结荚期、饱果期，不同栽培处理间 Cu 积累量差异较小（图 4-6）。

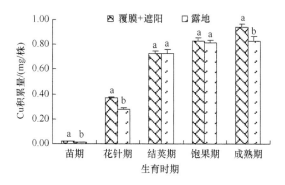

图 4-6　不同处理花生植株 Cu 积累量（孟静静等，2018）

三、覆膜+遮阳处理花生植株各器官的 Al、Mn、Cu 分配系数

　　苗期花生不同器官 Al 分配系数大小顺序为：根>茎>叶；花针期为：果针>叶>茎>根>荚果；结荚期至饱果期为：果针>叶>荚果>茎>根。结果表明，随生育进程的递进，Al 的分配中心逐渐向生殖器官转移。从开花到成熟，覆膜+遮阳处理提高了叶、根、荚果中 Al 的分配系数，但降低了果针的 Al 分配系数，降低 6.92～15.83 个百分点（表 4-16）。

表 4-16　覆膜+遮阳处理对夏直播花生植株各器官 Al 分配的影响（%）（孟静静等，2018）

生育期	处理	叶	茎	根	果针	荚果
苗期	覆膜+遮阳	21.66a	27.64b	50.69a		
	露地	20.18a	33.13a	46.69b		
花针期	覆膜+遮阳	21.35a	18.76a	17.54a	31.05a	11.31a
	露地	16.63a	20.69a	15.63a	37.97a	9.08a
结荚期	覆膜+遮阳	23.63a	13.02a	12.92a	32.13b	18.31a
	露地	18.32b	13.61a	9.34b	41.16a	17.56a
饱果期	覆膜+遮阳	24.73a	14.77a	11.47a	28.33b	20.70a
	露地	21.36b	13.39a	5.15b	43.39a	16.71b
成熟期	覆膜+遮阳	19.16a	20.41a	9.22a	27.16b	24.05a
	露地	14.39b	16.52b	5.37b	42.99a	20.72b

　　由表 4-17 得露地栽培苗期花生各器官 Mn 分配系数大小顺序为叶>茎>根，覆膜+遮阳处理则为茎>叶>根；花针期为叶>茎>果针>荚果>根；结荚期至成熟期为：叶>茎>荚果>果针>根。结果表明，随生育进程的递进，Mn 的分配中心一直在营养器官。从开花到成熟，覆膜+遮阳处理提高了叶、根的 Mn 分配系数，分别提高1.28～6.37、0.08～0.72 个百分点，但降低茎和果针的 Mn 分配系数，分别降低0.94～4.48、0.08～2.11 个百分点。

表 4-17　覆膜+遮阳处理对夏直播花生植株各器官 Mn 分配的影响（%）（孟静静等，2018）

生育期	处理	叶	茎	根	果针	荚果
苗期	覆膜+遮阳	40.59b	43.16a	16.25a		
	露地	47.42a	37.38b	15.20a		
花针期	覆膜+遮阳	62.15a	22.95b	3.59a	5.93a	5.38a
	露地	60.87a	26.04a	2.87b	6.01a	4.22b
结荚期	覆膜+遮阳	69.77a	15.57a	2.25a	4.22b	8.19a
	露地	67.67a	16.51a	1.65b	6.33a	7.84a
饱果期	覆膜+遮阳	71.82a	16.04b	1.13a	2.82b	8.19a
	露地	65.45b	20.52a	1.05a	4.60a	8.37a
成熟期	覆膜+遮阳	65.59a	18.94b	0.94a	4.42a	10.12b
	露地	62.37b	20.66a	0.83a	4.60a	11.53a

由表 4-18 可以看出，苗期花生各器官 Cu 分配系数大小顺序为：叶>茎>根；花针期为：茎>叶>荚果>果针>根；结荚期至成熟期为：荚果（30.79%～43.83%）>茎>叶>果针>根。以上结果表明随生育进程的递进，Cu 的分配中心由营养器官（茎、叶）逐渐向荚果转移，这与 Al、Mn 的分配中心不同。不同处理的不同器官在不同时期分配系数存在差异。苗期到饱果期，覆膜+遮阳处理叶、果针的分配系数低于露地栽培，其余器官中 Cu 分配系数在不同处理间的变化规律不明显。

表 4-18　覆膜+遮阳处理对夏直播花生植株各器官 Cu 分配的影响（%）（孟静静等，2018）

生育期	处理	叶	茎	根	果针	荚果
苗期	覆膜+遮阳	38.85b	37.93a	23.22a		
	露地	42.74a	31.77b	25.49a		
花针期	覆膜+遮阳	25.52b	32.01a	9.13a	9.14b	24.20a
	露地	28.88a	33.42a	9.73a	11.25a	16.71b
结荚期	覆膜+遮阳	21.86a	34.96a	4.91a	7.48a	30.79a
	露地	22.92a	29.58b	4.86a	10.50a	32.14a
饱果期	覆膜+遮阳	22.93b	28.09a	3.87a	7.43b	37.67a
	露地	24.35a	23.65b	2.77b	9.15a	40.08a
成熟期	覆膜+遮阳	21.89a	24.35a	3.75a	6.18b	43.83a
	露地	20.62a	24.03a	3.25a	9.01a	43.09a

本研究结果显示，覆膜+遮阳栽培提高了花生不同生育时期叶片、根的 Al 含量、积累量和分配系数，但降低了果针中 Al 含量、积累量和分配系数，而对茎秆和荚果中 Al 含量、总植株 Al 积累量影响较小。这表明覆膜促进 Al 向叶片和根中积累，而对荚果中 Al 含量无显著影响，有利于花生荚果品质稳定，保持花生籽仁

的食用价值。研究表明，耐 Al 毒品种是提高酸性土地区花生产量的重要途径（廖伯寿等，2000），而本研究表明覆膜+遮阳处理有利于提高花生 Al 毒抗逆作用，获得高产。建议将花生作为一种南方酸性土改良作物。

　　Mn 和 Cu 作为花生必需的微量元素，对花生生长发育及产量提高有重要的作用（万书波，2003；丁华萍等，2005）。覆膜+遮阳栽培提高了叶（生育后期）和根中 Mn 含量、荚果中 Mn 和 Cu 积累量，降低茎秆 Mn 和叶片 Cu 含量，总体上促进了植株对 Mn 和 Cu 的吸收、积累。结荚期后，植株 Mn 和 Cu 含量积累量显著提高，其原因可能是喷施代森锰锌药剂的原因（生育后期温度较低，喷药预防叶斑病和保叶）。这表明花生生育后期喷施代森锰锌，可以起到防病促产量的效果（刘美昌等，2004）。

　　与露地栽培相比，覆膜+遮阳栽培提高花生不同时期叶和根中 Al 含量、根中 Cu 含量，但降低叶、果针中 Cu 含量，降幅分别为 1.20%～17.12%、1.28%～24.95%。花针期、结荚期，覆膜+遮阳栽培降低茎、果针、荚果中 Mn 和 Al 含量，而结荚之后茎中的 Cu 含量降低 0.35～0.67mg/kg。覆膜+遮阳处理有利于花生促进对 Al、Mn、Cu 的吸收、积累，但不同元素在不同生育阶段积累规律存在差异。覆膜+遮阳栽培显著提高苗期植株 Al 和 Cu 的积累量（$P<0.05$）；成熟期显著提高 Mn 和 Cu 的积累量，分别提高 23.34%、13.29%。随生育进程的递进，Al 和 Cu 的分配中心逐渐向生殖器官转移，而 Mn 的分配中心一直在营养器官。从开花到成熟，覆膜+遮阳处理提高了叶、根的 Al 和 Mn 分配系数，但降低了果针的 Al、Mn、Cu 分配系数。

参 考 文 献

丁华萍, 陈斌, 陈兴惠, 等. 2005. 花生缺锰症及锰肥喷施效果初报. 花生学报, 34(1): 33-36.

冯烨, 郭峰, 李宝龙, 等. 2013. 单粒精播对花生根系生长、根冠比和产量的影响. 作物学报, 39(12), 10.

高建玲, 王成超, 吕敬军, 等. 2012. 黄淮区域夏花生新品种筛选试验. 山东农业科学, 30(4): 28-30.

洪彬艺, 陈惠宗, 林明贤, 等. 2003. 几种覆膜方式对花生产量的影响. 作物杂志, (3): 29-30.

黄长志, 周秋峰, 刘软枝. 2006. 夏花生开花结实性及提高饱果率的研究. 作物杂志, (3): 35-36.

金建猛, 范君龙, 刘向阳, 等. 2013. 豫东地区夏播花生品种筛选试验. 农业科技通讯, (5): 80-82.

梁晓艳, 郭峰, 张佳蕾, 等. 2015. 单粒精播对花生冠层微环境、光合特性及产量的影响. 应用生态学报, 26(12): 7.

廖伯寿, 周蓉, 雷永, 等. 2000. 花生高产种质的耐铝毒能力评价. 中国油料作物学报, 22(1): 38-42, 45.

刘美昌, 丰燕, 冯志花, 等. 2004. 新型杀菌剂防治花生网斑病的效果. 山东农业科学, 36(3): 58-59.

孟静静, 王建国, 郭峰, 等. 2018. 覆膜+遮阳栽培对夏播花生 Al, Mn, Cu 的吸收及积累动态的影响. 山东农业科学, 50 (6): 125-129.

孙彦浩, 陈殿绪, 张礼凤. 1998. 花生施氮肥效果与根瘤菌固 N 的关系. 中国油料作物学报, (3): 70-73.

孙彦浩, 陶寿祥, 陈殿绪, 等. 1999. 夏花生矮化密植增产效果的研究. 花生学报, (2): 5-8.

万书波, 封海胜, 左学青, 等. 2000. 不同供氮水平花生的氮素利用效率. 山东农业科学, (1): 31-33.

万书波. 2003. 中国花生栽培学. 上海: 上海科学技术出版社.

王建国, 刘登望, 李林, 等. 2018a. 不同栽培方式对秋繁花生土壤温度和农艺性状及产量的影响. 湖南农业大学学报(自然科学版), 44(1): 17-21.

王建国, 张昊, 李林, 等. 2018b. 施钙与覆膜对缺钙红壤花生氮、磷、钾吸收利用的影响. 中国油料作物学报, 40(1): 110-118.

王树起, 韩晓增, 乔云发. 2009. 施氮对大豆根瘤生长和结瘤固氮的影响. 华北农学报, 2(24): 176-179.

杨富军, 赵长星, 闫萌萌, 等. 2013. 栽培方式对夏直播花生叶片光合特性及产量的影响. 应用生态学报, 24(3): 747-752.

杨子文, 沈禹颖, 谢田玲. 2009. 外源供氮水平对大豆生物固氮效率的影响. 西北植物学报, 3(29): 265-273.

张佳蕾, 郭峰, 杨佃卿, 等. 2015. 单粒精播对超高产花生群体结构和产量的影响. 中国农业科学, 48(18), 10.

张俊, 汤丰收, 刘娟, 等. 2015. 不同种植方式夏花生开花物候与结果习性. 中国生态农业学报, 23(8): 979-986.

张翔, 李刘杰, 张新友, 等. 2010. 花生氮素营养研究进展. 花生学报, 39(2): 41-44.

张翔, 毛家伟, 郭中义, 等. 2013. 麦茬处理方式对夏花生播种质量与前期生长及产量的影响. 花生学报, 42(4): 33-36.

张毅, 张佳蕾, 郭峰, 等. 2018. 不同施氮量对麦茬夏花生氮素吸收分配及产量的影响. 花生学报, 47(3): 52-56.

张智猛, 万书波, 戴良香, 等. 2011. 施氮水平对不同花生品种氮代谢及相关酶活性的影响. 中国农业科学, 44(2): 280-290.

周苏玫, 郭俊红, 白雪峰, 等 2003. Cu^{2+}对花生根土系统和地上部性状的影响. 华北农学报, 18(4): 76-78.

Cafaro La Menza N, Monzon J P, Specht J E, et al. 2017. Is soybean yield limited by nitrogen supply. Field Crops Research, 213: 204-212.

Eaglesham A R J, Szalay A A. 1983. Aerial stem nodules on *Aeschynomene* spp.. Plant Science Letters, 29(2): 265-272.

Halvorson D A, Schweissing C F, Bartolo E M, et al. 2005. Corn response to nitrogen fertilization in a soil with high residual nitrogen. Agronomy Journal, 97(4): 1222-1229.

Hauggaard-Nielsen H, Ambus P, Jensen E S. 2001. Interspecific competition, N use and interference with weeds in pea-barley intercropping. Field Crops Research, 70(2): 101-109.

第五章 栽培方式对夏直播花生土壤理化特性的影响

农业生产中对土壤资源不合理和高强度的利用，容易造成土壤结构的破坏、肥力的下降以及温室气体排放的增加，不利于农业的可持续发展（Miriam，2018）。实现农业可持续发展最重要的途径是用地与养地相结合（李瑞平等，2021）。土壤是人类进行农业生产活动的重要物质基础，是维持作物生长，提供和协调作物生长所需水分、养分、空气和热量的载体，作物产量的获得和农业的可持续发展依靠良好的土壤环境（张鹏鹏等，2016）。农业管理措施对土壤结构和养分循环影响显著，进而调控土壤肥力、农业生产及粮食安全，并且影响气候变化（汪洋等，2020）。因此，亟须优化农业管理措施，探索高产、高效和环境友好的农业生产实践。耕作是农业生产中重要的增产措施，也是调控土壤环境最直接的措施（Sarker et al.，2018）。小麦收获后直播花生时间紧，整地质量是影响夏花生苗全、苗壮及产量提高的重要因素（张明红等，2019）。尽管前人已对不同耕作与秸秆管理方式在农业生产中的效应做了大量研究，但大多仅局限在土壤基本理化性状的单一比较、作物农艺性状的探究和产量变化的分析等方面（翟明振等，2020）。因此，目前针对不同耕作与秸秆管理方式对土壤生产力、作物产量及农业可持续发展的研究较为滞后。

本研究采用田间定位试验，通过不同耕作与秸秆管理方式对土壤结构与稳定性、碳氮组分含量及酶活性的影响，旨在探寻一种兼顾高产、高效和环境友好的最佳农业生产实践，实现土壤生产力的提升、作物产量的提高、资源的高效利用以及农业的可持续发展。

本研究依托山东农业大学农学实验站（36°09′N，117°09′E）开展田间定位试验。该地区属于温带大陆性季风气候，年平均降水量为631.5mm，年平均气温为13.7℃，年平均无霜期为195d，年平均日照时数为2462.3h。本研究开始于2017年，采用冬小麦—夏直播花生一年两熟种植模式。在小麦季，花生收获并且秸秆全部移除后，旋耕播种小麦。供试小麦品种为'山农20'，种植密度为2.25×10^6株/m²，行距30cm；播种前施用N 110kg/hm²、P_2O_5 120kg/hm²和K_2O 120kg/hm²的基肥，并在拔节期追施氮肥110kg/m²。

在花生季，试验采用裂区设计：主区为耕作方式，分别为免耕、旋耕和翻耕；副区为小麦秸秆管理方式，分别为小麦秸秆还田和秸秆移除。因此，本研究共设免耕小麦秸秆覆盖（NTS）、免耕小麦秸秆移除（NT）、旋耕小麦秸秆还田（RTS）、旋耕小麦秸秆移除（RT）、翻耕小麦秸秆还田（PTS）和翻耕小麦秸秆移除（PT）6 个试验处理；每个处理三次重复，小区面积为 120m²（20m×6m）。秸秆还田处理是在小麦收获后使用还田机将小麦秸秆粉碎（长 5~8cm），均匀覆盖在试验小区的土壤表面，然后再进行不同的耕作措施；秸秆移除处理则是人工将地上部小麦秸秆从试验小区全部移除，然后再进行不同的耕作措施。供试花生品种为'山花 108'，种植密度为 $1.50×10^5$ 穴/m²，行距和株距分别为 30cm 和 20cm，每穴播种 2 粒；所有肥料全部基施，N、P_2O_5 和 K_2O 的施用量均为 120kg/hm²。

小麦于每年的 10 月中旬播种，次年的 6 月上旬收获；花生于每年的 6 月中旬播种，10 月上旬收获。小麦季和花生季施用的肥料类型均为尿素（N 46%）、过磷酸钙（含 P_2O_5 16%）和氯化钾（含 K_2O 60%）。不同处理的具体试验操作及田间管理见表 5-1。

表 5-1 不同处理的具体试验操作及田间管理

处理	花生季	小麦季
免耕小麦秸秆覆盖（NTS）	小麦秸秆粉碎还田→撒施基肥→免耕贴茬播种花生	花生秸秆人工移除→撒施基肥→旋耕机（1GQQN-250GG）旋耕两遍（15cm 左右）→播种小麦
免耕小麦秸秆移除（NT）	小麦秸秆人工移除→撒施基肥→免耕贴茬播种花生	
旋耕小麦秸秆还田（RTS）	小麦秸秆粉碎还田→撒施基肥→旋耕机（1GQQN-250GG）旋耕两遍（15cm 左右）→播种花生	
旋耕小麦秸秆移除（RT）	小麦秸秆人工移除→撒施基肥→旋耕机（1GQQN-250GG）旋耕两遍（15cm 左右）→播种花生	
翻耕小麦秸秆还田（PTS）	小麦秸秆粉碎还田→撒施基肥→铧式犁（1LF-435）翻耕一遍（30cm 左右）→旋耕机（1GQQN-250GG）旋耕两遍（15cm 左右）→播种花生	
翻耕小麦秸秆移除（PT）	小麦秸秆人工移除→撒施基肥→铧式犁（1LF-435）翻耕一遍（30cm 左右）→旋耕机（1GQQN-250GG）旋耕两遍（15cm 左右）→播种花生	

第一节 栽培方式对夏直播花生土壤结构和稳定性的影响

一、不同耕作与秸秆管理方式对团聚体粒径组成的影响

图 5-1 显示了不同耕作与秸秆管理方式下团聚体粒径组成的差异。在各粒径团聚体中，细大粒径团聚体的质量比例最高（41.41%~53.15%）。在相同秸秆管理方式下，免耕处理较旋耕和翻耕处理提高了 0~5cm 土层粗大粒径团聚体的质量比例，降低了粉砂-黏粒的质量比例。在 2021 年生长季，NTS 处理在 0~5cm 土层粗大粒径团聚体的质量比例较 RTS 和 PTS 处理分别增加了 2.72% 和 3.43%。此外，与其他处理相比，PTS 处理提高了 10~30cm 土层粗大粒径团聚体和细大粒径团聚体的质量比例。在 2021 年生长季，PTS 处理在 20~30cm 土层细大粒径

团聚体的质量比例较 NTS 和 RTS 处理分别显著提高了 7.37% 和 7.67%（*P*<0.05）。与秸秆移除处理相比，秸秆还田处理增加了 0～10cm 土层粗大粒径团聚体的质量比例，降低了微团聚体的质量比例。在 2021 年生长季，与 NT、RT 和 PT 处理相比，RTS 处理在 0～5cm 土层粗大粒径团聚体的质量比例分别显著增加了 16.09%、21.80% 和 24.24%（*P*<0.05）。

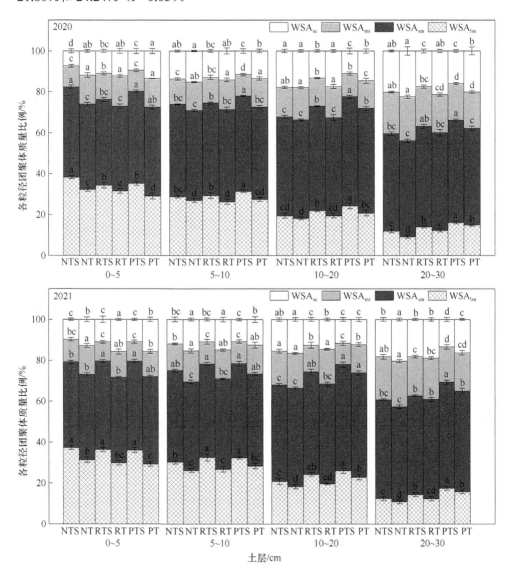

图 5-1　不同耕作与秸秆管理方式下各粒径水稳性团聚体的质量比例（赵继浩，2023）

NTS，免耕小麦秸秆覆盖；NT，免耕小麦秸秆移除；RTS，旋耕小麦秸秆还田；RT，旋耕小麦秸秆移除；PTS，翻耕小麦秸秆还田；PT，翻耕小麦秸秆移除。WSA_{lm}，粗大粒径团聚体（2～8mm）；WSA_{sm}，细大粒径团聚体（0.25～2mm）；WSA_{mi}，微团聚体（0.053～0.25mm）；WSA_{sc}，粉砂-黏粒（<0.053mm）。不同字母表示处理间差异显著（*P*<0.05）

二、不同耕作与秸秆管理方式对团聚体稳定性的影响

通过对不同耕作与秸秆管理方式下 0～30cm 土层团聚体平均重量直径和几何平均直径的分析发现（图 5-2），NTS 处理在 0～5cm 土层的平均重量直径和几何平均直径均高于其他处理；在 2021 年生长季，较 RTS 处理分别提高了 4.59%和10.39%，与 PTS 处理相比分别增加了 5.91%和 10.13%。在相同的秸秆管理方式下，翻耕处理提高了 10～30cm 土层的平均重量直径和几何平均直径。在 2021 年生长季，PTS 处理在 10～20cm 和 20～30cm 土层的平均重量直径较 NTS 处理分别增加了 16.16%和 23.82%，较 RTS 处理分别提高了 2.93%和 14.44%。在相同的耕作

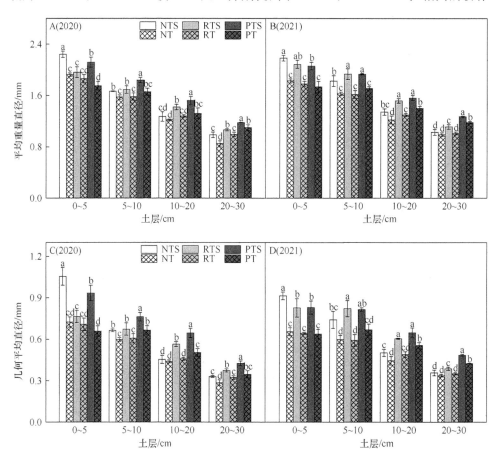

图 5-2　不同耕作与秸秆管理方式下团聚体平均重量直径（A 和 B）和几何平均直径（C 和 D）
（赵继浩，2023）

NTS，免耕小麦秸秆覆盖；NT，免耕小麦秸秆移除；RTS，旋耕小麦秸秆还田；RT，旋耕小麦秸秆移除；PTS，翻耕小麦秸秆还田；PT，翻耕小麦秸秆移除。不同字母表示处理间差异显著（$P<0.05$）

方式下，秸秆还田处理在 0～30cm 土层的平均重量直径和几何平均直径均高于秸秆移除处理，因此秸秆还田促进了团聚体稳定性的提高。在 2020 年生长季，与 RT 处理相比，RTS 处理在 5～10cm、10～20cm 和 20～30cm 土层的平均重量直径分别显著增加了 6.88%、10.95%和 6.95%，几何平均直径分别显著提高了 11.08%、23.22%和 15.87%（P<0.05）。

三、不同耕作与秸秆管理方式对土壤容重和总孔隙度的影响

土壤容重和总孔隙度对不同耕作与秸秆管理方式的响应如表 5-2 所示。在 0～

表 5-2　不同耕作与秸秆管理方式下土壤容重和总孔隙度（赵继浩，2023）

土层/cm	处理	2020 年		2021 年	
		容重/（g/cm³）	总孔隙度/%	容重/（g/cm³）	总孔隙度/%
0～5	NTS	1.04b	60.58b	1.07ab	59.73bc
	NT	1.07a	59.69c	1.09a	58.89c
	RTS	1.03c	61.17a	1.05bc	60.49ab
	RT	1.04b	60.61b	1.06b	60.13b
	PTS	1.03c	61.17a	1.02c	61.40a
	PT	1.04bc	60.72ab	1.05bc	60.22ab
5～10	NTS	1.37ab	48.48bc	1.38ab	48.11bc
	NT	1.38a	47.95c	1.39a	47.51c
	RTS	1.33c	49.89a	1.32c	50.08a
	RT	1.36ab	48.54bc	1.37ab	48.47bc
	PTS	1.32c	50.19a	1.31c	50.48a
	PT	1.36b	48.70b	1.36b	48.65b
10～20	NTS	1.46a	44.88d	1.46ab	45.02cd
	NT	1.47a	44.65d	1.48a	44.27d
	RTS	1.43c	45.95b	1.42c	46.24b
	RT	1.45ab	45.17cd	1.45b	45.20c
	PTS	1.41d	46.69a	1.39d	47.39a
	PT	1.44bc	45.65bc	1.44bc	45.72bc
20～30	NTS	1.56bc	41.29bc	1.55b	41.40b
	NT	1.58a	40.37d	1.58a	40.37c
	RTS	1.55c	41.42b	1.55b	41.46b
	RT	1.57ab	40.85cd	1.56ab	41.27bc
	PTS	1.53d	42.19a	1.51c	42.86a
	PT	1.54cd	41.78ab	1.54b	41.75b

注：NTS，免耕小麦秸秆覆盖；NT，免耕小麦秸秆移除；RTS，旋耕小麦秸秆还田；RT，旋耕小麦秸秆移除；PTS，翻耕小麦秸秆还田；PT，翻耕小麦秸秆移除。不同字母表示处理间差异显著（P<0.05）

20cm 土层，免耕处理的土壤容重高于旋耕和翻耕处理。在 2021 年生长季，NTS 处理在 0～5cm、5～10cm 和 10～20cm 土层的容重与 PTS 处理相比分别增加了4.90%、5.34%和 5.04%。在相同的秸秆管理方式下，翻耕处理降低了 0～30cm 土层的容重。此外，与 NTS 和 RTS 处理相比，PT 处理降低了 20～30cm 土层的容重。在相同的耕作方式下，秸秆还田处理降低了 0～30cm 土层的容重。在 2020 年和 2021 年生长季，土壤总孔隙度呈现出与土壤容重相反的变化趋势。免耕处理降低了 0～20cm 土层的总孔隙度，翻耕处理提高了 20～30cm 土层的总孔隙度。在相同的耕作方式下，秸秆还田处理增加了 0～30cm 土层的总孔隙度。

土壤结构在调节土壤水肥供应、作物根系发育及产量构成等方面发挥了重要作用，是提高作物产量的重要保障（Weisskopf et al.，2000）。土壤团聚体是土壤颗粒通过各种胶结凝聚作用形成的土壤结构的基本单位，土壤中的胶结物质主要包括腐殖质、有机碳、各种分泌物、多糖和黏粒等，作物秸秆与残茬是土壤腐殖质和多糖的主要来源之一（Spohn and Giani，2010）。大粒径团聚体的质量比例是土壤结构改良的关键指标，大粒径团聚体质量比例的增加通常意味着土壤结构的优化和稳定性的增强。本研究结果表明，在相同的秸秆管理方式下，免耕处理增加了 0～5cm 土层粗大粒径团聚体（2～8mm）的质量比例，提高了团聚体的平均重量直径和几何平均直径；而翻耕处理提高了 10～30cm 土层粗大粒径团聚体（2～8mm）和细大粒径团聚体（0.25～2mm）的质量比例以及团聚体的稳定性（平均重量直径和几何平均直径）。这可能是因为免耕减少了对土壤的机械扰动，增加了土壤表面动植物残体的数量，促进了表层土壤中大粒径团聚体的形成和稳定性的提高；而翻耕有利于根系的下扎和根系生物量的积累，改善了深层土壤的微生物群落结构，增加了土壤的胶结物质，从而促进了深层土壤中团粒结构的形成，增加了大粒径团聚体的质量比例（Yin et al.，2021）。大量的研究表明，秸秆还田是改善土壤团粒结构和提高团聚体稳定性的重要实践（Verhulst et al.，2011；高洪军等，2020）。本研究结果表明，在相同的耕作方式下，秸秆还田处理增加了粗大粒径团聚体的质量比例，降低了微团聚体的质量比例，并且提高了团聚体的平均重量直径和几何平均直径。这可能是因为，秸秆的投入增加了团聚体形成所需的碳供应，并且提高了土壤中的腐殖质和多糖等胶结物质，从而促进了大粒径团聚体的形成以及团聚体稳定性的提高（Fonte et al.，2012）。

土壤容重和总孔隙度是土壤结构的重要指标，它可以调节土壤的水、肥、气、热条件（Ning et al.，2009）。本研究发现，在相同的秸秆管理方式下，翻耕处理降低了 0～30cm 土层的容重，提高了总孔隙度。其原因可能是翻耕能够将原本硬实的土层翻松，起到疏松土壤的作用，而旋耕往往造成耕层变浅和犁底层上移变厚，不利于土壤容重降低（Zink et al.，2011）。此外，在相同耕作方式下，秸秆还田处理的土壤容重低于秸秆移除处理，而土壤总孔隙度高于秸秆移除处理，这是由于秸秆的密度远低于土壤的密度，因此秸秆还田实际上对土壤起到了一种"稀释作用"，从而降低了单位体积的土壤质量（李昊昱，2019）。

第二节 栽培方式对夏直播花生土壤碳组分的影响

一、不同耕作与秸秆管理方式对小麦生物量投入和碳投入的影响

图 5-3 显示了经过连续 5 年的定位试验后不同耕作与秸秆管理方式下累积小麦生物量投入和碳投入的差异。秸秆还田处理与秸秆移除处理相比显著提高了累积生物量投入和碳投入（$P<0.05$）。在相同秸秆管理方式下，翻耕处理与免耕和旋耕处理相比提高了累积生物量投入和碳投入。因此，PTS 处理的累积生物量投入和碳投入均高于其他处理；与 NTS 和 RTS 处理相比，PTS 处理的累积碳投入分别增加了 3.08%和 4.40%。

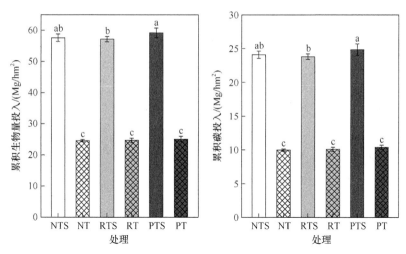

图 5-3　不同耕作与秸秆管理方式下累积生物量投入和碳投入（赵继浩，2023）
NTS，免耕小麦秸秆覆盖；NT，免耕小麦秸秆移除；RTS，旋耕小麦秸秆还田；RT，旋耕小麦秸秆移除；PTS，翻耕小麦秸秆还田；PT，翻耕小麦秸秆移除。不同字母表示处理间差异显著（$P<0.05$）

二、不同耕作与秸秆管理方式对土壤总有机碳含量和储量的影响

综合分析不同耕作与秸秆管理方式下 0～30cm 土层总有机碳含量可以发现（图 5-4），在 0～5cm 土层，NTS 处理与 RTS 和 PTS 处理相比增加了总有机碳含量，NT 处理较 RT 和 PT 处理同样也提高了总有机碳含量。因此，在相同秸秆管理方式下，免耕处理在 0～5cm 土层的总有机碳含量高于旋耕和翻耕处理。在相同秸秆管理方式下，翻耕处理在 10～30cm 土层的总有机碳含量高于免耕和旋耕

处理。在 2021 年生长季，PTS 处理在 10～20cm 和 20～30cm 土层的总有机碳含量与 NTS 处理相比分别提高了 16.14%和 17.28%，较 RTS 处理分别增加了 3.89%和 16.94%。在 0～10cm 土层，秸秆还田处理与秸秆移除处理相比提高了总有机碳含量。在 2021 年生长季，NTS 处理在 0～5cm 土层的总有机碳含量与 NT、RT 和 PT 处理相比分别显著增加了 17.73%、18.40%和 18.76%（P<0.05）。

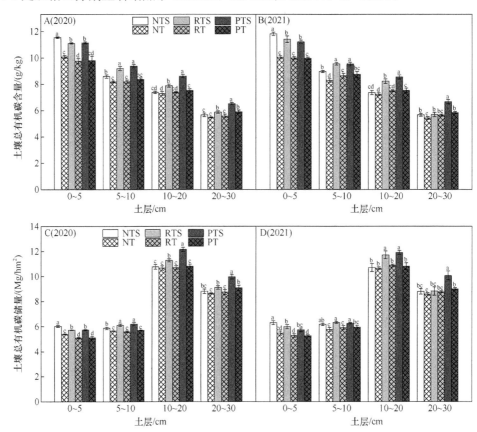

图 5-4　不同耕作与秸秆管理方式下土壤总有机碳含量（A 和 B）和储量（C 和 D）
（赵继浩，2023）

NTS，免耕小麦秸秆覆盖；NT，免耕小麦秸秆移除；RTS，旋耕小麦秸秆还田；RT，旋耕小麦秸秆移除；PTS，翻耕小麦秸秆还田；PT，翻耕小麦秸秆移除。不同字母表示处理间差异显著（P<0.05）

在 2020 年和 2021 年生长季，NTS 处理显著提高了 0～5cm 土层的总有机碳储量（图 5-4），较 RTS 处理分别增加了 5.55%和 5.59%，与 PTS 处理相比分别提高了 5.21%和 10.07%。在 20～30cm 土层，PTS 处理的总有机碳储量显著高于其他处理；在 2021 年生长季，较 NTS 和 RTS 处理分别提高了 14.38%和 14.15%。此外，在相同的耕作方式下，秸秆还田处理与秸秆移除处理相比提高了 0～30cm 土层的总有机碳储量。在 2021 年生长季，与 NT 处理相比，NTS 处理在 0～5cm、

5~10cm、10~20cm 和 20~30cm 土层的总有机碳储量分别增加了 15.33%、7.20%、0.50%和 2.82%。

三、不同耕作与秸秆管理方式对土壤总有机碳含量层化率的影响

通过对不同耕作与秸秆管理方式下土壤总有机碳含量层化率的分析发现，在不同土层的比较中呈现出的结果不一致（表 5-3）。在相同耕作方式下，秸秆还田处理与秸秆移除处理相比提高了（0~5）：（5~10）中总有机碳含量的层化率。在（0~5）：（5~10）、（0~5）：（10~20）和（0~5）：（20~30）中，NTS 处理显著提高了总有机碳含量的层化率（P<0.05）。在 2021 年生长季，NTS 处理在（0~5）：（5~10）、（0~5）：（10~20）和（0~5）：（20~30）中总有机碳含量的层化率较 RTS 处理分别提高了 10.00%、15.83%和 3.48%，与 PTS 处理相比分别增加了 11.86%、22.90%和 23.81%。在（0~5）：（10~20）和（5~10）：（10~20）中，PTS 处理降低了总有机碳含量的层化率，并且在（0~5）：（5~10）中，PT 处理较其他处理降低了总有机碳含量的层化率。此外，RTS 处理增加了（10~20）：（20~30）中的总有机碳含量的层化率。因此，不同耕作方式对土壤总有机碳含量层化率的影响整体表现为：免耕>旋耕>翻耕。

表 5-3　不同耕作与秸秆管理方式下土壤总有机碳含量的层化率（赵继浩，2023）

年份	处理	不同土层总有机碳含量比率 [（g/kg）：（g/kg）]				
		（0~5）： （5~10）	（0~5）： （10~20）	（0~5）： （20~30）	（5~10）： （10~20）	（10~20）： （20~30）
2020	NTS	1.34a	1.56a	2.04a	1.16a	1.30ab
	NT	1.23b	1.39b	1.84b	1.12b	1.33a
	RTS	1.21bc	1.41b	1.89b	1.17a	1.34a
	RT	1.19cd	1.32c	1.75c	1.11bc	1.32ab
	PTS	1.19cd	1.29c	1.71cd	1.09c	1.32ab
	PT	1.17d	1.31c	1.66d	1.11bc	1.28b
2021	NTS	1.32a	1.61a	2.08a	1.22a	1.30b
	NT	1.21b	1.39b	1.85c	1.15bc	1.33b
	RTS	1.20bc	1.39b	2.01b	1.16b	1.45a
	RT	1.16de	1.33bc	1.77d	1.15bc	1.33b
	PTS	1.18cd	1.31c	1.68e	1.12c	1.28b
	PT	1.14e	1.32c	1.71de	1.16b	1.29b

注：NTS，免耕小麦秸秆覆盖；NT，免耕小麦秸秆移除；RTS，旋耕小麦秸秆还田；RT，旋耕小麦秸秆移除；PTS，翻耕小麦秸秆还田；PT，翻耕小麦秸秆移除。不同字母表示处理间差异显著（P<0.05），0~5 表示 0~5cm，依此类推

四、不同耕作与秸秆管理方式对土壤溶解性有机碳含量的影响

土壤溶解性有机碳含量对不同耕作与秸秆管理方式的响应，如图 5-5 所示。在相同秸秆管理方式下，免耕处理较旋耕和翻耕处理提高了 0～5cm 土层的溶解性有机碳含量。在 2021 年生长季，与 RTS 和 PTS 处理相比，NTS 处理在 0～5cm 土层的溶解性有机碳含量分别提高了 3.98%和 5.13%。在相同秸秆管理方式下，翻耕处理较免耕和旋耕处理提高了 10～30cm 土层的溶解性有机碳含量。在 2021 年生长季，PTS 处理在 10～20cm 和 20～30cm 土层的溶解性有机碳含量与 NTS 处理相比分别显著提高了 15.16%和 13.16%（$P<0.05$），较 RTS 处理分别增加了 3.68%和 6.74%。在 2020 年和 2021 年生长季，PT 处理与 NTS 和 RTS 处理相比提高了 20～30cm 土层的溶解性有机碳含量。此外，NTS 与 NT、RTS 与 RT 及 PTS 与 PT 之间的比较表明，在相同耕作方式下，秸秆还田处理在 0～30cm 土层的溶解性有机碳含量高于秸秆移除处理。在 2021 年生长季，与 RT 处理相比，RTS 处理在 0～5cm、5～10cm、10～20cm 和 20～30cm 土层的溶解性有机碳含量分别提高了 12.60%、14.95%、7.87%和 6.29%。

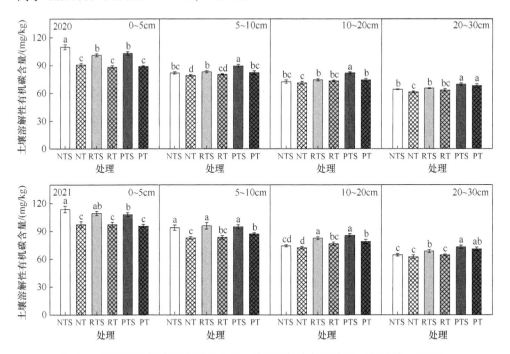

图 5-5　不同耕作与秸秆管理方式下土壤溶解性有机碳含量（赵继浩，2023）

NTS，免耕小麦秸秆覆盖；NT，免耕小麦秸秆移除；RTS，旋耕小麦秸秆还田；RT，旋耕小麦秸秆移除；PTS，翻耕小麦秸秆还田；PT，翻耕小麦秸秆移除。不同字母表示处理间差异显著（$P<0.05$）

五、不同耕作与秸秆管理方式对土壤易氧化有机碳含量的影响

如图 5-6 所示，土壤易氧化有机碳含量随着土层深度的加深呈现降低的趋势。在 2020 年和 2021 年生长季，NTS 处理在 0～5cm 土层的易氧化有机碳含量高于其他处理；与 RTS 处理相比分别提高了 14.23% 和 6.37%，较 PTS 处理分别显著增加了 11.07% 和 7.78%（$P<0.05$）。在 20～30cm 土层，翻耕处理较免耕和旋耕处理提高了易氧化有机碳含量。在 2021 年生长季，PTS 和 PT 处理在 20～30cm 土层的易氧化有机碳含量较 RTS 处理分别提高了 25.81% 和 5.53%。此外，秸秆还田处理在 0～10cm 土层的易氧化有机碳含量高于秸秆移除处理。在 2021 年生长季，与 NT、RT 和 PT 处理相比，RTS 处理在 0～5cm 土层的易氧化有机碳含量分别显著增加了 20.00%、30.88% 和 36.57%，在 5～10cm 土层分别显著提高了 36.71%、21.05% 和 21.80%（$P<0.05$）。

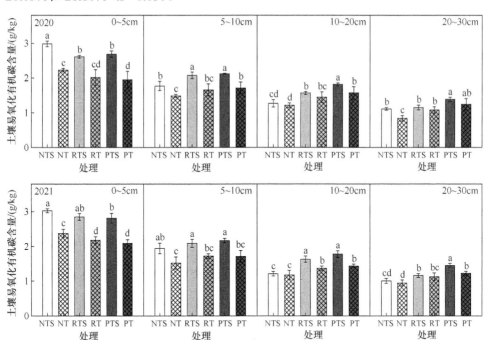

图 5-6　不同耕作与秸秆管理方式下土壤易氧化有机碳含量（赵继浩，2023）

NTS，免耕小麦秸秆覆盖；NT，免耕小麦秸秆移除；RTS，旋耕小麦秸秆还田；RT，旋耕小麦秸秆移除；PTS，翻耕小麦秸秆还田；PT，翻耕小麦秸秆移除。不同字母表示处理间差异显著（$P<0.05$）

六、不同耕作与秸秆管理方式对土壤微生物量碳含量的影响

不同耕作与秸秆管理方式对 0～30cm 土层微生物量碳含量的影响如图 5-7 所

示。在 2020 年和 2021 年生长季，NTS 处理较 RTS 和 PTS 处理增加了 0～5cm 土层的微生物量碳含量，NT 处理在 0～5cm 土层的微生物量碳含量同样也高于 RT 和 PT 处理。因此，在相同秸秆管理方式下，免耕处理提高了 0～5cm 土层的微生物量碳含量。此外，在相同秸秆管理方式下，翻耕处理提高了 10～30cm 土层的微生物量碳含量。在 2021 年生长季，PTS 处理在 10～20cm 和 20～30cm 土层的微生物量碳含量与 NTS 处理相比分别显著增加了 17.37%和 33.99%，较 RTS 处理分别提高了 5.66%和 14.70%。此外，在相同耕作方式下，秸秆还田处理较秸秆移除处理提高了 0～30cm 土层的微生物量碳含量。在 2021 年生长季，NTS 处理在 0～5cm、5～10cm、10～20cm 和 20～30cm 土层的微生物量碳含量较 NT 处理分别增加了 18.05%、19.67%、5.71%和 3.38%。

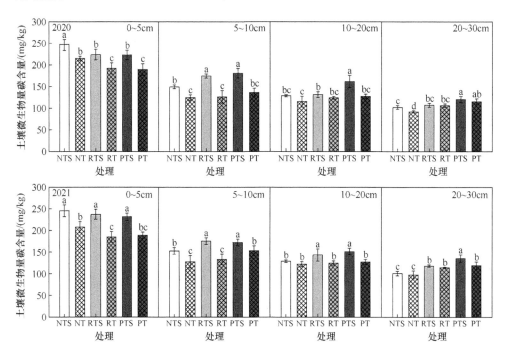

图 5-7　不同耕作与秸秆管理方式下土壤微生物量碳含量（赵继浩，2023）

NTS，免耕小麦秸秆覆盖；NT，免耕小麦秸秆移除；RTS，旋耕小麦秸秆还田；RT，旋耕小麦秸秆移除；PTS，翻耕小麦秸秆还田；PT，翻耕小麦秸秆移除。不同字母表示处理间差异显著（$P<0.05$）

七、不同耕作与秸秆管理方式对土壤碳库管理指数的影响

通过对不同耕作与秸秆管理方式下 0～30cm 土层碳库管理指数的分析发现（表 5-4），NTS 处理较其他处理提高了 0～5cm 土层的碳库活度指数、碳库指数和碳库管理指数。PTS 处理在 5～30cm 土层的碳库管理指数高于其他处理。在 5～

10cm、10～20cm 和 20～30cm 土层，PTS 处理的碳库管理指数较 NTS 处理分别
增加了 12.95%、54.52% 和 53.20%，与 RTS 处理相比分别提高了 4.88%、9.96% 和
28.35%。此外，与秸秆移除处理相比，秸秆还田处理提高了 0～10cm 土层的碳库
活度指数和碳库管理指数。在 0～5cm 和 5～10cm 土层，NTS 处理的碳库管理指
数较 NT 处理分别显著增加了 30.83% 和 32.35%，较 RT 处理分别显著提高了
46.08% 和 15.28%，与 PT 处理相比分别提高了 54.53% 和 16.36%。

表 5-4　不同耕作与秸秆管理方式下土壤碳库管理指数（赵继浩，2023）

土层/cm	处理	碳库活度	碳库活度指数	碳库指数	碳库管理指数
0～5	NTS	0.34a	1.45a	1.25a	180.99a
	NT	0.31b	1.30b	1.06c	138.34c
	RTS	0.33ab	1.40ab	1.21b	168.58ab
	RT	0.28c	1.17c	1.06c	123.90d
	PTS	0.34ab	1.41ab	1.19b	166.63b
	PT	0.27c	1.11c	1.05c	117.12d
5～10	NTS	0.28ab	1.32ab	1.12b	147.97ab
	NT	0.23c	1.08c	1.03c	111.80c
	RTS	0.28ab	1.34ab	1.19a	159.35a
	RT	0.25bc	1.19bc	1.08b	128.36bc
	PTS	0.29a	1.41a	1.19a	167.13a
	PT	0.24bc	1.17bc	1.09b	127.17bc
10～20	NTS	0.20c	1.16c	1.03b	119.34cd
	NT	0.19c	1.15c	1.01b	116.13d
	RTS	0.25ab	1.46ab	1.15a	167.69a
	RT	0.23b	1.35b	1.03b	138.74bc
	PTS	0.26a	1.55a	1.19a	184.40a
	PT	0.23b	1.38ab	1.05b	145.86b
20～30	NTS	0.22b	1.18c	1.03bc	121.82cd
	NT	0.21b	1.16c	0.99c	113.98d
	RTS	0.26a	1.41ab	1.03b	145.41b
	RT	0.25a	1.37b	1.03bc	140.48bc
	PTS	0.28a	1.54a	1.21a	186.63a
	PT	0.26a	1.46ab	1.06b	154.52b

注：NTS，免耕小麦秸秆覆盖；NT，免耕小麦秸秆移除；RTS，旋耕小麦秸秆还田；RT，旋耕小麦秸秆移除；
PTS，翻耕小麦秸秆还田；PT，翻耕小麦秸秆移除。不同字母表示处理间差异显著（$P < 0.05$）。

八、不同耕作与秸秆管理方式对团聚体有机碳含量和储量的影响

各粒径团聚体的有机碳含量对不同耕作与秸秆管理方式的响应如图5-8所示。NTS 处理提高了 0～5cm 土层粗大粒径团聚体、细大粒径团聚体、微团聚体和粉砂-黏粒的有机碳含量；在 2021 年生长季，较 RTS 处理分别提高了 1.66%、4.33%、1.48%和6.39%，较 PTS 处理分别增加了 3.24%、3.26%、2.47%和7.44%。此外，翻耕处理较免耕和旋耕处理提高了 20～30cm 土层粗大粒径团聚体和细大粒径团聚体的有机碳含量。在 2021 年生长季，PTS 和 PT 处理在 20～30cm 土层粗大粒径团聚体的有机碳含量较 RTS 处理分别提高了 6.32%和2.70%，细大粒径团聚体的有机碳含量分别增加了 14.65%和 12.07%。在相同耕作方式下，秸秆还田处理在 0～30cm 土层各粒径团聚体的有机碳含量均高于秸秆移除处理。在 2021 年生长季，RTS 处理在 0～5cm、5～10cm、10～20cm 和 20～30cm 土层粗大粒径团聚体的有机碳含量较 RT 处理分别增加了 11.04%、5.28%、18.64%和7.15%。

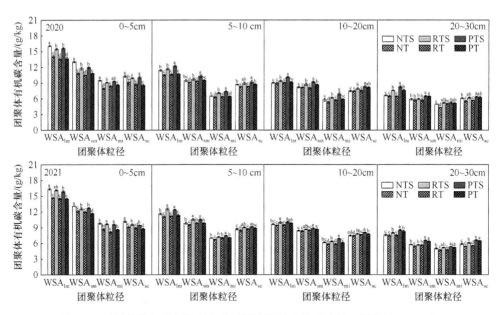

图 5-8 不同耕作与秸秆管理方式下团聚体的有机碳含量（赵继浩，2023）

NTS，免耕小麦秸秆覆盖；NT，免耕小麦秸秆移除；RTS，旋耕小麦秸秆还田；RT，旋耕小麦秸秆移除；PTS，翻耕小麦秸秆还田；PT，翻耕小麦秸秆移除。WSA$_{lm}$，粗大粒径团聚体（2～8mm）；WSA$_{sm}$，细大粒径团聚体（0.25～2mm）；WSA$_{mi}$，微团聚体（0.053～0.25mm）；WSA$_{sc}$，粉砂-黏粒（<0.053mm）。不同字母表示处理间差异显著（$P<0.05$）

如图 5-9 所示，在相同耕作方式下，免耕处理与旋耕和翻耕处理相比增加了 0～5cm 土层粗大粒径团聚体和细大粒径团聚体的有机碳储量。在 2021 年生长季，NTS 处理在 0～5cm 土层粗大粒径团聚体和细大粒径团聚体的有机碳储量较 RTS

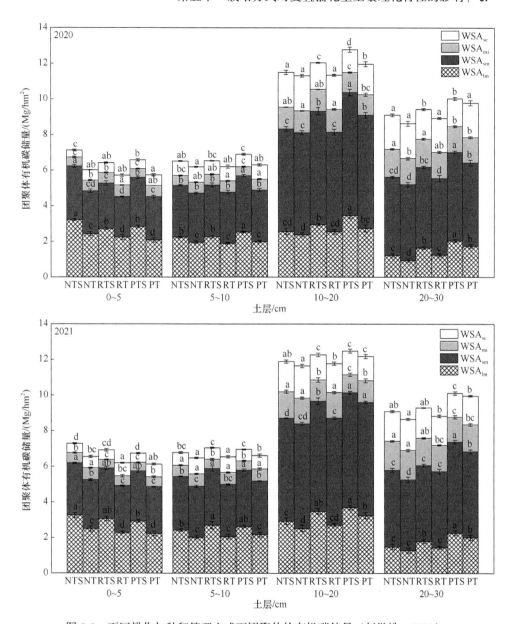

图 5-9　不同耕作与秸秆管理方式下团聚体的有机碳储量（赵继浩，2023）

NTS，免耕小麦秸秆覆盖；NT，免耕小麦秸秆移除；RTS，旋耕小麦秸秆还田；RT，旋耕小麦秸秆移除；PTS，翻耕小麦秸秆还田；PT，翻耕小麦秸秆移除。WSA$_{lm}$，粗大粒径团聚体（2～8mm）；WSA$_{sm}$，细大粒径团聚体（0.25～2mm）；WSA$_{mi}$，微团聚体（0.053～0.25mm）；WSA$_{sc}$，粉砂-黏粒（<0.053mm）。不同字母表示处理间差异显著（$P<0.05$）

处理分别增加了 6.44% 和 2.95%，与 PTS 处理相比分别提高了 11.44% 和 3.70%。在相同秸秆管理方式下，翻耕处理较免耕和旋耕处理提高了 10～30cm 土层粗大粒径团聚体和细大粒径团聚体的有机碳储量。在 2021 年生长季，PTS 处理在 10～

20cm和20～30cm土层的粗大粒径团聚体的有机碳储量与RTS处理相比分别增加了6.27%和26.04%，细大粒径团聚体的有机碳储量分别提高了4.14%和20.16%。在2020年和2021年生长季，秸秆还田处理增加了0～10cm土层粗大粒径团聚体和细大粒径团聚体的有机碳储量。在2021年生长季，与NT、RT和PT处理相比，RTS处理在0～5cm土层粗大粒径团聚体的有机碳储量分别显著增加了22.77%、34.06%和37.36%（$P<0.05$），细大粒径团聚体的有机碳储量分别提高了3.18%、7.93%和8.42%。

九、不同耕作与秸秆管理方式对团聚体内密度组分有机碳含量的影响

在2020年生长季，不同耕作与秸秆管理方式对0～30cm土层粗大粒径团聚体和细大粒径团聚体内密度组分有机碳含量的影响如图5-10所示。在相同秸秆管理方式下，免耕处理与旋耕和翻耕处理相比增加了0～5cm土层粗颗粒有机碳、细颗粒有机碳以及矿物结合有机碳含量。NTS处理的粗大粒径团聚体内粗颗粒有

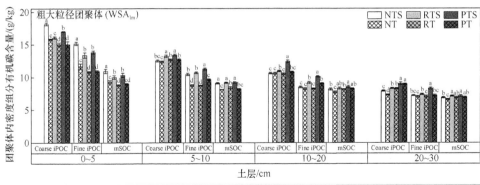

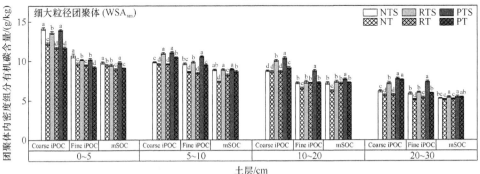

图5-10　不同耕作与秸秆管理方式下团聚体内密度组分有机碳含量（赵继浩，2023）

NTS，免耕小麦秸秆覆盖；NT，免耕小麦秸秆移除；RTS，旋耕小麦秸秆还田；RT，旋耕小麦秸秆移除；PTS，翻耕小麦秸秆还田；PT，翻耕小麦秸秆移除。Coarse iPOC，粗颗粒有机碳（0.25～2mm）；Fine iPOC，细颗粒有机碳（0.053～0.25mm）；mSOC，矿物结合有机碳（<0.053mm）。不同字母表示处理间差异显著（$P<0.05$）

机碳、细颗粒有机碳和矿物结合有机碳含量较 RTS 处理分别增加了 13.19%、13.44%和 9.26%。在 20～30cm 土层，翻耕处理与免耕和旋耕处理相比显著提高了粗颗粒有机碳含量（$P<0.05$）；PTS 和 PT 处理粗大粒径团聚体内粗颗粒有机碳含量与 RTS 处理相比分别增加了 7.51%和 5.39%，较 NTS 处理分别提高了 25.51%和 23.04%。此外，秸秆还田处理较秸秆移除处理提高了 0～10cm 土层粗颗粒有机碳、细颗粒有机碳和矿物结合有机碳含量。在 0～5cm 土层，PTS 处理与 NT、RT 和 PT 处理相比粗大粒径团聚体内细颗粒有机碳含量分别显著提高了 18.26%、27.55%和 26.46%（$P<0.05$）。

十、团聚体有机碳储量与团聚体稳定性的关系

通过对不同粒径团聚体的有机碳储量与团聚体平均重量直径和几何平均直径之间进行线性回归分析发现（图 5-11），在 0～5cm、5～10cm、10～20cm 和 20～30cm 土层中，粗大粒径团聚体的有机碳储量与平均重量直径和几何平均直径之间存在极显著正相关关系（$P<0.01$）。细大粒径团聚体的有机碳储量与平均重量直径及几何平均直径之间也呈现极显著正相关关系（$P<0.01$）。然而，在 0～5cm、5～10cm 和 10～20cm 土层中，微团聚体的有机碳储量与平均重量直径和几何平均直径之间呈现极显著负相关关系（$P<0.01$）；在 20～30cm 土层中，微团聚体的有机碳储量与平均重量直径和几何平均直径之间无显著相关性。在 0～5cm、5～10cm、10～20cm 和 20～30cm 土层中，粉砂-黏粒的有机碳储量与平均重量直径和几何平均直径之间呈极显著的负相关关系（$P<0.01$）。因此，粗大粒径团聚体和细大粒径团聚体有机碳储量的增加有利于促进团聚体稳定性的提高。

土壤碳库作为全球碳循环的重要组成，在改善土壤结构、提高土壤肥力及缓解气候变化等方面发挥着重要作用（West and Marland，2002；Macbean and Peylin，2014）。土壤总有机碳是土壤养分循环及肥力供应的核心物质，影响着土壤的养分供应能力，决定着作物产量的提高（王朔林等，2015）。本研究结果表明，在相同秸秆管理方式下，免耕处理增加了 0～5cm 土层的总有机碳含量与储量；一方面，秸秆覆盖还田可以有效阻挡太阳光直射地表，从而减缓土壤温度的升高，限制表层土壤有机碳的降解（郑凤君等，2020）；另一方面，免耕处理的作物秸秆和残茬覆盖在土壤表面，在腐解过程中可以为表层土壤提供大量的新鲜碳源，促使表层土壤有机碳含量大幅提高（Song et al.，2016；Bongiorno et al.，2018）。连年免耕导致土壤碳素营养在土壤表层富集，易造成土壤的层化现象（刘振，2019）。因此，在相同秸秆管理方式下，翻耕处理与免耕和旋耕处理相比增加了 10～30cm 土层的总有机碳含量与储量。此外，无论是秸秆覆盖土壤表面还是秸秆还入土壤，秸

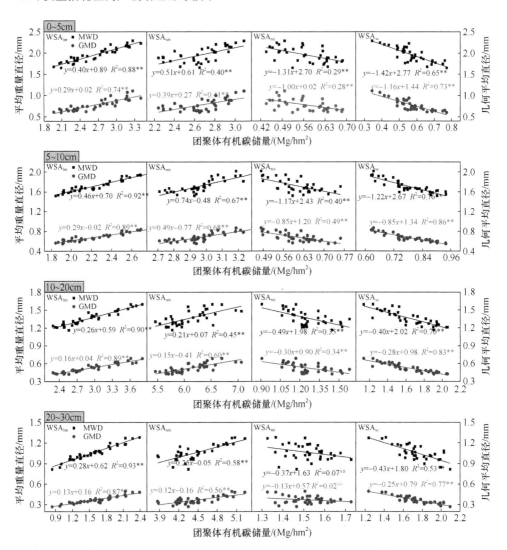

图 5-11　团聚体有机碳储量与团聚体稳定性的关系（赵继浩，2023）（彩图请扫封底二维码）

秆的投入均提高了土壤有机碳的含量，促进了有机碳的积累（Liang et al.，2018）。本研究也得到了相似的研究结果，在相同耕作方式下，秸秆还田处理提高了土壤总有机碳含量与储量。

土壤活性有机碳是土壤中敏感性高和对作物养分供应有直接作用的有机碳组分（Li et al.，2021）。与翻耕相比，免耕显著增加了 0～10cm 土层的易氧化有机碳、溶解性有机碳和微生物量碳含量；但是翻耕处理提高了 10～20cm 土层的易氧化有机碳含量以及 20～35cm 土层的易氧化有机碳、溶解性有机碳和微生物量碳含量。在相同秸秆管理方式下，免耕处理提高了 0～5cm 土层的溶解性有机碳、易氧化有机碳和微生物量碳含量；但是翻耕处理在 10～30cm 土层的溶解性有机碳、易氧化有机碳及微生物量碳含量却高于其他处理。另外，在相同耕作方式下，秸秆还田处理的土壤溶解性有机碳、易氧化有机碳和微生物量碳含量高于秸秆移除处理（刘振，2019）。分析其原因可能是外源有机物料的投入是提高土壤活性有机碳组分含量的重要途径，秸秆还田可以为微生物提供丰富的碳源，在微生物的介导下分解转化为土壤活性有机碳组分，并为其自身生命活动提供能源物质（Blanco-Canqui，2013；尤锦伟等，2020）。

土壤有机碳作为重要的胶结物质有利于团聚体的形成和稳定性的提高，而团聚体又在土壤有机碳的固存中发挥了关键作用（Mustafa et al.，2021；张斌等，2022）。免耕秸秆覆盖处理提高了 0～5cm 土层各粒径团聚体的有机碳含量；翻耕秸秆还田处理增加了 10～30cm 土层粗大粒径团聚体和细大粒径团聚体的有机碳含量与储量。其原因可能是，免耕处理较少的土壤扰动和土壤表面作物秸秆的大量富集，不仅有利于表层土壤中团粒结构形成，还能够促进表层土壤中团聚体有机碳含量的增加以及有机碳稳定性的提高；而翻耕处理提高了土壤孔隙度，有利于根系的下扎与生长，并且翻耕使得作物秸秆和残茬以及根系被带入较深的土层中，有效地提高深层土壤的有机碳含量（王峻等，2018）。此外，在相同耕作方式下，秸秆还田处理提高了各粒径团聚体的有机碳含量；造成这种现象的原因可能是秸秆在腐解过程中碳的释放不仅为土壤提供了大量的碳源，而且还提高了团聚体的稳定性，增强了团聚体对有机碳的物理保护作用，从而有利于团聚体有机碳含量的提高（邱琛等，2020）。

第三节　栽培方式对夏直播花生土壤氮组分的影响

一、不同耕作与秸秆管理方式对土壤全氮含量和储量的影响

土壤全氮含量对不同耕作与秸秆管理方式的响应如图 5-12 所示。在相同秸秆管理方式下，免耕处理与旋耕和翻耕处理相比提高了 0～5cm 土层的全氮含量。在 2020 年和 2021 年生长季，NTS 处理的全氮含量较 RTS 处理分别增加了 3.82% 和 7.21%，较 PTS 处理分别提高了 10.34% 和 9.93%。在相同秸秆管理方式下，翻耕处理提高了 10～30cm 土层的全氮含量；在 2021 年生长季，PTS 处理在 10～20cm 和 20～30cm 土层的全氮含量较 RTS 处理分别显著增加了 7.94% 和 9.55%（$P<0.05$）。此外，在 0～10cm 土层，秸秆还田处理较秸秆移除处理提高了全氮含量。在 2020 年生长季，与 NT、RT 和 PT 处理相比，PTS 处理在 0～5cm 土层的全氮含量分别增加了 4.10%、5.80% 和 9.48%。

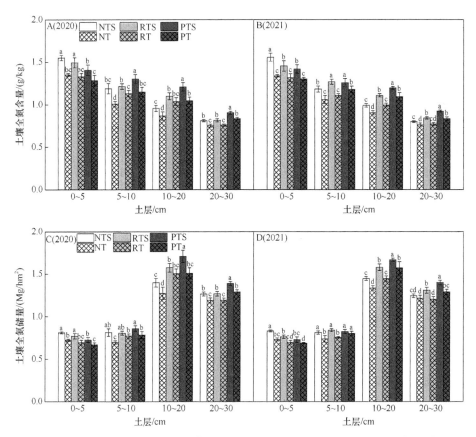

图 5-12　不同耕作与秸秆管理方式下土壤全氮含量（A 和 B）和储量（C 和 D）（赵继浩，2023）
NTS，免耕小麦秸秆覆盖；NT，免耕小麦秸秆移除；RTS，旋耕小麦秸秆还田；RT，旋耕小麦秸秆移除；PTS，翻耕小麦秸秆还田；PT，翻耕小麦秸秆移除。不同字母表示处理间差异显著（$P<0.05$）

二、不同耕作与秸秆管理方式对土壤全氮含量层化率的影响

通过对不同耕作与秸秆管理方式下土壤全氮含量层化率的分析发现（表 5-5），在（0～5）：（5～10）、（0～5）：（10～20）、（0～5）：（20～30）和（5～10）：（10～20）中，免耕处理提高了全氮含量的层化率。在 2020 年生长季，NTS 处理在（0～5）：（5～10）、（0～5）：（10～20）、（0～5）：（20～30）和（5～10）：（10～20）中全氮含量的层化率较 RTS 处理分别提高了 6.50%、19.12%、4.37% 和 11.71%，与 PTS 处理相比分别增加了 21.30%、38.46%、23.23% 和 14.81%。此外，翻耕处理降低了（0～5）：（5～10）、（0～5）：（10～20）及（0～5）：（20～30）中全氮含量的层化率。在 2021 年生长季，与 RTS 处理相比，PTS 处理在（0～5）：（5～10）、（0～5）：（10～20）、（0～5）：（20～30）、（5～10）：（10～20）和（10～20）：（20～30）中全氮含量的层化率分别减少了 1.74%、9.92%、10.98%、

5.41%和1.52%。因此，不同耕作方式对土壤全氮含量层化率的影响整体表现为：免耕>旋耕>翻耕。

表 5-5　不同耕作与秸秆管理方式下土壤全氮含量的层化率（赵继浩，2023）

年份	处理	不同土层全氮含量比率 [（g/kg）：（g/kg）]				
		（0～5）：（5～10）	（0～5）：（10～20）	（0～5）：（20～30）	（5～10）：（10～20）	（10～20）：（20～30）
2020	NTS	1.31a	1.62a	1.91a	1.24a	1.18c
	NT	1.34a	1.56a	1.79ab	1.16ab	1.15c
	RTS	1.23ab	1.36b	1.83ab	1.11b	1.35ab
	RT	1.18bc	1.29bc	1.75b	1.10b	1.36a
	PTS	1.08c	1.17c	1.55c	1.08b	1.33ab
	PT	1.12bc	1.23bc	1.54c	1.10b	1.25bc
2021	NTS	1.32a	1.57a	1.95a	1.19a	1.24a
	NT	1.26ab	1.48b	1.76b	1.17ab	1.19c
	RTS	1.15c	1.31c	1.73b	1.11bc	1.32a
	RT	1.19bc	1.32b	1.70b	1.11bc	1.29ab
	PTS	1.13c	1.18d	1.54c	1.05d	1.30ab
	PT	1.10c	1.19d	1.56c	1.08cd	1.31a

注：NTS，免耕小麦秸秆覆盖；NT，免耕小麦秸秆移除；RTS，旋耕小麦秸秆还田；RT，旋耕小麦秸秆移除；PTS，翻耕小麦秸秆还田；PT，翻耕小麦秸秆移除。不同字母表示处理间差异显著（$P<0.05$）

三、不同耕作与秸秆管理方式对土壤微生物量氮含量的影响

不同耕作与秸秆管理方式对 0～30cm 土层土壤微生物量氮含量的影响如图 5-13 所示。NTS 处理与 RTS 和 PTS 处理相比提高了 0～5cm 土层的微生物量氮含量；此外，NT 处理较 RT 和 PT 处理同样也提高了 0～5cm 土层的微生物量氮含量。因此，在相同秸秆管理方式下，免耕处理在 0～5cm 土层的微生物量氮含量高于旋耕和翻耕处理。在 10～30cm 土层，PTS 处理与其他处理相比提高了微生物量氮含量。在 2021 年生长季，PTS 处理在 10～20cm 和 20～30cm 土层的微生物量氮含量较 NTS 处理分别显著增加了 30.73%和 20.23%，较 RTS 处理分别显著提高了 10.02% 和 16.99%（$P<0.05$）。在相同耕作方式下，秸秆还田处理提高了 0～30cm 土层的微生物量氮含量。在 2021 年生长季，与 NT 处理相比，NTS 处理在 0～5cm 和 5～10cm 土层的微生物量氮含量分别显著增加了 31.89%和 23.06%（$P<0.05$）。

四、不同耕作与秸秆管理方式对土壤铵态氮含量的影响

图 5-14 显示了不同耕作与秸秆管理方式下 0～30cm 土层铵态氮含量的差异。

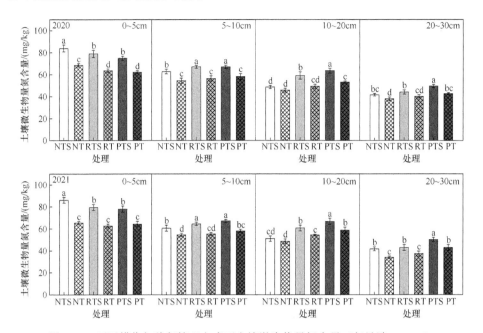

图 5-13　不同耕作与秸秆管理方式下土壤微生物量氮含量（赵继浩，2023）

NTS，免耕小麦秸秆覆盖；NT，免耕小麦秸秆移除；RTS，旋耕小麦秸秆还田；RT，旋耕小麦秸秆移除；PTS，翻耕小麦秸秆还田；PT，翻耕小麦秸秆移除。不同字母表示处理间差异显著（$P<0.05$）

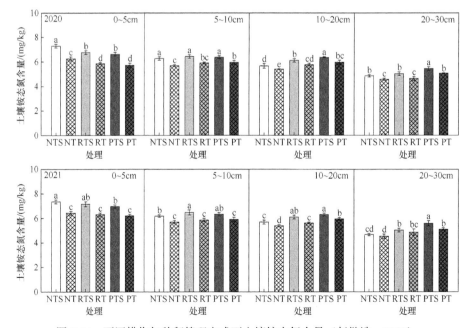

图 5-14　不同耕作与秸秆管理方式下土壤铵态氮含量（赵继浩，2023）

NTS，免耕小麦秸秆覆盖；NT，免耕小麦秸秆移除；RTS，旋耕小麦秸秆还田；RT，旋耕小麦秸秆移除；PTS，翻耕小麦秸秆还田；PT，翻耕小麦秸秆移除。不同字母表示处理间差异显著（$P<0.05$）

在 2020 年和 2021 年生长季，NTS 处理与其他处理相比增加了 0～5cm 土层的铵态氮含量；较 RTS 处理分别增加了 7.92%和 2.69%，与 PTS 处理相比分别显著提高了 10.23%和 5.55%（$P<0.05$）。在 0～10cm 土层，RTS 处理与 PTS 处理相比提高了铵态氮含量，在 20～30cm 土层，翻耕处理较免耕和旋耕处理提高了铵态氮含量。在 2020 年生长季，PTS 处理在 20～30cm 土层的铵态氮含量与 NTS 和 RTS 处理相比分别提高了 11.76%和 8.18%；在 2021 年生长季分别增加了 19.29%和 10.82%。此外，在相同耕作方式下，秸秆还田处理与秸秆移除处理相比提高了 0～30cm 土层的铵态氮含量。在 2021 年生长季，NTS 处理在 0～5cm、5～10cm 和 10～20cm 土层的铵态氮含量较 NT 处理分别显著增加了 14.44%、8.73%和 5.68%（$P<0.05$）。

五、不同耕作与秸秆管理方式对土壤硝态氮含量的影响

综合分析不同耕作与秸秆管理方式下 0～30cm 土层的硝态氮含量可以发现（图 5-15），在相同秸秆管理方式下，免耕处理与旋耕和与翻耕处理相比提高了 0～

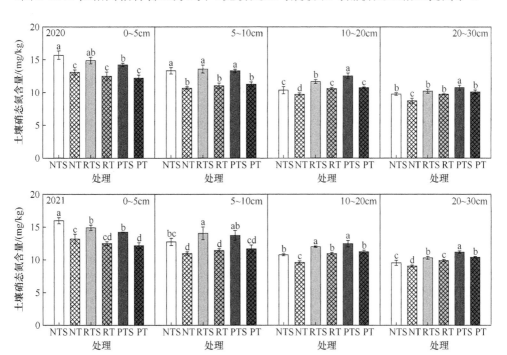

图 5-15　不同耕作与秸秆管理方式下土壤硝态氮含量（赵继浩，2023）

NTS，免耕小麦秸秆覆盖；NT，免耕小麦秸秆移除；RTS，旋耕小麦秸秆还田；RT，旋耕小麦秸秆移除；PTS，翻耕小麦秸秆还田；PT，翻耕小麦秸秆移除。不同字母表示处理间差异显著（$P<0.05$）

5cm 土层的硝态氮含量。在 2020 年和 2021 年生长季，NTS 处理在 0～5cm 土层的硝态氮含量较 RTS 处理分别增加了 5.57%和 7.19%，较 PTS 处理分别显著提高了和 10.39%和 12.68%（$P<0.05$）。在相同秸秆管理方式下，旋耕处理与翻耕处理相比提高了 0～5cm 土层的硝态氮含量。在 10～30cm 土层，PTS 处理与其他处理相比提高了硝态氮含量。在 2021 年生长季，PTS 处理在 10～20cm 和 20～30cm 土层的硝态氮含量较 RTS 处理分别提高了 3.78%和 8.55%。此外，秸秆还田处理在 0～10cm 土层的硝态氮含量高于秸秆移除处理。在 2020 年生长季，PTS 处理在 0～5cm 土层的硝态氮含量较 NT、RT 和 PT 处理分别显著增加了 8.68%、13.65%和 16.36%（$P<0.05$）。

六、不同耕作与秸秆管理方式对花生收获后 0～100cm 土层铵态氮和硝态氮储量影响

不同耕作与秸秆管理方式下土壤铵态氮和硝态氮储量在 0～100cm 土层土壤剖面的分布如图 5-16 所示。在 0～10cm 土层，NTS 处理与其他处理相比增加了铵态氮和硝态氮的储量。在 20～40cm 土层，PTS 处理提高了铵态氮和硝态氮的储量。对于 0～100cm 土层铵态氮和硝态氮的累积储量，秸秆还田处理与秸秆移除处理相比提高了铵态氮和硝态氮的累积储量（表 5-6）。在 2020 年生长季，与NT、RT 和 PT 处理相比，NTS 处理 0～100cm 土层的铵态氮的累积储量分别增加了 6.01%、5.63%和 3.27%，硝态氮的累积储量分别提高了 7.16%、5.90%和 2.17%。此外，在相同秸秆管理方式下，翻耕处理增加了 0～100cm 土层的铵态氮和硝态氮的累积储量。与 NTS 和 RTS 处理相比，PTS 处理在 2020 年生长季 0～100cm 土层铵态氮的累积储量分别增加了 3.22%和 2.78%，硝态氮的累积储量分别提高了 3.88%和 2.12%。

氮素是维持植物生命活动所必需的营养元素之一，土壤氮素含量是评估土壤肥力的重要参数（Lal，2016）。在相同秸秆管理方式下，免耕处理较旋耕和翻耕处理提高了 0～5cm 土层的全氮含量与储量（Sainju et al.，2006；Sun et al.，2020）。这可能是因为免耕促进了肥料氮和作物残茬在土壤表面的积累，从而有利于表层土壤全氮含量与储量的大幅度提高（Blanco-Canqui and Ruis，2018）。连年免耕容易导致土壤氮素营养在土壤表层富集，造成土壤的层化现象。因此，翻耕处理与免耕和旋耕处理相比增加了 10～30cm 土层的全氮含量与储量，秸秆还田后增加了土壤的全氮含量和储量以及肥料氮的土壤残留。在相同耕作方式下，秸秆还田处理的土壤全氮含量与储量高于秸秆移除处理；秸秆还田能有效补充土壤氮素消耗，有利于土壤氮素积累。

土壤微生物量氮是土壤氮库中最活跃的组分，是土壤中有机-无机态氮转化的

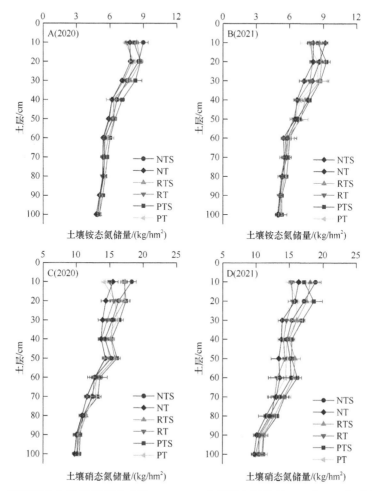

图 5-16 不同耕作与秸秆管理方式下 0～100cm 土层铵态氮储量（A 和 B）和硝态氮储量
（C 和 D）（赵继浩，2023）（彩图请扫封底二维码）

NTS，免耕小麦秸秆覆盖；NT，免耕小麦秸秆移除；RTS，旋耕小麦秸秆还田；RT，旋耕小麦秸秆移除；PTS，翻耕小麦秸秆还田；PT，翻耕小麦秸秆移除

表 5-6　不同耕作与秸秆管理方式下 0～100cm 土层铵态氮和硝态氮的累积储量（赵继浩，2023）

处理	2020 年		2021 年	
	铵态氮储量/（kg/hm²）	硝态氮储量/（kg/hm²）	铵态氮储量/（kg/hm²）	硝态氮储量/（kg/hm²）
NTS	64.50b	136.11bc	67.14ab	143.57b
NT	60.80c	127.01d	62.97c	132.77c
RTS	64.78ab	138.46ab	67.80a	145.56ab
RT	61.06c	128.52d	63.29c	132.80c
PTS	66.58a	141.39a	69.37a	149.54a
PT	62.46c	133.22c	65.22bc	137.16c

注：NTS，免耕小麦秸秆覆盖；NT，免耕小麦秸秆移除；RTS，旋耕小麦秸秆还田；RT，旋耕小麦秸秆移除；PTS，翻耕小麦秸秆还田；PT，翻耕小麦秸秆移除。不同字母表示处理间差异显著（P<0.05）

关键，能够调控土壤中氮的循环与转化（王晓娟等，2019）。秸秆的投入为土壤微生物生命活动提供了碳源、氮源，提高了土壤微生物的活性和氮素的周转，对土壤微生物量氮含量的增加具有促进作用（Mulumba and Lal，2007）。在相同秸秆管理方式下，免耕处理增加了 0～5cm 土层的微生物量氮含量，翻耕处理提高了 10～30cm 土层的微生物量氮含量。这主要是因为耕作方式引起的作物秸秆、残茬及肥料的分层分布，从而对土壤微生物的生长繁殖产生了影响，造成土壤微生物量氮含量的差异（王永慧等，2020）。

　　土壤中无机氮是可以直接被植物吸收和利用的主要氮素形态，铵态氮和硝态氮是土壤中无机氮的主要组成（王艳杰等，2005）。在相同秸秆管理方式下，不同耕作方式对 0～5cm 土层铵态氮和硝态氮含量影响的整体表现为：免耕>旋耕>翻耕；而在 10～30cm 土层，翻耕处理的铵态氮和硝态氮含量高于免耕和旋耕处理。这主要是由于土壤中的铵态氮和硝态氮主要来源于肥料氮的施用，免耕处理施用的氮肥在土壤表层富集，从而造成表层土壤中铵态氮和硝态氮含量升高；土壤经翻耕处理后改变了氮肥在土壤中的分布，使肥料氮在土壤中的位置下移，有利于深层土壤中铵态氮和硝态氮含量的增加（Zuber et al.，2015；李明等，2020）。此外，在相同耕作方式下，秸秆还田处理提高了土壤铵态氮和硝态氮含量，类似的结果已被报道（伍佳等，2019）。秸秆具有较强的吸附功能，提高了土壤的含水量，加大了土壤无机氮在土壤液相中的溶解；并且，秸秆还田还促进了土壤微生物的生长与繁殖，提高了微生物的活性，极大地增加了土壤微生物对无机氮的固持。

第四节　栽培方式对夏直播花生土壤酶活性的影响

一、不同耕作与秸秆管理方式对土壤蔗糖酶活性的影响

　　土壤蔗糖酶活性对不同耕作与秸秆管理方式的响应如图 5-17 所示。在相同秸秆管理方式下，免耕处理提高了 0～5cm 土层的蔗糖酶活性；在 2021 年生长季，NTS 处理较 RTS 和 PTS 处理分别提高了 4.90%和 9.04%。此外，在 10～30cm 土层，PTS 处理较其他处理提高了土壤蔗糖酶活性。在 2021 年生长季，PTS 处理在 10～20cm 和 20～30cm 土层的蔗糖酶活性与 NTS 处理相比分别显著提高了 24.27%和 27.18%（$P<0.05$），较 RTS 处理分别增加了 6.93%和 17.41%。在相同耕作方式下，秸秆还田处理较秸秆移除处理提高了 0～30cm 土层的蔗糖酶活性。在 2020 年生长季，NTS 处理在 0～5cm 和 5～10cm 土层的蔗糖酶活性与 NT 处理相比分别显著提高了 19.27%和 15.53%（$P<0.05$）。

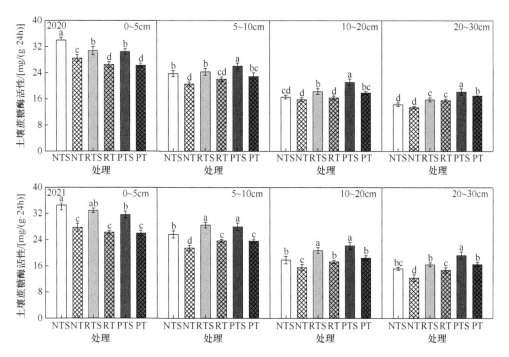

图 5-17　不同耕作与秸秆管理方式下土壤蔗糖酶活性（赵继浩，2023）

NTS，免耕小麦秸秆覆盖；NT，免耕小麦秸秆移除；RTS，旋耕小麦秸秆还田；RT，旋耕小麦秸秆移除；PTS，翻耕小麦秸秆还田；PT，翻耕小麦秸秆移除。不同字母表示处理间差异显著（$P<0.05$）

二、不同耕作与秸秆管理方式对土壤脲酶活性的影响

综合分析不同耕作与秸秆管理方式下 0～30cm 土层的脲酶活性可以发现（图 5-18），NTS 处理较其他处理提高了 0～5cm 土层的脲酶活性；在 2021 年生长季，NTS 处理与 RTS 和 PTS 处理相比分别提高了 2.85% 和 7.20%。此外，在相同秸秆管理方式下，翻耕处理在 10～30cm 土层的脲酶活性高于免耕和旋耕处理。在 2021 年生长季，PT 处理在 10～20cm 和 20～30cm 土层的脲酶活性与 NT 处理

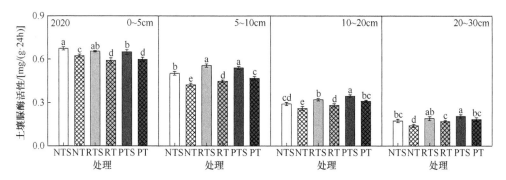

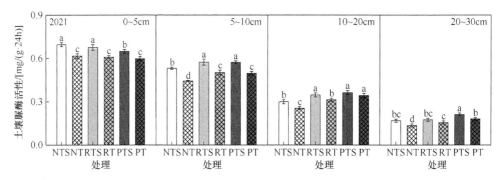

图 5-18　不同耕作与秸秆管理方式下土壤脲酶活性（赵继浩，2023）

NTS，免耕小麦秸秆覆盖；NT，免耕小麦秸秆移除；RTS，旋耕小麦秸秆还田；RT，旋耕小麦秸秆移除；PTS，翻耕小麦秸秆还田；PT，翻耕小麦秸秆移除。不同字母表示处理间差异显著（$P<0.05$）

相比分别提高了34.32%和33.68%，较 RT 处理分别增加了9.00%和15.65%。在0～10cm 土层，秸秆还田处理与秸秆移除处理相比提高了脲酶活性。在 2021 年生长季，PTS 处理在0～5cm 土层的脲酶活性较 NT、RT 和 PT 处理分别显著提高了5.34%、6.76%和8.77%，在5～10cm 土层分别显著增加了29.22%、14.15%和15.35%（$P<0.05$）。

三、不同耕作与秸秆管理方式对土壤过氧化氢酶活性的影响

图5-19显示了不同耕作与秸秆管理方式下0～30cm 土层过氧化氢酶活性的变化。在0～5cm 土层，NTS 处理较 RTS 和 PTS 处理提高了过氧化氢酶活性；NT处理与 RT 和 PT 处理相比同样也提高了0～5cm 土层的过氧化氢酶活性。因此，在相同秸秆管理方式下，免耕处理在 0～5cm 土层的过氧化氢酶活性高于旋耕和翻耕处理。此外，在 5～30cm 土层，PTS 处理较其他处理提高了过氧化氢酶活性。在 2021 年生长季，PTS 处理在 5～10cm、10～20cm 和 20～30cm 土层的过氧化氢酶活性与 RTS 处理相比分别提高了1.34%、2.97%和7.63%。NTS 与 NT、RTS与 RT 及 PTS 与 PT 之间的比较表明，在相同耕作方式下，秸秆还田处理提

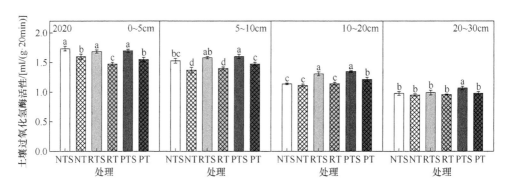

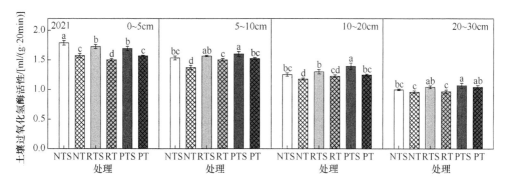

图 5-19　不同耕作与秸秆管理方式下土壤过氧化氢酶活性（赵继浩，2023）

NTS，免耕小麦秸秆覆盖；NT，免耕小麦秸秆移除；RTS，旋耕小麦秸秆还田；RT，旋耕小麦秸秆移除；PTS，翻耕小麦秸秆还田；PT，翻耕小麦秸秆移除。不同字母表示处理间差异显著（$P<0.05$）

高了在 0～30cm 土层的过氧化氢酶活性。在 2021 年生长季，与 NT 处理相比，NTS 处理在 0～5cm、5～10cm、10～20cm 和 20～30cm 土层的过氧化氢酶活性分别提高了 14.49%、11.89%、6.43% 和 4.33%。

四、不同耕作与秸秆管理方式对土壤纤维素酶活性的影响

通过对不同耕作与秸秆管理方式下 0～30cm 土层纤维素酶活性的分析发现（图 5-20），土壤纤维素酶活性随着土层深度的加深呈现降低的趋势。在 0～5cm 土层，NTS 处理较其他处理提高了纤维素酶活性。在 2021 年生长季，NTS 处理在 0～5cm 土层的纤维素酶活性与 RTS 和 PTS 处理相比分别显著提高了 9.77% 和 16.55%（$P<0.05$）。在 10～30cm 土层，PTS 处理与其他处理相比提高了纤维素酶活性。在 2021 年生长季，PTS 处理在 10～20cm 和 20～30cm 土层的纤维素酶活性较 NTS 处理分别显著提高了 53.28% 和 35.92%，较 RTS 处理分别显著增加了 19.20% 和 33.62%（$P<0.05$）。在 0～10cm 土层，秸秆还田处理较秸秆移除处理提高了纤维素酶活性。在 2020 年生长季，NTS 处理在 0～5cm 土层的纤维素酶活性

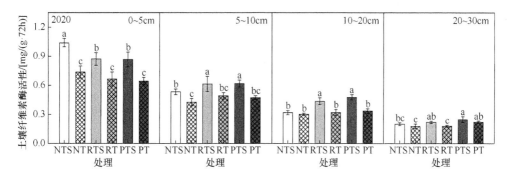

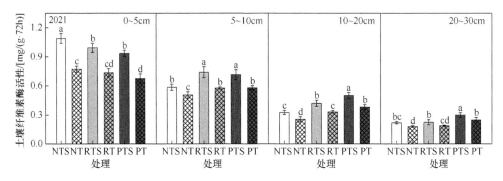

图 5-20   不同耕作与秸秆管理方式下土壤纤维素酶活性（赵继浩，2023）

NTS，免耕小麦秸秆覆盖；NT，免耕小麦秸秆移除；RTS，旋耕小麦秸秆还田；RT，旋耕小麦秸秆移除；PTS，翻耕小麦秸秆还田；PT，翻耕小麦秸秆移除。不同字母表示处理间差异显著（$P<0.05$）

较 NT、RT 和 PT 处理分别显著增加了 41.42%、56.64%和 61.83%（$P<0.05$），在5～10cm 土层分别提高了 25.28%、8.38%和 12.67%。

　　土壤酶主要来源于植物的根系分泌物、动植物残体分解的产物以及微生物活动的代谢产物等，极易受环境因素的影响，能够对土壤环境的变化做出迅速反应（Xu et al.，2017）。蔗糖酶、脲酶、过氧化氢酶及纤维素酶是常见的土壤酶，在土壤碳氮营养循环和有害自由基的分解等方面发挥了重要作用（Murugan et al.，2019）。在相同秸秆管理方式下，免耕处理提高了 0～5cm 土层的蔗糖酶、脲酶、过氧化氢酶及纤维素酶活性，翻耕处理提高了 10～30cm 土层的蔗糖酶、脲酶、过氧化氢酶及纤维素酶活性。这主要是因为免耕处理下动植物残体和肥料集中在土壤表层，促进了表层土壤中微生物的生长与繁殖，从而有利于表层土壤中酶活性的提高；而翻耕能够有效改善深层土壤的结构，有利于深层土壤中作物根系的下扎和根系分泌物的分泌，提高了土壤微生物活性，因此有利于深层土壤中酶活性的提高（冀保毅等，2016；马立晓等，2021）。此外，作物秸秆中含有大量的有机质和其他营养元素，秸秆还田后不仅为土壤酶提供了丰富的底物，还为微生物生命活动提供了大量的碳氮营养，从而刺激了土壤酶活性的提高（Zhu et al.，2019）。在相同耕作方式下，秸秆还田处理提高了土壤的蔗糖酶、脲酶、过氧化氢酶及纤维素酶活性。

参 考 文 献

高洪军, 彭畅, 张秀芝, 等. 2020. 秸秆还田量对黑土区土壤及团聚体有机碳变化特征和固碳效率的影响. 中国农业科学, 53(22): 4613-4622.

冀保毅, 赵亚丽, 穆心愿, 等. 2016. 深耕和秸秆还田对土壤酶活性的影响. 河北农业科学, 20(1): 46-51.

李昊昱. 2019. 秸秆还田模式对土壤质量及冬小麦-夏玉米产量的影响. 泰安: 山东农业大学.

李明, 李朝苏, 刘淼, 等. 2020. 耕作播种方式对稻茬小麦根系发育、土壤水分和硝态氮含量的影响. 应用生态学报, 31(5): 1425-1434.

李瑞平, 谭化, 谢瑞芝, 等. 2021. 东北玉米耕作制度存在的主要问题与新型耕作制度展望. 玉米科学, 29(6): 105-111.

李烜桢, 骆永明, 侯德义. 2022. 土壤健康评估指标、框架及程序研究进展. 土壤学报, 59(3): 617-624.

李奕赞, 张江周, 贾吉玉, 等. 2022. 农田土壤生态系统多功能性研究进展. 土壤学报, 59(5): 1177-1189.

刘振. 2019. 耕作与秸秆还田方式对农田土壤碳来源与作物光合碳截获的影响. 泰安: 山东农业大学.

马立晓, 李婧, 邹智超, 等. 2021. 免耕和秸秆还田对我国土壤碳循环酶活性影响的荟萃分析. 中国农业科学, 54(9): 1913-1925.

邱琛, 韩晓增, 陆欣春, 等. 2020. 东北黑土区玉米秸秆还田对土壤肥力及作物产量的影响. 土壤与作物, 9(3): 277-286.

汪洋, 杨殿林, 王丽丽, 等. 2020. 农田管理措施对土壤有机碳周转及微生物的影响. 农业资源与环境学报, 37(3): 340-352.

王峻, 薛永, 潘剑君, 等. 2018. 耕作和秸秆还田对土壤团聚体有机碳及其作物产量的影响. 水土保持学报, 32(5): 121-127.

王朔林, 王改兰, 赵旭, 等. 2015. 长期施肥对栗褐土有机碳含量及其组分的影响. 植物营养与肥料学报, 21: 104-111.

王晓娟, 何海军, 连晓荣, 等. 2019. 整合分析不同施肥运筹下中国农田土壤微生物量的变化特征. 土壤与作物, 8(2): 119-128.

王艳杰, 邹国元, 付桦, 等. 2005. 土壤氮素矿化研究进展. 中国农学通报, (10): 203-208.

王永慧, 轩清霞, 王丽丽, 等. 2020. 不同耕作方式对土壤有机碳矿化及酶活性影响研究. 土壤通报, 51(4): 876-884.

伍佳, 王忍, 吕广动, 等. 2019. 不同秸秆还田方式对水稻产量及土壤养分的影响. 华北农学报, 34(6): 177-183.

尤锦伟, 王俊, 胡红青, 等. 2020. 秸秆还田对再生稻田土壤有机碳组分的影响. 植物营养与肥料学报, 26(8): 1451-1458.

翟明振, 胡恒宇, 宁堂原, 等. 2020. 盐碱地玉米产量及土壤硝态氮对深松耕作和秸秆还田的响应. 植物营养与肥料学报, (1), 64-73.

张斌, 张福韬, 陈曦, 等. 2022. 土壤有机质周转过程及其矿物和团聚体物理调控机制. 土壤与作物, 11(3): 235-247.

张明红, 杨晖, 谭忠. 2019. 鲁南地区夏直播花生的生育特点及节本增效栽培技术. 农业科技通讯, 568(4): 278-280.

张鹏鹏, 刘彦杰, 濮晓珍, 等. 2016. 秸秆管理和施肥方式对绿洲棉田土壤有机碳库的影响. 应用生态学报, 27(11): 3529-3538.

赵继浩. 2023. 耕作与秸秆管理方式对夏花生田土壤性状、温室气体排放以及产量的影响. 泰安: 山东农业大学.

郑凤君, 王雪, 李景, 等. 2020. 免耕条件下施用有机肥对冬小麦土壤酶及活性有机碳的影响. 中国农业科学, 53(6): 1202-1213.

Blanco-Canqui H. 2013. Crop residue removal for bioenergy reduces soil carbon pools: how can we offset carbon losses. BioEnergy Research, 6: 358-371.

Blanco-Canqui H, Ruis S J. 2018. No-tillage and soil physical environment. Geoderma, 326: 164-200.

Bongiorno G, Bünemann E K, Oguejiofor C U, et al. 2018. Sensitivity of labile carbon fractions to tillage and organic matter management and their potential as comprehensive soil quality indicators across pedoclimatic conditions in Europe. Ecological Indicators, 99: 35-50.

Fonte S J, Quintero D C, Velásquez E, et al. 2012. Interactive effects of plants and earthworms on the physical stabilization of soil organic matter in aggregates. Plant and Soil, 359: 205-214.

Lal R. 2016. Soil health and carbon management. Food Security, 5: 212-222.

Li Y, Li Z, Cui S, et al. 2021. Microbial-derived carbon components are critical for enhancing soil organic carbon in no-tillage croplands: A global perspective. Soil and Tillage Research, 205: 104758.

Liang G P, Wu H J, Houssou A A, et al. 2018. Soil respiration, glomalin content, and enzymatic activity response to straw application in a wheat-maize rotation system. Journal of Soils and Sediments, 18: 697-707.

Macbean N, Peylin P. 2014. Agriculture and the global carbon cycle. Nature, 515: 351-352.

Miriam M R. 2018. Soil quality indicators: critical tools in ecosystem restoration. Current Opinion in Environmental Science and Health, 5: 47-52.

Mulumba L N, Lal R. 2007. Mulching effects on selected soil physical properties. Soil and Tillage Research, 98 (1): 106-111.

Murugan R, Parama V R R, Madan B, et al. 2019. Short-term effect of nitrogen intensification on aggregate size distribution, microbial biomass and enzyme activities in a semi-arid soil under different crop types. Pedosphere, 29(4): 483-491.

Mustafa A, Hu X, Abrar M M, et al. 2021. Long-term fertilization enhanced carbon mineralization and maize biomass through physical protection of organic carbon in fractions under continuous maize cropping. Applied Soil Ecology, 165: 103971.

Ning T Y, Han B, Jiang N Y, et al. 2009. Effects of conservation tillage on soil porosity in maize-wheat cropping system. Plant, Soil and Environment, 55: 327-333.

Sainju U M, Lenssen A, Caesar-Tonthat T, et al. 2006. Tillage and crop rotation effects on dry land soil and residue carbon and nitrogen. Soil Science Society of America Journal, 70: 668-678.

Sarker J R, Singh B P, Cowie A L, et al. 2018. Agricultural management practices impacted carbon and nutrient concentrations in soil aggregates, with minimal influence on aggregate stability and total carbon and nutrient stocks in contrasting soils. Soil and Tillage Research, 178: 209-223.

Song K, Yang J J, Xue Y, et al. 2016. Influence of tillage practices and straw return on soil aggregates, organic carbon, and crop yields in a rice-wheat rotation system. Scientific Reports, 6: 36602.

Spohn M, Giani L. 2010. Water-stable aggregates, glomalin-related soil protein, and carbohydrates in a chronosequence of sandy hydromorphic soils. Soil Biology and Biochemistry, 42(9): 1505-1511.

Sun L, Li J, Wang Q, et al. 2020. The effects of eight years of conservation tillage on the soil physicochemical properties and bacterial communities in a rain-fed agroecosystem of the loess plateau, China. Land Degradation and Development, 31(16): 2475-2489.

Verhulst N, Kienle F, Sayre K D, et al. 2011. Soil quality as affected by tillage-residue management in a wheat-maize irrigated bed planting system. Plant and Soil, 340: 453-466.

Weisskopf P, Zihlmann U, Wiermann C, et al. 2000. Influences of conventional and onland ploughing on soil structure. Advances in GeoEcology, (32): 73-81.

West T O, Marland G. 2002. A synthesis of carbon sequestration, carbon emissions, and net carbon flux in agriculture: comparing tillage practices in the United States. Agriculture, Ecosystems and Environment, 91: 217-232.

Xu Z W, Yu G R, Zhang X Y, et al. 2017. Soil enzyme activity and stoichiometry in forest ecosystems along the North-South Transect in eastern China (NSTEC). Soil Biology and Biochemistry, 104: 152-163.

Yin B Z, Hu Z H, Wang Y D, et al. 2021. Effects of optimized subsoiling tillage on field water conservation and summer maize (*Zea mays* L.) yield in the North China Plain. Agricultural Water Management, 247: 106732.

Zhao J, Liu Z, Lai H, Yang, D., & Li, X. 2022. Optimizing residue and tillage management practices to improve soil carbon sequestration in a wheat–peanut rotation system. Journal of Environmental Management, 306, 114468.

Zhu J, Peng H, Ji X H, et al. 2019. Effects of reduced inorganic fertilization and rice straw recovery on soil enzyme activities and bacterial community in double-rice paddy soils. European Journal of Soil Biology, 94: 103-116.

Zink A, Fleige H, Horn R. 2011. Verification of harmful subsoil compaction in loess soils. Soil and Tillage Research, 114: 127-134.

Zuber S M, Behnke G D, Nafziger E D, et al. 2015. Crop rotation and tillage effects on soil physical and chemical properties in Illinois. Agronomy Journal, 107(3): 971-978.

第六章 栽培方式对夏直播花生根瘤固氮特性及土壤微生物的影响

　　花生作为豆科作物，其氮素吸收来源与禾本科作物有很大不同；豆科作物的根系可以与土壤中的根瘤菌建立共生关系，形成高效的"固氮工厂"根瘤，根瘤固氮是豆科作物获取氮素最经济有效的途径（刘颖等，2022）。根瘤菌侵染植物根系后形成根瘤共生体，然后在根瘤固氮酶的催化作用下，将空气中的氮气转化为氨供给植物利用（迟静娴等，2022）。豆血红蛋白是豆科作物根瘤中最丰富的一类蛋白质，是根瘤中调节氧气浓度的"开关"，根瘤细胞内高浓度的豆血红蛋白创造了一个相对低氧的环境，对固氮酶起到保护作用；同时，豆血红蛋白又能够传递低浓度、高通量的氧气到线粒体及类菌体，以维持活跃的细胞呼吸（Wang et al.，2019）。^{15}N 同位素稀释法是定量测定根瘤固氮比例和固氮量的常用方法。^{15}N 同位素稀释法的优点主要在于：准确性强、可靠性高，能够在大田环境下直接应用，并且能够对整个生长季的根瘤固氮情况进行定量分析（李润富等，2022）。

　　豆血红蛋白含量、根瘤固氮酶活性及根瘤固氮量是衡量豆科作物根瘤固氮能力的重要参数（郑永美等，2019）。研究表明，免耕处理促进了植物的生长发育，有利于根瘤固氮能力的提高（Okoth et al.，2014）。但是，另有研究表明，免耕增加了土壤容重，降低了透气性，不利于根瘤固氮酶活性的提升；翻耕处理提高了根瘤固氮酶活性，增加了根瘤固氮量（Dhiman and Dubey，2017）。因此，不同耕作方式对根瘤固氮能力的影响仍然存在争议。秸秆还田不仅能够改善土壤结构，提升土壤肥力，还影响了豆科作物根瘤的形成以及根瘤固氮能力的提高。据研究发现，秸秆还田提高了土壤根瘤菌群的活性，促进了花生根瘤固氮酶活性和根瘤固氮量的提高（陈坤，2022）。此外，据研究报道，秸秆还田增加了大豆根瘤的数量、干重及固氮酶的活性（Fan et al.，2022；Wu et al.，2022）。

　　根际是指根表附近几毫米范围内土壤—根系—微生物相互作用的微区域；根际富集了大量各种各样的微生物，这些微生物作为一个整体统称为根际土壤微生物群落（Philippot et al.，2013）。根际土壤微生物群落主要由细菌和真菌两部分组成，是农业生态系统中最具有生命活力的组成部分，参与动植物残体的分解、土壤团粒结构的形成、土壤酶活性的提高以及土壤养分的有效性和稳定性等（Essel et al.，2019；Yang et al.，2021）。此外，根际土壤微生物群落还能够通过影响作物对养分的吸收、植物免疫系统诱导的系统抗性和非生物胁迫耐受性等影响植物的健康与生产力的提高（刘子涵等，2021）。根际土壤微生物与植物之间还存在着共生关系，豆科作物的根系被土壤中的根瘤菌侵染形成共生体根瘤，能够进行共生固氮，促进了农业的可持续发展（迟静娴等，2022）。土壤微生物群落的丰富度、多样性以及组成是评估微生物群落质量的重要参数，微生物群落的丰富度和多样性与农业生态系统的结构、功能和稳定性密切相关，并且对环境条件的变化非常敏感。

农业管理措施通过对土壤环境的改变直接影响根际土壤微生物群落的丰富度、多样性以及结构组成（Munoz-Ucros et al.，2021）。常用物种丰富度 Chao1 指数和样本覆盖率 Ace 指数来表征微生物群落的丰富度，香农–维纳多样性指数（Shannon-Wiener's diversity index）和辛普森指数（Simpson's diversity index）来评估微生物群落的多样性。免耕减少了土壤的蒸发，保存了土壤的大孔隙，有利于土壤细菌和真菌的生长与繁殖（Sun et al.，2022），通过荟萃分析得到，免耕增加了细菌群落的多样性，对真菌多样性没有显著影响（Li et al.，2020）。与免耕相比，翻耕提高了细菌群落的香农–维纳多样性指数（Pastorelli et al.，2013）。翻耕与旋耕相比根际土壤真菌群落的 Chao1 指数与香农–维纳多样性指数分别提高了 8.27% 和 8.23%，辛普森多样性指数降低了 31.08%。因此，不同耕作方式对土壤微生物群落的影响目前仍没有一致的结论，这可能与当地的土壤类型和气候条件等有关。众所周知，秸秆还田是影响土壤微生物群落的重要措施。秸秆还田能为土壤微生物提供大量的新鲜碳源、氮源，改善了土壤团粒结构，并且提升了土壤养分的有效性，有利于土壤细菌和真菌群落丰富度和多样性的提高（Zhao et al.，2022）。但是，秸秆还田降低了土壤真菌群落的 Chao1 指数和 Ace 指数。此外，水稻秸秆还田提高了细菌群落的 Chao1 指数和香农–维纳多样性指数，小麦秸秆还田提高了真菌群落的 Chao1 指数和香农–维纳多样性指数。因此，秸秆的类型可能也会造成其还田条件下微生物群落丰富度和多样性的差异。

第一节　栽培方式对夏直播花生根瘤固氮酶活性的影响

在相同秸秆管理方式下，翻耕处理较免耕和旋耕处理提高了结荚期、饱果期及成熟期的豆血红蛋白含量和根瘤固氮酶活性（图 6-1）；与 NTS 和 RTS 处理相比，PTS 处理结荚期的根瘤固氮酶活性分别提高了 2.74% 和 6.23%。与秸秆移除处理相比，秸秆还田处理提高了各个时期的豆血红蛋白含量和根瘤固氮酶活性。与 NT、RT 和 PT 处理相比，NTS 处理结荚期的豆血红蛋白含量分别增加了 29.40%、26.83% 和 14.40%。

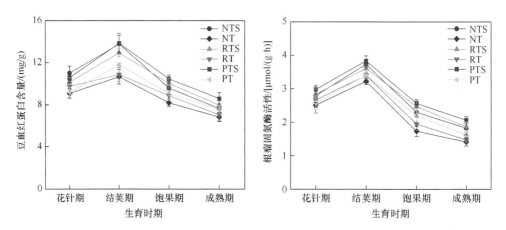

图 6-1 不同耕作与秸秆管理方式下花生豆血红蛋白含量和根瘤固氮酶活性
（赵继浩，2023）（彩图请扫封底二维码）

NTS，免耕小麦秸秆覆盖；NT，免耕小麦秸秆移除；RTS，旋耕小麦秸秆还田；RT，旋耕小麦秸秆移除；
PTS，翻耕小麦秸秆还田；PT，翻耕小麦秸秆移除

第二节 栽培方式对夏直播花生根瘤固氮量的影响

花生根瘤固氮量和固氮比例对不同耕作与秸秆管理方式的响应如图6-2所示。
与秸秆移除处理相比，秸秆还田处理提高了花生的根瘤固氮量与固氮比例。与 NT、
RT 和 PT 处理相比，NTS 处理的根瘤固氮量分别显著提高了 23.85%、20.80%和
14.52%，根瘤固氮比例分别显著增加了 6.32%、6.03%和 4.08%（$P<0.05$）。在相同
秸秆管理方式下，翻耕处理增加了花生的根瘤固氮量和固氮比例。与 NTS 和 RTS

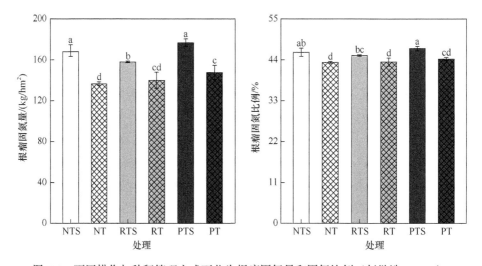

图 6-2 不同耕作与秸秆管理方式下花生根瘤固氮量和固氮比例（赵继浩，2023）

处理相比，PTS 处理的根瘤固氮量分别提高了 4.48% 和 11.86%，根瘤固氮比例分别增加了 2.17% 和 4.13%。

根瘤固氮是豆科作物获取氮素的主要途径，豆血红蛋白与根瘤固氮酶参与根瘤固氮过程，对根瘤固氮能力的提高具有显著作用（Stefan et al., 2018）。土壤含水量、温度、pH、透气性、紧实度及养分含量等都会对根瘤固氮过程产生影响。农业管理措施通过调控土壤理化性质和土壤微生物群落，进而影响花生的根瘤固氮以及养分的吸收能力。本研究结果表明，在相同秸秆管理方式下，翻耕处理提高了豆血红蛋白含量、根瘤固氮酶活性以及根瘤固氮量；这可能与翻耕处理增加了土壤总孔隙度，改善了土壤团粒结构有关。据前人研究报道，根瘤菌属于好氧菌，土壤的容重越大，孔隙度越少，通气性就越差，豆科作物的结瘤能力也就越弱（Siczek and Lipiec，2011）；通气性好的土壤条件有利于作物根系进行有氧呼吸，促进根瘤的形成和固氮酶活性的提高（秀洪学等，2012；Che et al.，2018）。土壤中气体的运动主要发生在团聚体内，团聚体形成的土壤孔隙结构调节着氧气的扩散以及二氧化碳的输送（张维俊等，2019）。秸秆还田不仅可以改善土壤结构，促进土壤团聚体形成，增加大粒径团聚体的质量比例；而且还为土壤微生物提供了大量的新鲜碳源，碳源是驱动土壤根瘤菌生长和繁殖以及活性提高的重要因素，进而促进根瘤固氮能力的提高（Zhao et al.，2022）。本研究也得了相似的研究结果，秸秆还田处理提高了花生豆血红蛋白含量、根瘤固氮酶活性以及根瘤固氮量。

第三节 栽培方式对夏直播花生土壤细菌群落的影响

一、不同耕作与秸秆管理方式对细菌群落 α 多样性的影响

不同耕作与秸秆管理方式对根际土壤细菌群落 α 多样性的影响如图 6-3 所示。与秸秆移除处理相比，秸秆还田处理提高了细菌群落的 Chao1 指数；与 NT、RT 和 PT 处理相比，PTS 处理细菌群落的 Chao1 指数分别提高了 5.12%、4.78% 和 2.08%。在相同秸秆管理方式下，翻耕处理较免耕和旋耕处理提高了细菌群落的 Chao1 指数；PT 处理细菌群落的 Chao1 指数较 NT 和 RT 处理分别提高了 2.97% 和 2.64%。此外，秸秆还田处理较秸秆移除处理还提高了细菌群落的香农–维纳多样性指数，与 NT、RT 和 PT 处理相比，PTS 处理细菌群落的香农–维纳多样性指数分别提高了 4.07%、3.20% 和 2.49%。因此，秸秆还田处理有利于根际土壤细菌群落丰富度和多样性的提高。

二、不同耕作与秸秆管理方式对细菌群落组成的影响

通过对各处理根际土壤样品进行分析，共注释到 26 个不同的细菌门类，其中

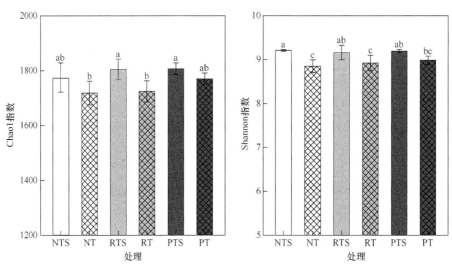

图 6-3　不同耕作与秸秆管理方式下细菌群落的 α 多样性

NTS，免耕小麦秸秆覆盖；NT，免耕小麦秸秆移除；RTS，旋耕小麦秸秆还田；RT，旋耕小麦秸秆移除；
PTS，翻耕小麦秸秆还田；PT，翻耕小麦秸秆移除。不同字母表示处理间差异显著（$P<0.05$）

将 9 个相对丰度>1%细菌门类定义为优势菌门，并将剩余的细菌门类相加定义为其他（others）（图 6-4）。在本研究中，酸杆菌门（Acidobacteria）、放线菌门（Actinobacteria）、拟杆菌门（Bacteroidetes）、芽单胞菌门（Gemmatimonadetes）、硝化螺旋菌门（Nitrospirae）、髌骨菌门（Patescibacteria）、浮霉菌门（Planctomycetes）、变形菌门（Proteobacteria）和疣微菌门（Verrucomicrobia）为优势菌门。其中，变形菌门（Proteobacteria）在各处理中的相对丰度为 35.81%～43.33%，是相对丰度最高的细菌门；其次是酸杆菌门（Acidobacteria），相对丰度为 9.20%～18.13%。在细菌群落属水平上，共注释到相对丰度>1%的 10 个自然界中有命名的已知优势菌属和 2 个未命名的优势菌属，分别为乌达杆菌属（*Candidatus-Udaeobacter*）、东秀珠氏菌属（*Dongia*）、黄色土源菌属（*Flavisolibacter*）、嗜盐囊菌（*Haliangium*）、假单胞菌属（*MND1*）、中慢生根瘤菌属（*Mesorhizobium*）、丝杆菌属（*Niastella*）、硝化螺旋菌属（*Nitrospira*）、假单胞菌属（*Pseudolabrys*）、爆裂球菌属（*RB41*）、鞘氨醇单胞菌属（*Sphingomonas*）和土单胞菌属（*Terrimonas*）。

如图 6-5 所示，在细菌群落门水平上，秸秆还田处理提高了变形菌门的相对丰度，但各处理间没有显著性差异。此外，在相同耕作方式下，秸秆还田处理还增加了拟杆菌门（Bacteroidetes）和硝化螺旋菌门（Nitrospirae）的相对丰度，降低了酸杆菌门（Acidobacteria）和放线菌门（Actinobacteria）的相对丰度。在相同秸秆管理方式下，免耕处理增加了变形菌门（Proteobacteria）和硝化螺旋菌门（Nitrospirae）的相对丰度；翻耕处理提高了拟杆菌门（Bacteroidetes）和芽单胞菌门（Gemmatimonadetes）的相对丰度。在细菌群落属水平上，秸秆还田处理增加了中慢生根瘤菌属（*Mesorhizobium*）和硝化螺旋菌属（*Nitrospira*）的相对丰度。在相同耕作方式下，秸秆还田处理还提高了鞘氨醇单胞菌属（*Sphingomonas*）的相对丰度；但是降低了 RB41 的相对丰度。在相同秸秆管理方式下，翻耕处理增加了鞘氨醇单胞菌属（Sphingomonas）的相对丰度；免耕处理提高了硝化螺旋菌属（Nitrospira）的相对丰度。

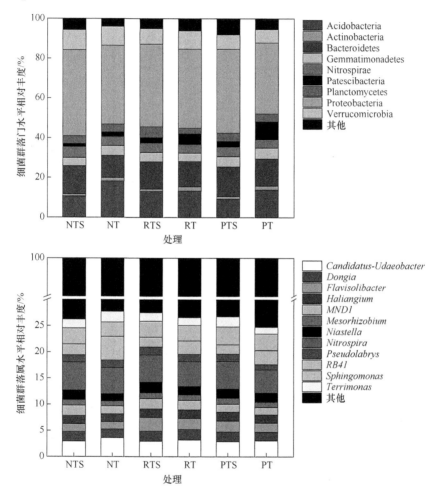

图 6-4　不同耕作与秸秆管理方式下细菌群落组成（彩图请扫封底二维码）

NTS，免耕小麦秸秆覆盖；NT，免耕小麦秸秆移除；RTS，旋耕小麦秸秆还田；RT，旋耕小麦秸秆移除；
PTS，翻耕小麦秸秆还田；PT，翻耕小麦秸秆移除

　　根际土壤微生物在土壤养分循环、物质转化和能量流动中发挥着重要的作用，是土壤中最活跃的组分（Gajda et al.，2018）。土壤类型、养分含量、透气性、pH、含水量等都会对根际土壤微生物群落产生影响。农业管理措施通过调控土壤结构和土壤肥力，进而影响根际土壤微生物群落。细菌是土壤微生物群落中最主要的

组成部分，通常占土壤微生物总量的 70%～90%，并且大多数为异养菌，主要靠土壤有机物为生命活动提供能源（Xun et al.，2018）。耕作与秸秆管理方式影响了根际土壤细菌群落的丰富度、多样性及组成。秸秆还田处理提高了细菌群落的 Chao1 指数和香农–维纳多样性指数。其原因可能是，秸秆还田后不仅为细菌的生命活动提供了大量的能源物质，而且还改善了土壤的团粒结构，提高了土壤孔隙度，从而有利于细菌群落丰富度（Chao1 指数）和多样性（香农–维纳多样性指数）的提高

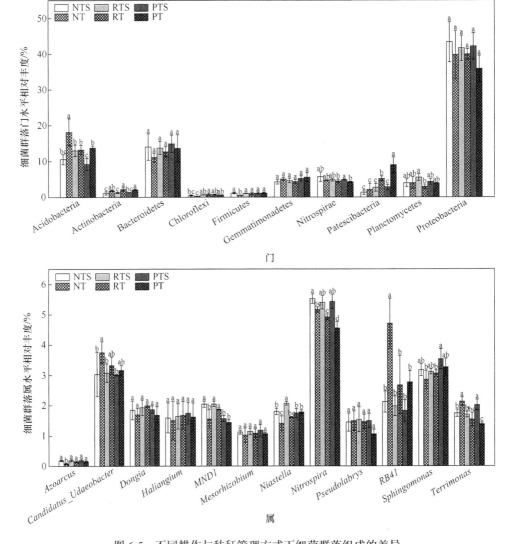

图 6-5 不同耕作与秸秆管理方式下细菌群落组成的差异

NTS，免耕小麦秸秆覆盖；NT，免耕小麦秸秆移除；RTS，旋耕小麦秸秆还田；RT，旋耕小麦秸秆移除；PTS，翻耕小麦秸秆还田；PT，翻耕小麦秸秆移除。不同字母表示处理间差异显著（$P<0.05$）

（惠珊，2019）。此外，在相同秸秆管理方式下，翻耕处理提高了细菌群落的Chao1指数，即提高了细菌群落的丰富度。这主要是因为翻耕处理降低了土壤容重，在一定程度上促进了作物根系的下扎与生长；而作物根系分泌的黏胶、胞外酶以及氨基酸等分泌物可以为土壤细菌生长提供丰富的能量来源，从而提高土壤细菌群落的丰富度（Zhao et al.，2022）。

　　耕作与秸秆管理方式影响了根际土壤细菌群落的组成。在各处理中变形菌门（Proteobacteria）的相对丰度最高（35.81%~43.33%），其次是酸杆菌门（Acidobacteria），相对丰度为9.20%~18.13%；变形菌门是细菌群落中最大、种类最多的一个门。在本研究中，翻耕处理提高了芽单胞菌门的相对丰度；芽单胞菌门是好氧菌，孔隙度较高的土壤环境会促进其生长（王淑兰，2020）。在相同秸秆管理方式下，免耕处理增加了硝化螺旋菌门（Nitrospirae）的相对丰度，这可能与免耕处理下表层土壤氮的富集有关（Wang et al.，2020）。硝化螺旋菌门是一种革兰氏阴性菌，在硝化作用中发挥了重要作用（Leung et al.，2022）。秸秆还田处理增加了变形菌门和拟杆菌门（Bacteroidetes）的相对丰度，降低了酸杆菌门（Acidobacteria）和放线菌门（Actinobacteria）的相对丰度。变形菌门和拟杆菌门属于富营养型微生物（copiotroph），能够在营养丰富的条件下快速繁殖，尤其是在碳源丰富的土壤环境中（Fierer et al.，2009）；而酸杆菌门属于寡营养型微生物（oligotrophs），在养分含量较低的土壤环境中更有利于其生长（王光华等，2016）。这说明了秸秆还田处理改善了土壤结构，提高了土壤的碳氮营养。在细菌属水平上，秸秆还田处理增加了中慢生根瘤菌属（*Mesorhizobium*）和硝化螺旋菌属（*Nitrospira*）的相对丰度。中慢生根瘤菌属具有生物固氮能力，可以与禾本科作物的根系共生形成根瘤，因此秸秆还田处理有利于根瘤的形成（王利民等，2023）。硝化螺旋菌属作为硝化细菌，可以将亚硝酸盐氧化成硝酸盐，参与硝化作用的第二阶段（Luo et al.，2017）。秸秆还田处理提高了硝化螺旋菌属的相对丰度，说明秸秆还田处理可以提高土壤的硝化作用。

第四节　栽培方式对夏直播花生真菌群落的影响

一、不同耕作与秸秆管理方式对真菌群落 α 多样性的影响

　　不同耕作与秸秆管理方式对根际土壤真菌群落α多样性的影响如图6-6所示。与秸秆移除处理相比，秸秆还田处理提高了真菌群落的Chao1指数；与NT、RT和PT处理相比，NTS处理真菌群落的Chao1指数分别显著提高了23.21%、22.28%和19.46%（$P<0.05$）。在相同秸秆管理方式下，与旋耕处理相比，翻耕处理提高了真菌群落的Chao1指数。此外，秸秆还田处理真菌群落的香农–维纳多样性指数高于

秸秆移除处理；因此，秸秆还田处理促进了根际土壤真菌群落丰富度和多样性的提高。NTS 处理真菌群落的 Chao1 指数和香农–维纳多样性指数高于其他处理，与 RTS 处理相比分别提高了 8.45%和 3.67%，与 PTS 处理相比分别提高了 3.72%和 7.37%。

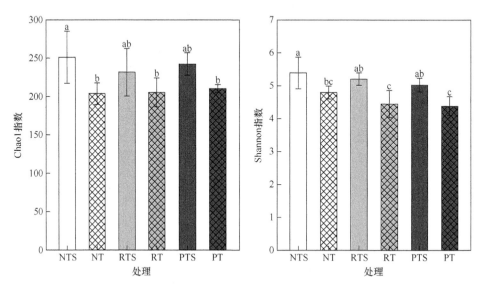

图 6-6　不同耕作与秸秆管理方式下真菌群落的 α 多样性

NTS，免耕小麦秸秆覆盖；NT，免耕小麦秸秆移除；RTS，旋耕小麦秸秆还田；RT，旋耕小麦秸秆移除；PTS，翻耕小麦秸秆还田；PT，翻耕小麦秸秆移除。不同字母表示处理间差异显著（$P<0.05$）

二、不同耕作与秸秆管理方式对真菌群落组成的影响

通过对各处理根际土壤样品的分析（图 6-7），共注释到 5 个相对丰度>1%的真菌门类，分别为子囊菌门（Ascomycota）、担子菌门（Basidiomycota）、壶菌门（Chytridiomycota）、球囊菌门（Glomeromycota）和被孢菌门（Mortierellomycota）。其中，子囊菌门在各处理中的相对丰度为 48.03%～52.63%，是相对丰度最高的真菌门类。担子菌门（Basidiomycota）是在各处理中普遍存在的一个真菌门类，其在各处理中的相对丰度为 18.70%～22.76%。在真菌群落属水平上，共注释到 9 个相对丰度>1%的优势菌属，分别为角菌根菌属（*Ceratobasidium*）、枝孢菌属（*Cladosporium*）、*Claroideoglomus*、锥盖伞属（*Conocybe*）、镰刀霉菌属（*Fusarium*）、被孢霉菌属（*Mortierella*）、*Plectosphaerella*、根孢囊霉属（*Rhizophagus*）和黄丝曲霉属（*Talaromyces*）。

如图 6-8 所示，在真菌群落门水平上，秸秆还田处理提高了子囊菌门（Ascomycota）的相对丰度。此外，在相同耕作方式下，秸秆还田处理还增加了担子菌门（Basidiomycota）和球囊菌门（Glomeromycota）的相对丰度，降低了壶菌门

（Chytridiomycota）的相对丰度。在相同秸秆管理方式下，免耕处理增加了子囊菌门（Ascomycota）和被孢菌门（Mortierellomycota）的相对丰度；翻耕处理提高了球囊菌门（Glomeromycota）的相对丰度。在真菌群落属水平上，在相同耕作方式下，秸秆还田处理较秸秆移除处理提高了枝孢菌属（Cladosporium）、被孢霉菌属（Mortierella）和根孢囊霉属（Rhizophagus）的相对丰度；降低了角菌根菌属（Ceratobasidium）和 Psilocybe 的相对丰度。在相同秸秆管理方式下，翻耕处理增加了根孢囊霉属（Rhizophagus）的相对丰度。

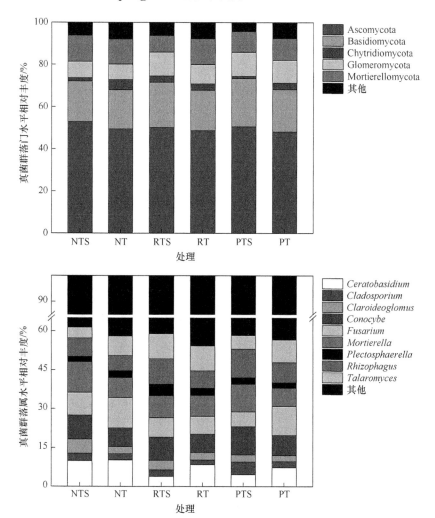

图 6-7　不同耕作与秸秆管理方式下真菌群落组成（彩图请扫封底二维码）

NTS，免耕小麦秸秆覆盖；NT，免耕小麦秸秆移除；RTS，旋耕小麦秸秆还田；RT，旋耕小麦秸秆移除；
PTS，翻耕小麦秸秆还田；PT，翻耕小麦秸秆移除

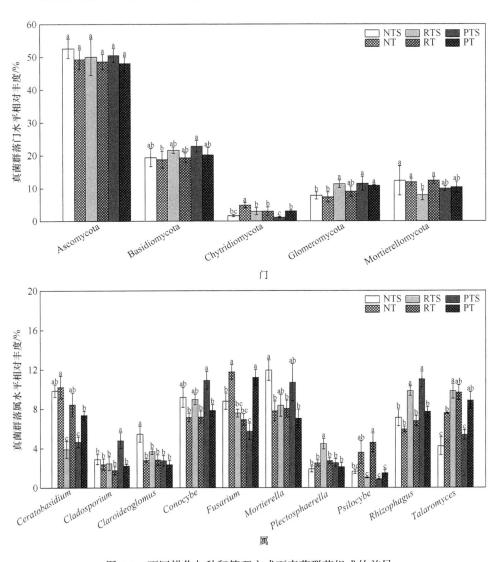

图 6-8 不同耕作与秸秆管理方式下真菌群落组成的差异

NTS，免耕小麦秸秆覆盖；NT，免耕小麦秸秆移除；RTS，旋耕小麦秸秆还田；RT，旋耕小麦秸秆移除；
PTS，翻耕小麦秸秆还田；PT，翻耕小麦秸秆移除。不同字母表示处理间差异显著（$P<0.05$）

  NTS 处理提高了真菌群落的 Chao1 指数和香农–维纳多样性指数。一方面，真菌以菌丝的形式生长，对物理干扰非常敏感。免耕秸秆覆盖减少了对土壤的机械扰动，从而稳定了真菌的繁殖需要，更有利于捕获和运输营养物质（Gottshall et al., 2017）。另一方面免耕秸秆覆盖减少了水分的蒸发，提高了土壤含水量，也有利于真菌的生长与繁殖（Li et al., 2021）。秸秆还田提高了真菌群落的丰富度和多样性，这可能与土壤有机碳（特别是活性有机碳组分）含量增加从而促进了土壤真菌群落丰度和多样性的改善有关（李鑫等，2016）。

耕作与秸秆管理方式影响了根际土壤真菌群落的组成。子囊菌门（Ascomycota）、担子菌门（Basidiomycota）、壶菌门（Chytridiomycota）、球囊菌门（Glomeromycota）和被孢菌门（Mortierellomycota）是真菌的优势菌门；其中子囊菌门的相对丰度最高（48.03%～52.63%）。球囊菌门含有大量丛枝菌根真菌，可以与大多数植物根系形成互惠共生体，为寄主植物提供水和矿物质营养，以交换来自寄主植物的碳水化合物；并且在土壤团粒结构的形成和稳定中起着重要作用（Cong et al.，2020）。秸秆还田处理为土壤子囊菌和担子菌的生命活动增加了大量底物，促进了子囊菌和担子菌快速生长和繁殖，可以有效提高子囊菌门和担子菌门的相对丰度（Lentendu et al.，2014）。在属水平上，根孢囊霉属（*Rhizophagus*）是丛枝菌根真菌的优势菌属，对作物的养分吸收起到了重要作用（Zeng et al.，2014）。此外，秸秆还田处理还增加了被孢霉菌属（*Mortierella*）的相对丰度；这是因为被孢霉菌在作物残茬的分解过程中发挥着重要作用，被孢霉菌活性的提高，有利于作物残茬的分解和土壤养分含量的提高（李芳，2018）。根际土壤溶解有机碳（DOC）含量是细菌和真菌群落组成最主要的驱动因子，溶解性有机碳是土壤微生物能够直接利用的碳源物质，可促进微生物的生长、繁殖以及活性提高。

参 考 文 献

陈坤. 2022. 秸秆和生物炭施用对田间固氮微生物群落和花生生物固氮的影响研究. 沈阳: 沈阳农业大学.

迟静娴, 徐方继, 刘译阳, 等. 2022. 豆科植物结瘤固氮及其分子调控机制的研究进展. 山东农业科学, 54(3): 155-164.

惠珊. 2019. 秸秆还田及氮肥施用对土壤性状及水稻生长的影响. 扬州: 扬州大学.

李芳. 2018. 长期不同施肥条件下黄淮海平原旱作土壤微生物群落结构特征的演变. 郑州: 河南农业大学.

李润富, 牛海山, 孔倩, 等. 2022. 自然丰度法与同位素稀释法测定植物固氮能力的比较. 中国科学院大学学报, 39(1): 34-42.

李鑫, 李娅芸, 安韶山, 等. 2016. 宁南山区典型草本植物茎叶分解对土壤酶活性及微生物多样性的影响. 应用生态学报, 27(10): 3182-3188.

刘颖, 张佳蕾, 李新国, 等. 2022. 豆科作物氮素高效利用机制研究进展. 中国油料作物学报, 44(3): 476-482.

刘子涵, 黄方园, 黎景来, 等. 2021. 覆盖模式对旱作农田土壤微生物多样性及群落结构的影响. 生态学报, 41(7): 2750-2760.

秦新政, 王玉苗, 王志慧, 等. 2022. 秸秆还田对棉田土壤养分和微生物多样性的影响. 新疆农业科学, 59(5): 1236-1244.

童文杰, 杨敏, 王皓封, 等. 2021. 耕作方式对山地烟田烤烟根际土壤真菌群落结构的影响. 中国烟草学报, 27(1): 56-63.

王光华, 刘俊杰, 于镇华, 等. 2016. 土壤酸杆菌门细菌生态学研究进展. 生物技术通报, 32(2): 14-20.

王利民, 黄东凤, 何春梅, 等. 2023. 紫云英还田对黄泥田土壤理化和微生物特性及水稻产量的影响. 生态学报, 43(11): 4782-4797.

王淑兰. 2020. 基于长期保护性轮耕的黄土旱塬春玉米田土壤蓄水培肥增产效应研究. 杨凌: 西北农林科技大学.

秀洪学, 董玉梅, 毛忠顺, 等. 2012. 种间互作的生态效应 I. 间作对蚕豆结瘤的影响. 南方农业学报, 43: 749-752.

杨冬静, 谢逸萍, 张成玲, 等. 2021. 不同秸秆还田模式土壤微生物多样性分析. 江西农业学报, 33(6): 34-42.

张维俊, 李双异, 徐英德, 等. 2019. 土壤孔隙结构与土壤微环境和有机碳周转关系的研究进展. 水土保持学报, 33(4): 1-9.

赵继浩. 2023. 耕作与秸秆管理方式对夏花生田土壤性状、温室气体排放以及产量的影响. 泰安: 山东农业大学.

郑永美, 杜连涛, 王春晓, 等. 2019. 不同花生品种根瘤固氮特点及其与产量的关系. 应用生态学报, 30(3): 961-968.

Che R X, Deng Y C, Wang F, et al. 2018. Autotrophic and symbiotic diazotrophs dominate nitrogen-fixing communities in Tibetan grassland soils. Science of The Total Environment, 639: 997-1006.

Cong P, Wang J, Li Y Y, et al. 2020. Changes in soil organic carbon and microbial community under varying straw incorporation strategies. Soil and Tillage Research, 204: 104735.

Dhiman S, Dubey Y P. 2017. Studies on impact of nutrient management and tillage practices on yield attributes and yield on gram-maize cropping sequence[J]. Indian Journal of Agricultural Research, 51(4): 305-312.

Emmert E A B, Geleta S B, Rose C M, et al. 2020. Effect of land use changes on soil microbial enzymatic activity and soil microbial community composition on Maryland's Eastern Shore. Applied Soil Ecology, 161: 103824.

Essel E, Xie J, Deng C, et al. 2019. Bacterial and fungal diversity in rhizosphere and bulk soil under different long-term tillage and cereal/legume rotation. Soil and Tillage Research, 194: 104302.

Fan H S, Jia S Q, Yu M, et al. 2022. Long-term straw return increases biological nitrogen fixation by increasing soil organic carbon and decreasing available nitrogen in rice-rape rotation. Plant and Soil, 479: 267-279.

Fierer N, Strickland M S, Liptzin D, et al. 2009. Global patterns in belowground communities. Ecology Letters, 12(11): 1238-1249.

Gajda A M, Czyz E A, Dexter A R, et al. 2018. Effects of different soil management practices on soil properties and microbial diversity. International Agrophysics, 32: 81-91.

Gottshall C B, Cooper M, Emery S M. 2017. Activity, diversity and function of arbuscular mycorrhizae vary with changes in agricultural management intensity. Agriculture, Ecosystems and Environment, 241: 142-149.

Lentendu G, Wubet T, Chatzinotas A, et al. 2014. Effects of long-term differential fertilization on eukaryotic microbial communities in an arable soil: a multiple barcoding approach. Molecular Ecology, 23(13): 3341-3355.

Leung P M, Daebeler A, Chiri E, et al. 2022. A nitrite-oxidising bacterium constitutively consumes atmospheric hydrogen. The ISME Journal, 16(9): 2213-2219.

Li Y Z, Song D P, Liang S H, et al. 2020. Effect of no-tillage on soil bacterial and fungal community diversity: A meta-analysis. Soil and Tillage Research, 204: 104721.

Li Y Z, Wang Z T, Li T, et al. 2021. Wheat rhizosphere fungal community is affected by tillage and plant growth. Agriculture Ecosystems and Environment, 317: 107475.

Luo X S, Han S, Lai S S, et al. 2017. Long-term straw returning affects Nitrospira-like nitrite oxidizing bacterial community in a rapeseed-rice rotation soil. Journal of Basic Microbiology, 57(4): 309-315.

Munoz-Ucros J, Zwetsloot M J, Cuellar-Gempeler C, et al. 2021. Spatiotemporal patterns of rhizosphere microbiome assembly: From ecological theory to agricultural application. Journal of Applied Ecology, 58: 894-904.

Okoth J O, Mungai N W, Ouma J P, et al. 2014. Effect of tillage on biological nitrogen fixation and yield of soybean ('*Glycine max* L. Merril') varieties. Australian Journal of Crop Science, 8(8): 1140-1146.

Pastorelli R, Vignozzi N, Landi S, et al. 2013. Consequences on macroporosity and bacterial diversity of adopting a no-tillage farming system in a clayish soil of Central Italy. Soil Biology and Biochemistry, 66: 78-93.

Philippot L, Raaijmakers J M, Lemanceau P, et al. 2013. Going back to the roots: the microbial ecology of the rhizosphere. Nature Reviews Microbiology, 11(11): 789-799.

Siczek A, Lipiec J. 2011. Soybean nodulation and nitrogen fixation in response to soil compaction and surface straw mulching. Soil and Tillage Research, 114: 50-56.

Stefan A, Cauwenberghe J V, Rosu C M, et al. 2018. Genetic diversity and structure of *Rhizobium leguminosarum* populations associated with clover plants are influenced by local environmental variables. Systematic and Applied Microbiology, 41(3): 251-259.

Sun B J, Chen X W, Zhang X P, et al. 2022. Greater fungal and bacterial biomass in soil large macropores under no-tillage than mouldboard ploughing. European Journal of Soil Biology, 97: 103155.

Wang H, Wang S L, Yu Q, et al. 2020. No tillage increases soil organic carbon storage and decreases carbon dioxide emission in the crop residue-returned farming system. Journal of Environmental Management, 261: 110261.

Wang L L, Maria C R, Xian X, et al. 2019. CRISPR/Cas9 knockout of leghemoglobin genes in *Lotus japonicus* uncovers their synergistic roles in symbiotic nitrogen fixation. New Phytologist, 224(2): 818-832.

Wu D, Zhang W M, Xiu L Q, et al. 2022. Soybean yield response of biochar-regulated soil properties and root growth strategy. Agronomy, 12(6): 1412.

Xun W B, Li W, Huang T, et al. 2018. Long-term agronomic practices alter the composition of asymbiotic diazotrophic bacterial community and their nitrogen fixation genes in an acidic red soil. Biology and Fertility of Soils, 54: 329-339.

Yang F, Chen Q, Zhang Q, et al. 2021. Keystone species affect the relationship between soil microbial diversity and ecosystem function under land use change in subtropical China. Functional Ecology, 35(5): 1159-1170.

Zeng H L, Tan F L, Zhang Y Y, et al. 2014. Effects of cultivation and return of *Bacillus thuringiensis* (Bt) maize on the diversity of the arbuscular mycorrhizal community in soils and roots of subsequently cultivated conventional maize. Soil Biology and Biochemistry, 75: 254-263.

Zhao J, Liu Z, Lai H, et al. 2022. Optimizing residue and tillage management practices to improve soil carbon sequestration in a wheat–peanut rotation system. Journal of Environmental Management, 306, 114468.

第七章　栽培方式对夏直播花生周年温室气体排放的影响

全球气候变暖对人们的生活造成了巨大的负面影响，已成为一个重大的环境问题，并引起了全世界的广泛关注。气候变暖主要是由于人类活动向大气中大规模排放温室气体（CO_2、N_2O 和 CH_4 等）所致。农田生态系统在温室气体排放中扮演着十分重要的角色，农业生产是重要的 CO_2、N_2O 和 CH_4 的排放源；农业管理措施的优化被认为是缓解气候变化，提高土壤肥力，促进农业可持续发展的重要技术手段之一（严圣吉等，2022）。土壤是碳的主要交换和储存库，CO_2 主要是通过土壤微生物和动物的呼吸作用分解有机质而产生；CO_2 的排放与土壤的碳循环密切相关，促进土壤有机碳的固存，减少碳的矿化分解，有利于土壤肥力的提高（黑杰等，2022）。土壤同样也是氮的主要交换和储存库，N_2O 主要是通过土壤微生物的硝化作用和反硝化作用等产生，受土壤的碳氮营养含量以及土壤含水量的影响（Smith et al.，2018）。N_2O 的排放与土壤的氮循环密切相关，减少 N_2O 排放不仅有利于缓解温室效应，还能够减少土壤的氮素流失（蒋洪丽等，2023）。CH_4 主要是产甲烷菌厌氧分解有机质的产物，CH_4 的排放会促进对流层臭氧的增加，严重威胁人类安全；但在有氧条件下，甲烷氧化菌以 CH_4 为唯一的碳源进行氧化（Nisbet et al.，2019）。因此，土壤的透气性是 CH_4 发挥源/汇功能的主要限制因素。

在农业生产中，耕作方式显著影响温室气体的排放，但不同耕作方式对 CO_2、N_2O 和 CH_4 排放的影响到目前为止仍没有一致的结论。与常规耕作相比，保护性耕作可以最大限度减少土壤结构的破坏，从而降低了 CO_2 排放（Huang et al.，2018）。翻耕提高了矿化作用和反硝化作用，因此促进了 N_2O 排放（代光照等，2009）；而 Yuan 等（2022）认为与传统耕作相比，免耕提高了 N_2O 的排放。此外，CO_2 和 N_2O 的排放量旋耕低于翻耕（张志勇等，2020）；而 Zhang 等（2017）认为，与翻耕相比，旋耕提高了 CO_2 和 N_2O 的排放量。秸秆还田显著影响了温室气体的排放。秸秆腐解过程中，微生物活性增强促进了 CO_2、N_2O 和 CH_4 的排放（Huang et al.，2017；李新华等，2019；程功等，2019）。但 Shan 和 Yan（2013）的研究发现，秸秆腐解过程中会通过固持土壤中的有效氮，减少了土壤硝化细菌和反硝化细菌生命活动所需的氮源物质，从而不利于 N_2O 的排放。此外，秸秆还田对温室气体排放的影响可能与秸秆还田量有关，秸秆全量还田下 CO_2 的排放量比秸秆半量还田下的排放量提高了 15%（Gao et al.，2019）。

在农业生产中不仅需要考虑温室气体排放强度和累积排放量，还需要对全球增温潜能值（GWP）和温室气体排放强度（GHGI）进行分析。全球增温潜势可以用来评价不同温室气体对气候变化影响的相对能力，并且还可以预测对全球气候变暖的影响（Li et al.，2015）。温室气体排放强度是将全球增温潜势与作物产量相结合的综合评价指标，表示为单位产量的以 CO_2 当量（CO_2-eq）表示的温室气体的排放量（郭怡婷等，2002）。然而，不同耕作与秸秆管理方式对全球增温潜势和温室气体排放强度的报道较少并且影响尚不清楚。因此，对其影响的分析有利于对作物生产的经济效益、环境效益以及农业的可持续发展做出全面评估。

第一节　栽培方式对夏直播花生土壤 CO_2 排放的影响

CO_2 的排放通量和累积排放量对不同耕作与秸秆管理方式的响应如图 7-1 所示。不同耕作与秸秆管理方式下 CO_2 的排放通量为多峰排放，整体呈现先增加后降低

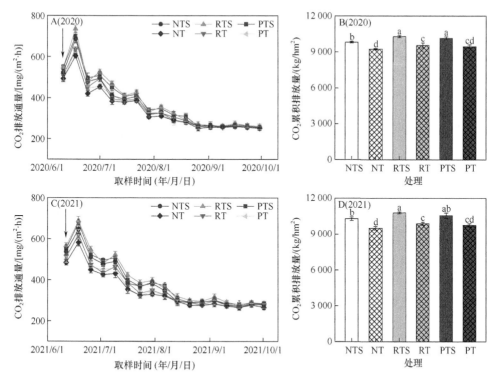

图 7-1　不同耕作与秸秆管理方式下 CO_2 的排放通量（A 和 C）
和累积排放量（B 和 D）（赵继浩，2023）（彩图请扫封底二维码）

NTS，免耕小麦秸秆覆盖；NT，免耕小麦秸秆移除；RTS，旋耕小麦秸秆还田；RT，旋耕小麦秸秆移除；PTS，翻耕小麦秸秆还田；PT，翻耕小麦秸秆移除。不同字母表示处理间差异显著（$P<0.05$）。↓表示施肥

最后趋于稳定的趋势。在 2020 年生长季，各处理 CO_2 排放通量的范围为 250.91～736.59mg/(m²·h)，在 2021 年生长季为 263.98～689.47mg/(m²·h)。在两个生长季中，秸秆还田处理 CO_2 的平均排放通量高于秸秆移除处理，因此秸秆还田处理增加了 CO_2 的累积排放量。在 2021 年生长季，PTS 处理 CO_2 的累积排放量与 NT、RT 和 PT 处理相比分别显著增加了 11.02%、6.74% 和 8.24%（$P<0.05$）。在相同秸秆管理方式下，旋耕处理 CO_2 的累积排放量高于免耕和翻耕处理。在 2021 年生长季，与 NTS 和 PTS 处理相比，RTS 处理 CO_2 的累积排放量分别增加了 4.87% 和 2.24%。

农业生产活动是温室气体排放的重要来源，占到全球温室气体排放量的 14% 以上。这说明了农业管理措施的优化在减少温室气体排放、缓解气候变暖等方面的重要性（Olivier et al.，2017）。土壤温度、通气状况、含水量、pH、肥力状况及土壤质地结构等都会影响温室气体的排放。耕作与秸秆管理方式是通过影响土壤的物理、化学及生物学特性来调节温室气体排放的重要实践（Pandey et al.，2012）。在相同秸秆管理方式下，旋耕处理增加了 CO_2 的累积排放量，这表明旋耕处理促进了有机质的矿化分解和 CO_2 的排放（赵力莹等，2018）。此外，免耕处理可以减少土壤的机械扰动，这阻碍了土壤有机质与空气的直接接触，减少了土壤中有机质矿化的风险，从而降低了 CO_2 的排放（Rutkowska et al.，2018）。秸秆还田为土壤微生物提供了充足的可利用营养物质，提高了微生物的活性，从而促进了 CO_2 的排放（Xu et al.，2017）。

第二节　栽培方式对夏直播花生土壤 N_2O 排放的影响

如图 7-2 所示，N_2O 的排放通量在两个生长季中具有相似的变化趋势。具体呈现为在基肥施用后出现第一个排放高峰，并且在降雨后也会出现排放高峰，最后排放通量逐渐降低并趋于稳定。在两个生长季中，NTS、NT、RTS、RT、PTS 和 PT 处理 N_2O 的平均排放通量分别为 60.99μg/(m²·h)、49.62μg/(m²·h)、58.01μg/(m²·h)、47.65μg/(m²·h)、53.46μg/(m²·h) 和 44.14μg/(m²·h)。因此，在相同秸秆管理方式下，免耕处理相较于旋耕和翻耕处理增加了 N_2O 的累积排放量。在 2020 年和 2021 年生长季，NTS 处理与 PTS 处理相比 N_2O 的累积排放量分别显著提高了 12.54% 和 13.89%（$P<0.05$）。此外，秸秆还田处理 N_2O 的累积排放量高于秸秆移除处理。在 2020 年和 2021 年生长季，与 NT 处理相比，NTS 处理 N_2O 的累积排放量分别显著提高了 23.16% 和 20.80%（$P<0.05$）。

土壤 N_2O 的排放主要是通过硝化和反硝化作用产生的。N_2O 排放已经是一个非常严重的环境问题，这是因为 N_2O 的全球增温潜势值约为 CO_2 的 298 倍，使其对气候变化的影响更加显著，并且 N_2O 的排放可严重消耗臭氧层物质，造成臭氧层的破坏（Li et al.，2014）。此外，N_2O 排放还导致氮肥利用效率低下，资源大量浪费，以及加剧空气和水资源的污染等（Tian et al.，2017）。在相同秸秆管理方式下，免耕处理提高了 N_2O 的累积排放量（Zhang et al.，2011）。分析原因可能是由于免耕处理下较高的土壤含水量以及更多的肥料氮和作物残茬在土壤表面富集，提高了微生物活性，促进了 N_2O 的排放（Zhang et al.，2011；Fernández-Ortega et al.，2023）。此外，秸秆还田处理增加了 N_2O 的累积排放量，这可能是由于秸秆还田后提高了土壤硝化细菌和反硝化细菌的活性，促进了土壤 N_2O 的排放（Huang et al.，2017）。另外，秸秆腐解过程中需要消耗大量氧气，氧气浓度的降低激发了土壤的反硝化反应，有利于 N_2O 的排放（Sun et al.，2020）。

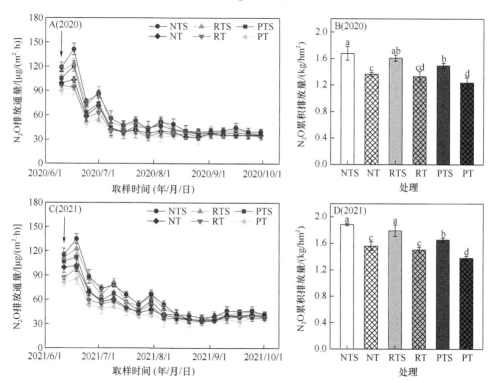

图 7-2　不同耕作与秸秆管理方式下 N_2O 的排放通量（A 和 C）和累积排放量（B 和 D）

（彩图请扫封底二维码）

NTS，免耕小麦秸秆覆盖；NT，免耕小麦秸秆移除；RTS，旋耕小麦秸秆还田；RT，旋耕小麦秸秆移除；PTS，翻耕小麦秸秆还田；PT，翻耕小麦秸秆移除。不同字母表示处理间差异显著（$P<0.05$）。↓表示施肥

第三节　栽培方式对夏直播花生土壤 CH_4 排放的影响

不同耕作与秸秆管理方式下 CH_4 的排放通量如图 7-3 所示。在 2020 年和 2021 年生长季，CH_4 的排放通量随时间变化明显，排放通量的值有正也有负，这说明

土壤对 CH_4 有排放也有吸收，但通常为吸收状态，充当了 CH_4 的吸收汇。在 2020 年生长季，所有处理中 CH_4 排放通量的峰值为 RTS 处理的 $3.30\mu g/(m^2 \cdot h)$；在 2021 年生长季，RTS 处理排放通量的峰值为 $2.51\mu g/(m^2 \cdot h)$。在相同秸秆管理方式下，CH_4 累积吸收量的表现为免耕>翻耕>旋耕。在 2021 年生长季，NTS 处理 CH_4 的累积吸收量与 RTS 和 PTS 处理相比分别显著提高了 8.94% 和 5.26%（$P<0.05$）。此外，秸秆还田处理与秸秆移除处理相比降低了 CH_4 的累积吸收量。在 2020 年生长季，与 NT、RT 和 PT 处理相比，NTS 处理 CH_4 的累积吸收量分别降低了 7.83%、2.50% 和 6.02%，在 2021 年生长季分别显著降低了 10.70%、3.70% 和 8.33%（$P<0.05$）。

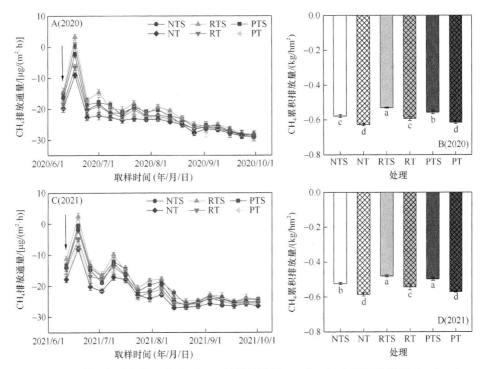

图 7-3　不同耕作与秸秆管理方式下 CH_4 的排放通量（A 和 C）和累积排放量（B 和 D）
（彩图请扫封底二维码）

NTS，免耕小麦秸秆覆盖；NT，免耕小麦秸秆移除；RTS，旋耕小麦秸秆还田；RT，旋耕小麦秸秆移除；PTS，翻耕小麦秸秆还田；PT，翻耕小麦秸秆移除。不同字母表示处理间差异显著（$P<0.05$）。↓表示施肥

　　CH_4 的排放通量几乎都为负值，呈现的是吸收状态，这是因为在有氧条件下，甲烷氧化菌将 CH_4 氧化为 CO_2，是 CH_4 的吸收汇。秸秆还田处理降低了 CH_4 的土壤吸收，提高了 CH_4 的排放，这种增加可能一方面源于秸秆还田为产甲烷菌提供了丰富的碳源，提高了产甲烷菌厌氧分解的活性；另一方面秸秆腐解过程中消耗了大量氧气，厌氧环境下有利于产甲烷菌分解有机质释放 CH_4（Wang et al.，2018）。在相同秸秆管理方式下，免耕处理增加了 CH_4 的吸收，旋耕处理降低了 CH_4 的吸

收。这是因为免耕处理增加了土壤孔隙的连续性，从而提高了气体扩散率并促进了 CH_4 氧化（Zhang et al.，2013）。常年旋耕处理造成犁底层上移变厚，并提高了土壤的渗透阻力和紧实度，这可能会削弱土壤气体的扩散能力并形成厌氧环境，从而最终减少了 CH_4 的累积吸收（Zhang et al.，2017；Chen et al.，2021）。

第四节　栽培方式对夏直播花生全球增温潜势和温室气体排放强度的影响

如表 7-1 所示，与秸秆移除处理相比，秸秆还田处理提高了全球增温潜势。在 2021 年生长季，RTS 处理的全球增温潜势较 NT、RT 和 PT 处理分别显著增加了 13.63%、9.60%和 11.49%（$P<0.05$）。此外，在相同秸秆管理方式下，旋耕处理与免耕和翻耕处理相比提高了全球增温潜势。在 2021 年生长季，RTS 处理的全球增温潜势较 NTS 和 PTS 处理分别提高了 4.39%和 2.53%。尽管秸秆还田处理增加了全球增温潜势，但是降低了温室气体排放强度，这是由于秸秆还田处理下花生产量的提高。在 2021 年生长季，RTS 处理的荚果温室气体排放强度和籽仁温室气体排放强度与 RT 处理相比分别显著降低了 6.00%和 8.35%（$P<0.05$）。在相同秸秆管理方式下，与免耕和旋耕处理相比，翻耕处理降低了温室气体排放强度。在 2020 年生长季，PTS 处理的荚果温室气体排放强度较 NTS 和 RTS 处理分别降低了 3.20%和 7.28%。

表 7-1　不同耕作与秸秆管理方式下全球增温潜势和温室气体排放强度

年份	处理	全球增温潜势/ (kg CO_2-eq/hm^2)	荚果温室气体排放强度/ (kg CO_2-eq/kg 荚果)	籽仁温室气体排放强度/ (kg CO_2-eq/kg 籽仁)
2020	NTS	10 290.26b	2.50c	4.18c
	NT	9 615.88d	2.81a	4.91a
	RTS	10 762.14a	2.61b	4.42b
	RT	9 927.20c	2.74a	4.77a
	PTS	10 563.59a	2.42c	4.01c
	PT	9 795.58cd	2.62b	4.52b
2021	NTS	10 824.77b	2.75bc	4.70bc
	NT	9 944.57d	3.06a	5.42a
	RTS	11 299.87a	2.82b	4.83b
	RT	10 309.79c	3.00a	5.27a
	PTS	11 021.55b	2.68c	4.54c
	PT	10 135.55cd	2.79b	4.87b

注：NTS，免耕小麦秸秆覆盖；NT，免耕小麦秸秆移除；RTS，旋耕小麦秸秆还田；RT，旋耕小麦秸秆移除；PTS，翻耕小麦秸秆还田；PT，翻耕小麦秸秆移除。不同字母表示处理间差异显著（$P<0.05$）

参 考 文 献

程功, 刘廷玺, 李东方, 等. 2019. 生物炭和秸秆还田对干旱区玉米农田土壤温室气体通量的影响. 中国生态农业学报(中英文), 27(7): 1004-1014.

代光照, 李成芳, 曹凑贵, 等. 2009. 免耕施肥对稻田甲烷与氧化亚氮排放及其温室效应的影响. 应用生态学报, 20(9): 2166-2172.

郭怡婷, 罗晓琦, 王锐, 等. 2002. 生物可降解地膜覆盖对关中地区小麦-玉米农田温室气体排放的影响. 环境科学, 43(5): 2788-2801.

黑杰, 胥佳忆, 王亚非, 等. 2022. 互花米草入侵对闽江河口湿地土壤碳、氮、磷及 CH_4 和 CO_2 排放的影响. 环境科学学报, 42(11): 416-426.

蒋洪丽, 雷琪, 张彪, 等. 2023. 覆膜和有机无机配施对夏玉米农田温室气体排放及水氮利用的影响. 环境科学, 44(6): 1-16.

李新华, 董红云, 朱振林, 等. 2019. 秸秆还田方式对黄淮海区域小麦-玉米轮作制农田土壤周年温室气体排放的影响. 土壤与作物, 8(3): 280-287.

严圣吉, 邓艾兴, 尚子吟, 等. 2022. 我国作物生产碳排放特征及助力碳中和的减排固碳途径. 作物学报, 48(4): 930-941.

张志勇, 于旭昊, 熊淑萍, 等. 2020. 耕作方式与氮肥减施对黄褐土麦田土壤酶活性及温室气体排放的影响. 农业环境科学学报, 39(2): 418-428.

赵继浩. 2023. 耕作与秸秆管理方式对夏花生田土壤性状、温室气体排放以及产量的影响. 泰安: 山东农业大学.

赵力莹, 董文旭, 胡春胜, 等. 2018. 耕作方式转变对冬小麦季农田温室气体排放和产量的影响. 中国生态农业学报, 26(11): 1613-1623.

Chen Z D, Zhang H L, Xue J F, et al. 2021. A nine-year study on the effects of tillage on net annual global warming potential in double rice-cropping systems in Southern China. Soil and Tillage Research, 206: 104797.

Fernández-Ortega J, Álvaro-Fuentes J, Cantero-Martínez C. 2023. The use of double-cropping in combination with no-tillage and optimized nitrogen fertilization reduces soil N_2O emissions under irrigation. Science of the Total Environment, 857: 159458.

Gao F, Li B, Ren B Z, et al. 2019. Effects of residue management strategies on greenhouse gases and yield under double cropping of winter wheat and summer maize. Science of The Total Environment, 687: 1138-1146.

Huang T, Yang H, Huang C C, et al. 2017. Effect of fertilizer N rates and straw management on yield-scaled nitrous oxide emissions in a maize-wheat double cropping system. Field Crops Research, 204: 1-11.

Huang Y W, Ren W, Wang L X, et al. 2018. Greenhouse gas emissions and crop yield in no-tillage systems: A meta-analysis. Agriculture, Ecosystems and Environment, 268: 144-153.

Li B, Fan C H, Zhang H, et al. 2015. Combined effects of nitrogen fertilization and biochar on the net global warming potential, greenhouse gas intensity and net ecosystem economic budget in intensive vegetable agriculture in southeastern China. Atmospheric Environment, 100: 10-19.

Li L, Xu J H, Hu J X, et al. 2014. Reducing nitrous oxide emissions to mitigate climate change and protect the ozone layer. Environmental Science and Technology, 48: 5290-5297.

Nisbet E G, Manning M R, Dlugokencky E J, et al. 2019. Very strong atmospheric methane growth in the 4 Years 2014—2017: Implications for the paris Agreement. Global Biogeochemical Cycles, 33(3): 318-342.

Olivier J G J, Schure K M, Peters J. 2017. Trends in global CO_2 and total greenhouse gas emissions. PBL Netherlands Environmental Assessment Agency, 5: 1-11.

Pandey D, Agrawal M, Bohra J S. 2012. Greenhouse gas emissions from rice crop with different tillage permutations in rice-wheat system. Agriculture, Ecosystems and Environment, 159: 133-144.

Rutkowska B, Szulc W, Sosulski T, et al. 2018. Impact of reduced tillage on CO_2 emission from soil under maize cultivation. Soil and Tillage Research, 180: 21-28.

Shan J, Yan X. 2013. Effects of crop residue returning on nitrous oxide emissions in agricultural soils. Atmospheric Environment, 71: 170-175.

Smith K A, Ball T, Conen F, et al. 2018. Exchange of greenhouse gases between soil and atmosphere: interactions of soil physical factors and biological processes. European Journal of Soil Science, 54(4): 779-791.

Sun H F, Zhou S, Zhang J N, et al. 2020. Effects of controlled-release fertilizer on rice grain yield, nitrogen use efficiency, and greenhouse gas emissions in a paddy field with straw incorporation. Field Crops Research, 253: 107814.

Tian H Q, Ren W, Tao B, et al. 2017. Climate extremes and ozone pollution: a growing threat to China's food security. Ecosystem Health and Sustainability, 2(1): 1203.

Wang C, Jin Y G, Ji C, et al. 2018. An additive effect of elevated atmospheric CO_2 and rising temperature on methane emissions related to methanogenic community in rice paddies. Agriculture, Ecosystems and Environment, 257: 165-174.

Xu C, Han X, Bol R, et al. 2017. Impacts of natural factors and farming practices on greenhouse gas emissions in the North China Plain: a meta-analysis. Ecology and Evolution, 7(17): 3211.

Yuan J Y, Yan L J, Li G, et al. 2022. Effects of conservation tillage strategies on soil physicochemical indicators and N_2O emission under spring wheat monocropping system conditions. Scientific Reports, 12(1): 7066.

Zhang H L, Bai X L, Xue J F, et al. 2013. Emissions of CH_4 and N_2O under different tillage systems from double-cropped paddy fields in Southern China. PLoS One, 8(6): e65277.

Zhang J S, Zhang F P, Yang J H, et al. 2011. Emissions of N_2O and NH_3, and nitrogen leaching from direct seeded rice under different tillage practices in central China. Agriculture Ecosystem and Environment, 140: 164-173.

Zhang J, Hang X N, Lamine S M, et al. 2017. Interactive effects of straw incorporation and tillage on crop yield and greenhouse gas emissions in double rice cropping system. Agriculture, Ecosystems and Environment, 250: 37-43.

第八章　播期和密度对夏直播花生生理特性及产量品质的影响

适期播种和合理密植是花生高产栽培的重要技术措施。麦后夏直播花生播种时间又受到诸多因素的影响，播期是花生高产栽培和复种制度中的基本运筹因素（刘登望，1996）。在花生播种适期内，适当早播，可延长花生苗期，但是早播必须在保证一播全苗的前提下进行，晚播种，虽然出苗快、生长迅速，但开花早，前期营养生长不够，影响花生产量（万书波，2003；刘明等，2009）。孙彦浩（1997）、孙彦浩等（1998）认为播期的差异主要表现在生长条件的差异上，即生长发育过程中的光照、温度、降水等条件不同，从而影响荚果产量及品质。播期对夏直播花生影响的研究还不多，值得我们进一步探究。

夏直播花生生育期短，单株生产力低，根据品种特性，要达到高产，必须发挥群体增产潜力，以密取胜，实行合理密植。不同种植密度对花生个体和群体生长发育的影响不同，合理密植是花生取得高产的主要栽培措施之一（沈毓骏，1954；张俊等，2010）。种植密度对花生群体产量有显著影响，密度过大或过小均对合理群体干物质积累与分配不利，影响个体与群体的协调发展，最终造成花生群体产量不高（甄志高等，2004）。研究表明，密度适宜时，个体发育较好，单株结果适中，群体和个体之间发展协调，有利于果大、果饱。合理密植是花生高产优质的重要保证，通过调节适宜的密度，建立良好的群体结构，使个体充分发育，才能提高品质的增产潜力（葛再伟和杨丽英，2002；吴国梁和崔秀珍，2003；甄志高等，2004；陈华等，2008）。因此，探明夏直播花生的最佳种植密度及其对生理特性和产量品质的影响，为夏直播花生高产栽培提供理论依据，从而加快花生产业的发展。

适期播种和合理密植是花生高产栽培的重要技术措施。春花生栽培适宜播期和密度报道较多，夏直播花生播期和密度的研究较少。因此，研究播期和密度对夏直播花生生理特性、产量、品质的影响，对于指导花生生产具有重要意义。

试验于2014～2015年在山东农业大学农学试验站进行，试验材料为大花生品种'365-2'，试验地为壤土，其土壤基本理化性状见表8-1。

表8-1　供试土壤理化性状（张倩，2016）

土壤类型	有机质/（g/kg）	速效磷/（mg/kg）	速效钾/（mg/kg）	碱解氮/（mg/kg）
壤土	13.98	49.17	68.74	73.52

试验共 20 个处理：

（1）主处理为播期，分别于 6 月 5 日（T1）、6 月 10 日（T2）、6 月 15 日（T3）、6 月 20 日（T4）、6 月 25 日（T5）播种；

（2）副处理为密度，每个播期设置 4 个种植密度，T1、T2、T3 三个播期种植密度为 8000 穴/亩（D1）、9000 穴/亩（D2）、10 000 穴/亩（D3）、11 000 穴/亩（D4），T4、T5 两个播期种植密度为 10 000 穴/亩（d1）、11 000 穴/亩（d2）、12 000 穴/亩（d3）、13 000 穴/亩（d4）。

试验采用随机区组设计，重复 3 次，小区面积为 9.5×2=19m^2，每公顷施复合肥（N-P$_2$O$_5$-K$_2$O 含量为 16-9-20）750kg。穴播，每穴 2 粒，大田种植，分覆膜和露地两种栽培方式，以覆膜栽培为主，按一般高产田管理。

第一节 播期和密度对夏直播花生生长发育的影响

一、播期对夏直播花生生长发育的影响

花生的生长发育以及相关农艺性状的表现遵循一定的生物学规律，但也受环境条件、栽培条件的影响，研究花生植株性状，能够比较直观地探究播期对花生的影响。由表 8-2 可知，覆膜栽培夏直播花生，密度一定，随着播期的推迟，营养体的生长依次减弱，整体上表现为主茎变矮，侧枝变短，分枝数减少（注：此章花生生长发育随播期和密度的变化规律，笔者描述的都是一个整体变化情况）。6 月 20 日（T4）播种的主茎高和侧枝长分别比 6 月 5 日（T1）平均显著降低 14.00%、13.99%，6 月 25 日（T5）播种的主茎高和侧枝长分别比 6 月 5 日（T1）平均显著降低 32.61%、22.71%，说明播期能显著影响花生植株生长发育，播期越晚，营养体生长越差，进而影响夏直播花生的产量。表 8-3 所示，露地栽培条件下，农艺性状变化规律与覆膜栽培一致。

表 8-2　播期对覆膜夏直播花生农艺性状的影响（结荚期）（张倩，2016）

处理		出苗率/%	主茎高/cm	侧枝长/cm	分枝数/个
D1	T1	93.42a	28.33a	33.17a	11.33a
	T2	93.73a	25.85b	30.83ab	11.33a
	T3	92.45b	25.26c	29.35b	9.67b
D2	T1	95.46a	29.67a	33.05a	10.33a
	T2	95.05a	28.83b	29.33b	10.33a
	T3	92.55b	27.85c	28.50c	9.33a
D3	T1	98.38a	31.83a	37.17a	10.00a
	T2	96.25b	30.17ab	36.15a	9.33a
	T3	94.19c	29.35b	33.17c	9.33a

续表

处理		出苗率/%	主茎高/cm	侧枝长/cm	分枝数/个
D4	T1	95.95a	30.17a	34.18a	9.33a
	T2	94.48b	29.37b	32.83b	9.00a
	T3	93.08c	29.16b	30.83c	8.67a
d1	T4	94.05a	25.65a	31.50a	8.33a
	T5	93.42b	20.67b	29.50b	7.67a
d2	T4	94.55a	28.83a	32.15a	8.00a
	T5	93.83b	23.77b	30.17b	7.33a
d3	T4	92.63a	26.13a	27.83a	7.67a
	T5	92.45a	18.27b	23.83b	6.67a
d4	T4	92.18a	22.60a	26.85a	7.33a
	T5	90.37b	18.15b	22.85b	6.33a

注：同一列同一密度，不同小写字母表示差异达 5%显著水平，下同

表 8-3　播期对露地夏直播花生农艺性状的影响（结荚期）（张倩，2016）

处理		出苗率/%	主茎高/cm	侧枝长/cm	分枝数/个
D1	T1	93.15a	28.58a	32.51a	11.33a
	T2	92.38b	25.37b	30.36b	10.33b
	T3	92.21b	24.06c	29.74c	9.67b
D2	T1	95.37a	28.69a	32.98a	10.33a
	T2	94.52b	27.34b	29.32b	10.33a
	T3	93.58c	27.15b	28.75c	9.33a
D3	T1	98.16a	30.83a	35.66a	10.00a
	T2	96.45b	30.21a	35.38b	9.33a
	T3	93.57c	29.15b	33.27c	8.67a
D4	T1	94.86a	29.74a	33.45a	9.33a
	T2	94.22b	28.62b	31.83b	9.00a
	T3	93.28c	28.45b	30.29c	9.00a
d1	T4	92.26a	24.50a	30.52a	9.00a
	T5	91.15b	20.93b	29.67b	8.33a
d2	T4	92.87a	27.22a	32.13a	8.00a
	T5	92.25b	24.25b	30.42b	7.33a
d3	T4	90.68a	26.04a	26.83a	8.00a
	T5	90.59a	19.15b	23.45b	7.33a
d4	T4	90.43a	21.63a	25.28a	7.33a
	T5	88.94b	18.75b	22.15b	6.33a

由表 8-4 可以看出，播期对花生干物质积累有显著性影响，随着播期的推迟，花生根、茎、叶及饱果的干物质积累量呈下降趋势。6 月 20 日（T4）播种的根、茎、叶及饱果的干物质重比 6 月 5 日（T1）平均降低 18.15%、19.74%、15.93%、17.84%，6 月 25 日（T5）播种的根、茎、叶及饱果的干物质重比 6 月 5 日（T1）平均降低 23.92%、27.34%、22.61%、24.57%，说明夏直播花生晚播不利于干物质积累，播期过晚显著抑制花生植株的营养生长，光合时间缩短，降低了花生叶片的光合速率，进而影响了光合产物在花生各器官中的分配比例及总干物质重。

表 8-4　播期对覆膜夏直播花生干物质重的影响（结荚期）（张倩，2016）

	处理	根/（g/株）	茎/（g/株）	叶/（g/株）	饱果/（g/株）
D1	T1	0.96a	10.06a	11.60a	2.94a
	T2	0.83b	10.03a	10.75b	2.78b
	T3	0.82b	9.74b	10.31c	2.35c
D2	T1	0.94a	11.88a	12.12a	3.07a
	T2	0.85b	11.26a	11.81b	2.78b
	T3	0.70c	9.36b	10.27c	2.46c
D3	T1	1.04a	12.59a	13.66a	3.53a
	T2	0.94b	11.81b	13.12b	3.44a
	T3	0.85c	10.88c	12.11c	2.99b
D4	T1	0.87a	11.66a	12.51a	3.40a
	T2	0.85b	10.96b	12.26b	3.07b
	T3	0.80a	10.78b	11.76b	2.94b
d1	T4	0.78a	9.74a	10.55a	2.48a
	T5	0.67b	8.56b	8.46b	2.40a
d2	T4	0.86a	9.92a	11.08a	2.94a
	T5	0.79b	9.01a	10.09b	2.60b
d3	T4	0.77a	8.79a	10.23a	2.61a
	T5	0.76a	8.36a	10.21a	2.44b
d4	T4	0.71a	8.63a	10.08a	2.60a
	T5	0.68a	7.63b	9.85a	2.31a

夏直播花生的主茎高度受外界条件的影响，变化很大。随着播期延迟，主茎高呈线性下降。覆膜与不覆膜栽培的夏花生都随着播期的推迟，其营养体的生长依次减弱。主要表现为主茎变矮，侧枝变短，总分枝数减少（刘登望，1996）。其生殖生长也依次减弱，即单株结果减少，饱果率下降，千克果数增加，出米率降低（黄敬雄，2001；姜辉，2012）。播期对花生植株性状有一定影响，生育性状合理的播期，花生群体生长与个体发育协调统一，产量达到最大值（甄志高等，2003）。本研究结果表明，播期越晚，出苗率越低，因为播期过晚，温度太高，幼苗出现

烧死现象。播期推迟，营养生长受到抑制，主茎高、侧枝长、分枝数随着播期的推迟，呈现逐渐下降趋势，这与前人研究结果一致。

播种过晚，生育期缩短，光合时间短，干物质积累少，荚果充实时间短，影响荚果数量和饱满度（Biswas and Choudhuri，1980；高俊山，1988；张思斌等，2011）。适期播种，花生的主要经济性状良好，从而获得较高产量。本研究发现，结荚期，花生在根、茎、叶及饱果中的干物质含量，随着播期的推迟，逐渐降低，这与前人研究结果一致，播期过晚，光合时间缩短，光合作用变弱，积累的干物质减少，产量降低。

二、密度对夏直播花生生长发育的影响

表 8-5 可以看出，相同播期栽培条件下，密度对花生出苗也有一定影响。6 月 5 日（T1）、6 月 10 日（T2）播种，在一定密度范围内，出苗率与密度成正比，D3（10 000 穴/亩）出苗率最高，且 D3 与其他三个种植密度存在显著性差异，说明早播条件下，最适密度为 10 000 穴/亩。

表 8-5 密度对覆膜夏直播花生农艺性状的影响（结荚期）（张倩，2016）

处理		出苗率/%	主茎高/cm	侧枝长/cm	分枝数/个
T1	D1	93.42c	28.33b	33.17b	11.33a
	D2	95.46b	29.67b	33.00b	10.33ab
	D3	98.38a	31.83a	37.17a	10.00b
	D4	95.95b	30.17ab	34.17b	9.33b
T2	D1	93.73c	25.83b	30.83c	11.33a
	D2	95.05ab	28.83b	29.33c	10.33b
	D3	96.25a	30.17a	36.17a	9.33c
	D4	94.48bc	29.33a	32.83b	9.00c
T3	D1	92.45b	25.33b	29.33b	9.67a
	D2	92.55b	27.83a	28.50b	9.33a
	D3	94.19a	29.33a	33.17a	9.33a
	D4	93.08b	29.17a	30.83ab	8.67a
T4	d1	94.05a	25.67b	31.50a	8.33a
	d2	94.55a	28.83a	32.00a	8.00ab
	d3	92.63b	26.13b	27.83b	7.67ab
	d4	90.60c	22.60c	26.83b	7.33b
T5	d1	93.45ab	20.67b	29.50a	7.67a
	d2	93.84a	23.77a	30.17a	7.33ab
	d3	92.45b	18.27c	23.83b	6.67bc
	d4	90.65c	18.17c	22.83b	6.33c

花生群体是由许多既相对独立又彼此联系的个体组成，同时形成了群体内特有的小环境。这一小环境的好坏，影响着每个个体的生长发育，不同种植密度对花生个体和群体生长发育、农艺性状的影响不同（表 8-6）。6 月 15 日及以前（T1、T2、T3）播种，密度低于 10 000 穴/亩（D3）时，随密度增加，主茎高增加，分枝数减少，密度高于 10 000 穴/亩（D3）时，主茎高、侧枝长、分枝数均减少；6 月 15 日以后（T4、T5）播种，密度高于 11 000 穴/亩（d2）时，主茎高、侧枝长、分枝数呈降低趋势。说明密度对夏直播花生植株性状影响明显，不同播期应采取不同密度，以促进花生营养生长，建立合理群体。本试验条件下，6 月 15 日以前播种，密度以 10 000 穴/亩为宜；6 月 15 日以后播种，密度以 11 000 穴/亩为宜。

表 8-6　密度对露地夏直播花生农艺性状的影响（结荚期）（张倩，2016）

处理		出苗率/%	主茎高/cm	侧枝长/cm	分枝数/个
T1	D1	93.15d	28.58c	32.51c	11.33a
	D2	95.37b	28.69c	32.98c	10.33ab
	D3	98.16a	30.83a	35.66a	10.00b
	D4	94.86c	29.74b	33.45b	9.33b
T2	D1	92.38c	25.37d	30.36c	10.33a
	D2	94.52b	27.34c	29.32d	10.33a
	D3	96.45a	30.21a	35.38a	9.33b
	D4	94.22b	28.62b	31.83b	9.00b
T3	D1	92.21c	24.06d	29.74c	9.67a
	D2	93.28b	27.15c	28.75d	9.33a
	D3	93.58a	29.15a	33.27a	9.00a
	D4	93.57a	28.45b	30.29b	8.67a
T4	d1	92.26ab	24.50c	30.52b	9.00a
	d2	92.87a	27.22a	32.13a	8.00b
	d3	90.68b	26.04b	26.83c	8.00b
	d4	90.43b	21.63d	25.28d	7.33ab
T5	d1	91.15b	20.93b	29.67b	8.33a
	d2	92.25a	24.25a	30.42a	7.33b
	d3	90.59c	19.15c	23.45c	7.33b
	d4	88.94d	18.75d	22.15d	6.33c

花生群体的生长状况在一定程度上能够影响花生干物质积累，研究花生干物质重，能够比较系统直观地探究密度对花生的影响（表 8-7）。6 月 15 日及以前（T1、T2、T3）播种，密度低于 10 000 穴/亩（D3）时，随密度增加，根、茎、叶、果干物质重增加，密度高于 10 000 穴/亩（D3）时，根、茎、叶、果干物质重减少；

6月15日以后（T4、T5）播种，密度高于 11 000 穴/亩（d2）时，根、茎、叶、果干物质重均减少。说明密度对夏直播花生干物质重影响明显，不同播期应采取不同种植密度才能增加花生各器官的干物质。本试验条件下，6月15日及以前播种，密度以 10 000 穴/亩为宜；6月15日以后播种，密度以 11 000 穴/亩为宜。

表 8-7 密度对覆膜夏直播花生干物质重的影响（结荚期）（张倩，2016）

处理		根/（g/株）	茎/（g/株）	叶/（g/株）	果/（g/株）
T1	D1	0.96ab	10.06d	11.60d	2.94d
	D2	0.94ab	11.89b	12.12c	3.07c
	D3	1.04a	12.59a	13.66a	3.53a
	D4	0.87b	11.66c	12.51b	3.39b
T2	D1	0.83a	10.03d	10.75d	2.78c
	D2	0.85a	11.26b	11.81c	2.78c
	D3	0.94a	11.81a	13.19a	3.44a
	D4	0.83a	10.96c	12.26b	3.07b
T3	D1	0.82ab	9.75c	10.31c	2.35d
	D2	0.69b	9.36d	10.27c	2.45c
	D3	0.85a	10.88a	12.11a	2.99a
	D4	0.80ab	10.78b	11.76b	2.94b
T4	d1	0.78ab	9.74b	10.55b	2.48c
	d2	0.86a	9.92a	11.08a	2.94a
	d3	0.77ab	8.79c	10.23c	2.61b
	d4	0.71b	8.63d	10.08d	2.60b
T5	d1	0.67b	8.56b	8.46c	2.40bc
	d2	0.79a	9.01a	10.09a	2.60a
	d3	0.76a	8.36c	10.21a	2.44b
	d4	0.67b	7.63d	9.85b	2.31c

不同密度处理下主茎高的变幅为 33.76～34.87cm，其中 8000 穴/亩处理的主茎最低（33.76cm），11 000 穴/亩处理的主茎最高（34.87cm），株高随着密度增大而增高，种植密度过大会引起旺长从而使株高增高（郭宁，2013）。不同密度处理下主茎高的变幅为 33.86～34.07cm，其中 120 000 穴/hm^2 处理的主茎高最低（33.86cm），165 000 穴/hm^2 处理的主茎高最高（34.07cm），株高随着密度增大而增高（陈华等，2008），但是不同密度处理间的主茎高没有显著差异。各密度处理下单株有效分枝数随着密度的增大而减少，变幅为 5.98～7.84 个，且方差分析表明不同密度处理的单株有效分枝数有显著性差异。本试验结果表明，6月15日及以前（T1、T2、T3）播种，种植密度为 10 000 穴/亩时，主茎最高，侧枝最长，随着种植密度增大，主茎高和侧枝长数值逐渐减小，其中，6月5日（T1）、6月

10 日（T2）播种，种植密度为 10 000 穴/亩时，出苗率最高；6 月 15 日以后（T4、T5）播种，密度高于 11 000 穴/亩（d2）时，主茎高、侧枝长数值下降，说明种植密度过大不利于花生群体营养生长发育，晚播处理适当增加密度能缓解晚播带来的不利影响，不同播期只有最适密度种植才能发挥群体高产潜力，达到高产优质的目的，这与前人研究结果一致。

研究数据表明，百果重随着种植密度的增加逐渐降低，变动幅度为 231~242g（姜言生等，2012）；随密度增加，千克果数也逐步增多，变动幅度为 590~625g，处理 1（7000 穴/亩）、处理 2（9000 穴/亩）、处理 3（11 000 穴/亩）之间千克果数及百果重差异均不显著，当播种密度大于 11 000 穴/亩时，百果重显著降低，但是千克果数却显著增加。此试验说明处理 1、处理 2 及处理 3 的群体与个体之间矛盾不突出，对千克果数及百果重影响较小，但当密度超过 11 000 穴/亩时，其矛盾突出，百果重显著降低，千克果数显著增加。本研究发现，6 月 5 日（T1）、6 月 10 日（T2）、6 月 15 日（T3）三个播期，10 000 穴/亩为最佳密度，此时根、茎、叶、果干物质重数值达到最大；6 月 20 日（T4）、6 月 25 日（T5）两个播期，11 000 穴/亩种植时最佳，此时营养生长较好，光合产物在各器官中的分配比例较高，进而积累较多的干物质。本试验表明不同播期只有最佳密度种植，才能增加花生各器官的干物质。

第二节　播期和密度对夏直播花生光合性能的影响

一、播期对夏直播花生光合性能的影响

一般情况下，光合速率越高，积累的光合产物越多，产量越高。如图 8-1 所示，密度一定，随着播期的推迟，植株叶片净光合速率逐渐下降。花针期，6 月 20 日（T4）播种的净光合速率比 6 月 5 日（T1）平均降低 8.54%，6 月 25 日（T5）播种的净光合速率比 6 月 5 日（T1）平均降低 10.56%；结荚期，6 月 20 日（T4）播种的净光合速率比 6 月 5 日（T1）平均降低 9.34%，6 月 25 日（T5）播种的净光合速率比 6 月 5 日（T1）平均降低 14.93%，并且花针期植株净光合速率能维持较高水平，结荚期达到顶峰。说明晚播显著降低了植株的净光合速率，播期推迟，光照强度减弱，光合时间缩短，光合速率下降，进而影响植株产量。

从图 8-2 可以看出，密度一定，随着播期的推迟，叶绿素含量变化趋势与净光合速率变化一致，呈下降趋势，说明较高的叶绿素含量是较高净光合速率的保障。花针期，6 月 20 日（T4）播种的叶绿素含量比 6 月 5 日（T1）平均降低 6.67%，6 月 25 日（T5）播种的叶绿素含量比 6 月 5 日（T1）平均降低 8.98%；结荚期，6 月 20 日（T4）播种的叶绿素含量比 6 月 5 日（T1）平均降低 2.94%，6 月 25 日

（T5）播种的叶绿素含量比 6 月 5 日（T1）平均降低 4.75%，且结荚期叶绿素含量高于花针期，说明播期过晚，叶绿素的生成受到抑制，在一定程度上造成了夏直播花生产量的降低。

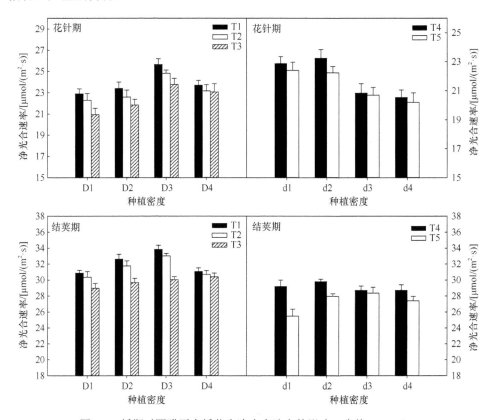

图 8-1 播期对覆膜夏直播花生净光合速率的影响（张倩，2016）

叶绿素荧光参数 F_v/F_m 是最大光化学量子产量，反映光系统 II（PS II）反应中心最大光能转换效率。ΦPS II 是 PS II 实际光化学量子产量，反映光照下 PS II 反应中心部分关闭时的实际原初光能捕获效率，即实际光化学效率。从表 8-8 可知，密度一定，随着播期的推迟，ΦPS II 呈现逐渐下降的趋势，且各播期处理间差异性显著。花针期，6 月 20 日（T4）播种的 ΦPS II 比 6 月 5 日（T1）平均降低 4.88%，6 月 25 日（T5）播种的 ΦPS II 比 6 月 5 日（T1）平均降低 6.19%；结荚期，6 月 20 日（T4）播种的 ΦPS II 比 6 月 5 日（T1）平均降低 6.82%，6 月 25 日（T5）播种的 ΦPS II 比 6 月 5 日（T1）平均降低 7.58%，且结荚期 ΦPS II 高于花针期，说明播期推迟，花生叶片中 PS II 反应中心光化学效率降低。密度一定，各播期处理间，最大光化学效率 F_v/F_m 存在一定的差异性，但差异性不太显著。综合表 8-8 所示 F_v/F_m、ΦPS II 可知，随着播期的推迟，叶片光合作用物质转换能力逐渐降低，干物质积累量减少，产量降低。

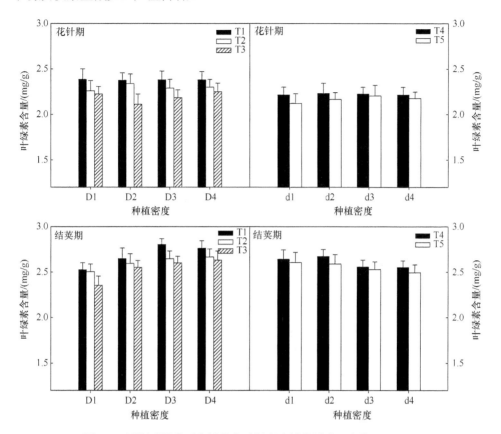

图 8-2 播期对覆膜夏直播花生叶绿素含量的影响（张倩，2016）

表 8-8 播期对覆膜夏直播花生叶绿素荧光参数的影响（张倩，2016）

处理		花针期		结荚期	
		F_v/F_m	ΦPSⅡ	F_v/F_m	ΦPSⅡ
D1	T1	0.84b	0.56a	0.89a	0.62a
	T2	0.81c	0.56a	0.88b	0.62a
	T3	0.87a	0.55b	0.87c	0.58b
D2	T1	0.86b	0.55a	0.88a	0.65a
	T2	0.86b	0.53b	0.89a	0.63b
	T3	0.87a	0.52c	0.85b	0.55c
D3	T1	0.88a	0.59a	0.87a	0.69a
	T2	0.88a	0.56b	0.87a	0.68b
	T3	0.87b	0.56b	0.87a	0.61c

续表

处理		花针期		结荚期	
		$F_\mathrm{v}/F_\mathrm{m}$	ΦPSⅡ	$F_\mathrm{v}/F_\mathrm{m}$	ΦPSⅡ
D4	T1	0.88a	0.56a	0.88a	0.68a
	T2	0.86b	0.55b	0.88a	0.68a
	T3	0.88a	0.53c	0.86b	0.57b
d1	T4	0.86b	0.54a	0.88a	0.62a
	T5	0.88a	0.52b	0.88a	0.62a
d2	T4	0.88a	0.55a	0.87a	0.63a
	T5	0.86b	0.54b	0.87a	0.62b
d3	T4	0.86a	0.53a	0.88a	0.61a
	T5	0.86a	0.53a	0.86b	0.61a
d4	T4	0.87a	0.53a	0.88a	0.60a
	T5	0.87a	0.53a	0.88a	0.59a

合理的冠层结构，最适的叶面积指数是充分利用光能提高花生产量的重要途径之一。叶面积指数是反映作物群体大小较好的动态指标，在一定范围内，作物的产量随叶面积指数的增大而提高。由图 8-3 可以看出，密度一定，随着播期的推迟，叶面积指数呈逐渐下降趋势，6 月 20 日（T4）播种的花生叶面积指数比 6 月 5 日（T1）平均降低 5.43%，6 月 25 日（T5）播种的花生叶面积指数比 6 月 5 日（T1）平均降低 6.44%。这说明提早播种可较长时间维持较高的叶面积指数，提高夏直播花生光能截获率及其利用效率，有利于光合作用的进行及干物质积累。

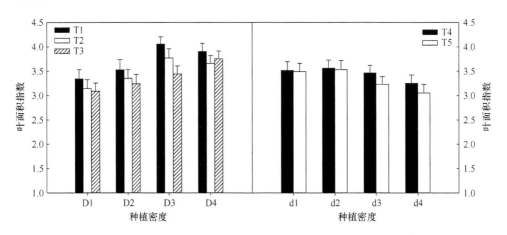

图 8-3　播期对覆膜夏直播花生叶面积指数的影响（结荚期）（张倩，2016）

二、密度对夏直播花生光合性能的影响

提高光合速率是高产栽培的生理基础。如图 8-4 所示，6 月 15 日及以前（T1、T2、T3）播种，密度低于 10 000 穴/亩（D3）时，随密度增加，净光合速率升高，密度高于 10 000 穴/亩（D3）时，净光合速率下降；6 月 15 日以后（T4、T5）播种，密度高于 11 000 穴/亩（d2）时，净光合速率呈下降趋势。说明密度对夏直播花生净光合速率影响明显，不同播期采用最佳密度种植才能提高夏直播花生净光合速率，达到增产的目的。本试验条件下，6 月 15 日以前播种，密度以 10 000 穴/亩为宜；6 月 15 日以后播种，密度以 11 000 穴/亩为宜。

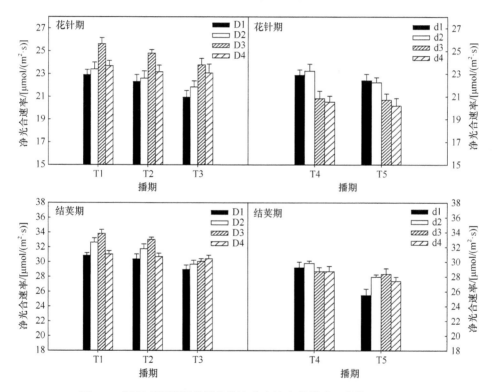

图 8-4　密度对覆膜夏直播花生净光合速率的影响（张倩，2016）

由表 8-9 可知，6 月 15 日及以前（T1、T2、T3）播种，10 000 穴/亩（D3）时，实际光化学效率 $\Phi PS\,II$ 最高，并与其他三个处理存在显著性差异，结荚期高于花针期；6 月 15 日以后（T4、T5）播种，密度 11 000 穴/亩（d2）时，实际光化学效率 $\Phi PS\,II$ 最高。说明不同播期下，各密度处理光合作用物质转换能力不同、产量不同。

表 8-9　密度对覆膜夏直播花生叶绿素荧光参数的影响（张倩，2016）

处理		花针期		结荚期	
		F_v/F_m	ΦPSⅡ	F_v/F_m	ΦPSⅡ
T1	D1	0.84c	0.56bc	0.89a	0.62d
	D2	0.86b	0.55c	0.88ab	0.65c
	D3	0.88a	0.59a	0.87c	0.69a
	D4	0.89a	0.56b	0.88b	0.68b
T2	D1	0.81d	0.56a	0.88b	0.62c
	D2	0.86c	0.53c	0.89a	0.63b
	D3	0.88a	0.56a	0.87c	0.68a
	D4	0.87b	0.55b	0.88b	0.68a
T3	D1	0.88b	0.55b	0.87b	0.58b
	D2	0.87c	0.53c	0.86b	0.55c
	D3	0.88b	0.56a	0.87a	0.61a
	D4	0.89a	0.53c	0.86b	0.57b
T4	d1	0.86b	0.54b	0.89a	0.62b
	d2	0.88a	0.55a	0.87b	0.63a
	d3	0.86b	0.53bc	0.86c	0.61c
	d4	0.88a	0.53c	0.88b	0.60d
T5	d1	0.88a	0.52b	0.88a	0.62a
	d2	0.87b	0.54a	0.88a	0.62a
	d3	0.87b	0.53b	0.88a	0.60b
	d4	0.87ab	0.53b	0.88a	0.59c

　　叶面积指数是评价光合性能的重要指标，适宜的叶面积发展动态是获得花生高产的重要条件。如图 8-5 所示，6 月 5 日（T1）、6 月 10 日（T2）播种，密度低于 10 000 穴/亩（D3）时，随密度增加，叶面积指数逐渐升高，密度高于 10 000 穴/亩（D3）时，叶面积指数逐渐下降；6 月 15 日（T3）、6 月 20 日（T4）、6 月 25 日（T5）播种，密度为 11 000 穴/亩时叶面积指数达到峰值。表明密度对叶面积指数影响显著，不同播期最佳密度种植，才能提高夏直播花生叶面积指数，有利于光合作用的进行及干物质积累，达到增产的目的。

　　如图 8-6 所示，6 月 15 日及以前（T1、T2、T3）播种，密度低于 10 000 穴/亩（D3）时，随密度增加，胞间 CO_2 浓度升高，密度高于 10 000 穴/亩（D3）时，胞间 CO_2 浓度下降；6 月 15 日以后（T4、T5）播种，随密度增大，胞间 CO_2 浓度逐渐减小。表明高密植条件下胞间 CO_2 浓度降低，不利于光合作用的进行，密度对胞间 CO_2 浓度影响明显，不同播期采用最佳密度种植才能提高夏直播花生胞间 CO_2 浓度，有利于光合作用的进行及干物质积累，达到增产的目的。

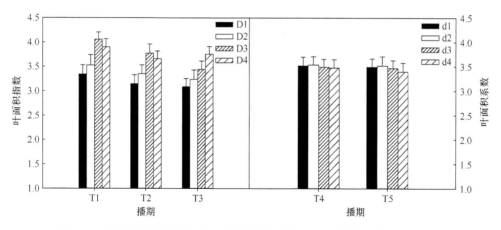

图 8-5 密度对覆膜夏直播花生叶面积指数的影响（结荚期）（张倩，2016）

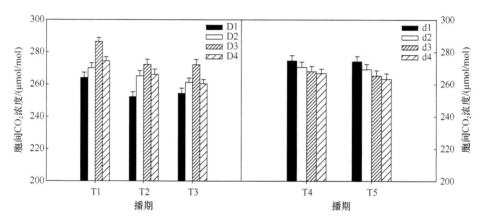

图 8-6 密度对覆膜夏直播花生胞间 CO_2 浓度的影响（结荚期）（张倩，2016）

合理密植之所以增产，在于能够充分利用光能。群体光合产量、荚果产量与密度大小密切相关。稀植时，群体因叶面积小影响了光合产量及荚果产量。在适宜密度范围内，随种植密度的加大，虽然光合生产率因群体叶面积增长而有所降低，但其光合产物下降的数量低于因叶面积增长而增加的数量，群体的总光合产量增加，光能利用率提高，荚果产量也高（吴志勇等，2006；吴亚平，2011）。本试验结果表明，6 月 15 日及以前（T1、T2、T3）播种，密度在 8000～10 000 穴/亩，净光合速率随种植密度的增加而增大，密度为 10 000 穴/亩（D3）时，净光合速率最大；6 月 15 日以后（T4、T5）播种，种植密度为 11 000 穴/亩时净光合速率最大，且结荚期光合速率高于花针期。密度增加，净光合速率降低，说明密植栽培通风透光性差，不利于光合作用的进行。本试验表明，不同播期只有最佳密度种植才能提高夏直播花生净光合速率，达到增产优质的目的。

在一定种植密度范围内，花生单株叶面积随密度的增加而减少，群体叶面积随种植密度的增加而增加。据测定,'北京大花生'在密度分别为每公顷 18 万株、22.5 万株、27 万株、30 万株时,单株最大叶面积分别是 3441.2cm^2、3397.7cm^2、2800.3cm^2、2566.3cm^2。不同生育时期有足够的绿叶面积是花生高产的基础,通过密度调节叶面积是花生高产栽培的一条有效途径。本研究发现,6 月 5 日(T1)、6 月 10 日(T2)两个播期,最佳种植密度为 10 000 穴/亩(D3),此时叶面积指数数值达到最大;6 月 15 日(T3)、6 月 20 日(T4)、6 月 25 日(T5)三个播期,种植密度为 11 000 穴/亩时叶面积指数最大,随着种植密度的增加叶面积指数逐渐降低。本试验表明,不同播期在最佳密度种植条件下才能维持较高的叶面积指数,提高光合作用及干物质积累量,增加产量。

CO_2 是植物进行光合作用的主要原料,叶片胞间 CO_2 浓度是影响光合速率的重要因素。本研究表明,6 月 15 日及以前(T1、T2、T3)播种,密度低于 10 000 穴/亩(D3)时,随密度增加,胞间 CO_2 浓度升高,密度高于 10 000 穴/亩(D3)时,胞间 CO_2 浓度下降;6 月 15 日以后(T4、T5)播种,随密度增大,胞间 CO_2 浓度数值逐渐减小。表明,高密植条件下胞间 CO_2 浓度降低,不利于光合作用的进行,种植密度对胞间 CO_2 浓度影响明显,不同播期采用最佳密度种植才能提高夏直播花生胞间 CO_2 浓度,有利于光合作用的进行及干物质积累,达到增产的目的。

第三节　播期对夏直播花生根系活力 和硝酸还原酶活性的影响

一、播期对夏直播花生根系活力的影响

根系活力是反映根系吸收功能的一项综合指标,也是作物生长健壮的重要标志之一。从图 8-7 可以看出,种植密度一定,随着播期的推迟,根系活力呈现逐渐下降的趋势,6 月 20 日(T4)播种的根系活力比 6 月 5 日(T1)播种的平均显著降低 10.71%,6 月 25 日(T5)播种的根系活力比 6 月 5 日(T1)播种的平均显著降低 14.79%,说明播期推迟根系吸收功能下降,植株生长渐弱,植株矮小低产。

二、播期对夏直播花生硝酸还原酶活性的影响

硝酸还原酶是植物氮代谢的关键酶,是催化硝酸根离子转化为氨基酸的第一步反应,其活性大小影响着硝酸根离子转化的强度和速度,在一定程度上反映了植物蛋白质的合成和氮代谢。如图 8-8 所示,密度一定,随着播期的推迟,硝酸还原酶活性逐渐降低,6 月 20 日(T4)播种的硝酸还原酶活性比 6 月 5 日(T1)

播种的平均降低 7.89%，6 月 25 日（T5）播种的硝酸还原酶活性比 6 月 5 日（T1）播种的平均降低 11.85%，表明适期早播能促进花生体内的氮代谢，有利于氮素转化，从而促进花生籽仁中蛋白质的形成和积累。

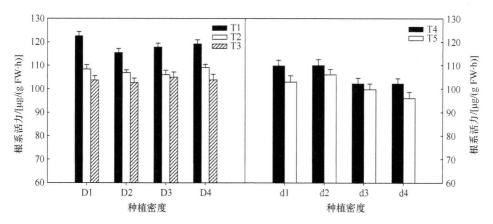

图 8-7　播期对覆膜夏直播花生根系活力的影响（结荚期）（张倩，2016）

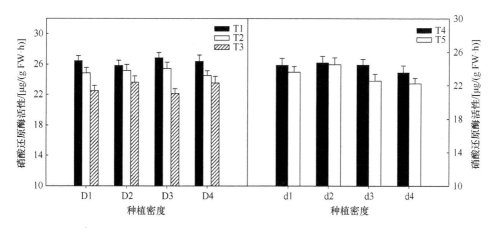

图 8-8　播期对覆膜夏直播花生硝酸还原酶活性的影响（结荚期）（张倩，2016）

研究认为不同播期花生功能叶片的净光合速率变化动态一致，花生出苗后，随着植株的生长，功能叶片净光合速率逐渐提高，结荚初期达到最大值，之后随植株衰老叶片净光合速率逐渐下降，播期越晚下降得越快，与叶片叶绿素含量变化相吻合（于旸等，2011）。播期影响花生功能叶片的叶绿素含量，净光合速率与叶绿素含量变化趋势一致。本研究结果表明，夏直播花生叶片净光合速率及叶绿素含量均随着播期的推迟，呈现逐渐下降趋势。说明早播有利于提高叶片叶绿素含量，提高叶片净光合速率，光合产物增加。因此，适时抢播是夏直播花生实现高产的关键。

适期播种可较长时间维持较高的叶面积指数,有利于光合作用和干物质积累。研究指出,就出苗后天数而言,播种时间过早(如 4 月 10 日),花生出苗后叶面积增长比较缓慢,达到峰值所需时间比较长,峰值低,为 5.5;采用适宜播种日期(如 4 月 30 日、5 月 10 日),叶面积增长比较快,峰值最高,分别为 6.1、6.3;播种日期过晚(如 5 月 30 日),尽管出苗后叶面积增长比较快,到达峰值所需时间短,但是峰值比较低,且较高叶面积指数维持的时间相对较短,叶面积下降比较快。本研究结果表明,夏直播花生适时抢播,能维持结荚期较高的叶面积指数,播期推迟,叶面积指数逐渐下降。

花生植株的营养主要来源于根系对养分的吸收,根系能够直接吸收并利用土壤中的养分,对产量有着重要的贡献。同时,根系活力的强弱又是反映花生根系吸收功能的综合指标,因其连接地上部的营养生长和地下部的荚果产量。本研究结果表明,随着夏直播花生播种日期的推迟,根系活力逐渐下降,是荚果产量较低的影响因素之一。

花生各器官硝酸还原酶活性均随生育期的推进呈下降趋势,花针期根系中的硝酸还原酶活性较高,结荚期和饱果期叶片中硝酸还原酶活性与根中的达到相近水平(张智猛等,2008)。本研究结果表明,对于夏直播花生,硝酸还原酶活性随着播期的推迟逐渐降低。

第四节　播期和密度对夏直播花生产量及其构成因素的影响

一、播期对夏直播花生产量及产量构成因素的影响

从图 8-9 可以看出,密度一定,播期对花生荚果产量影响显著,随着播期的推迟,产量呈下降趋势。6 月 5 日(T1)播种荚果产量最高,达 4403.75kg/hm²,6 月 25 日(T5)播种荚果产量最低,为 3647.50kg/hm²,6 月 10 日(T2)播种荚果产量比 6 月 5 日(T1)平均降低 3.97%,6 月 15 日(T3)播种荚果产量比 6 月 5 日(T1)平均降低 12.66%,6 月 20 日(T4)播种荚果产量比 6 月 5 日(T1)平均降低 10.93%,6 月 25 日(T5)播种荚果产量比 6 月 5 日(T1)平均降低 17.17%。从图 8-10 可知,露地栽培变化趋势与覆膜一致,产量随播期的推迟逐渐降低,说明对于夏直播花生,适时抢播是提高荚果产量的关键,播期越早,产量越高。

单株结果数、千克果数、出仁率等产量构成因素是花生高产种质筛选的重要指标,可作为鉴定花生适宜播期的依据。由表 8-10、表 8-11 可知,覆膜栽培条件下,在 D1、D2 和 D3 这三个密度下,播期推迟,籽仁产量逐渐降低,且各播期处理间存在差异,6 月 20 日(T4)播种籽仁产量比 6 月 5 日(T1)平均降低 11.36%,

6月25日（T5）播种籽仁产量比6月5日（T1）平均降低18.54%。除D1外，随播期推迟，出仁率也呈下降趋势。由表8-12、表8-13可以看出，露地栽培产量构成因素与覆膜栽培相一致，6月15日以前，为节省成本，可以直接露地栽培；6月15日以后，为提高产量，应采取覆膜栽培。

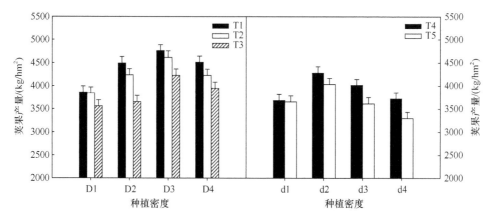

图 8-9　播期对覆膜夏直播花生荚果产量的影响（张倩，2016）

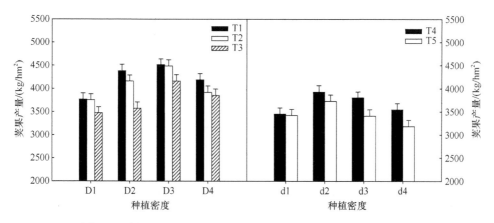

图 8-10　播期对露地夏直播花生荚果产量的影响（张倩，2016）

表 8-10　播期对覆膜夏直播花生产量构成因素的影响（一）（张倩，2016）

	处理	单株结果数/个	荚果产量/（kg/hm²）	籽仁产量/（kg/hm²）	千克果数/个	出仁率/%
	T1	10.48b	3855a	2682.38a	551b	69.58a
D1	T2	10.72a	3840a	2700.26a	589a	70.32a
	T3	10.27b	3560b	2493.05b	580a	70.02a
	T1	10.38ab	4490a	3234.96a	561b	72.05a
D2	T2	11.36a	4235b	3024.41b	627a	70.84a
	T3	10.14b	3655c	2579.44c	623a	70.57a

续表

处理		单株结果数/个	荚果产量/（kg/hm²）	籽仁产量/（kg/hm²）	千克果数/个	出仁率/%
D3	T1	11.10a	4760a	3480.41a	632b	73.12a
	T2	12.03a	4615b	3269.35b	628b	71.42b
	T3	11.74a	4225c	2990.95c	724a	70.78b
D4	T1	9.69b	4510a	3061.83b	619b	72.47a
	T2	10.23ab	4225b	3192.08a	651ab	70.78b
	T3	11.07a	3945c	2748.74c	676a	69.68c
d1	T4	10.44a	3680a	2570.75a	697a	69.85a
	T5	10.80a	3655a	2560.82a	712a	70.06a
d2	T4	11.72a	4275a	3042.77a	733a	71.18a
	T5	10.85a	4030b	2828.07b	707a	70.17b
d3	T4	10.19a	4015a	2817.80a	681b	70.18a
	T5	9.97a	3610b	2496.29b	753a	69.15a
d4	T4	8.50a	3720a	2612.46a	729b	70.22a
	T5	8.39a	3295b	2264.88b	772a	68.74b

表 8-11　播期对覆膜夏直播花生产量构成因素的影响（二）（张倩，2016）

处理	单株结果数/个	荚果产量/（kg/hm²）	籽仁产量/（kg/hm²）	千克果数/个	出仁率/%
T1	10.41	4404	3114.90	591	71.81
T2	11.08	4229	3046.53	624	70.82
T3	10.81	3846	2703.05	656	70.27
T4	10.21	3923	2760.94	710	70.36
T5	10.01	3648	2537.52	736	69.53

表 8-12　播期对露地夏直播花生产量构成因素的影响（一）（张倩，2016）

处理		单株结果数/个	荚果产量/（kg/hm²）	籽仁产量/（kg/hm²）	千克果数/个	出仁率/%
D1	T1	10.35a	3765a	2609.70a	545a	69.31a
	T2	10.49a	3755a	2590.40a	559a	68.99a
	T3	10.30a	3475b	2419.38b	567a	69.62a
D2	T1	10.21ab	4380a	3120.89a	553b	71.25a
	T2	10.86a	4160b	2937.85b	589a	70.44a
	T3	9.94b	3575c	2503.93c	595a	70.04a
D3	T1	11.44a	4515a	3259.17a	576b	72.19a
	T2	11.16a	4485b	3159.29b	575b	70.62a
	T3	10.74b	4160c	2917.10c	637a	70.12b
D4	T1	9.75c	4190a	3014.12a	592a	71.94a
	T2	10.08b	3920b	2758.79b	563b	70.38b
	T3	10.41a	3855b	2670.59c	629a	69.28c

续表

处理		单株结果数/个	荚果产量/（kg/hm²）	籽仁产量/（kg/hm²）	千克果数/个	出仁率/%
d1	T4	9.53a	3450a	2331.74a	677b	67.59a
	T5	9.49a	3425a	2276.42a	712a	66.46a
d2	T4	10.85a	3925a	2657.83a	688b	67.71a
	T5	10.38b	3730b	2493.22b	711a	66.84a
d3	T4	8.19b	3805a	2523.32a	655b	66.32a
	T5	8.45a	3410b	2239.70b	740a	65.68a
d4	T4	7.11a	3545a	2361.69a	709b	66.62a
	T5	6.39b	3185b	2087.30b	748a	65.54a

表 8-13 播期对露地夏直播花生产量构成因素的影响（二）（张倩，2016）

处理	单株结果数/个	荚果产量/（kg/hm²）	籽仁产量/（kg/hm²）	千克果数/个	出仁率/%
T1	10.44	4275	3046.66	567	71.17
T2	10.65	4114	2885.22	571	70.11
T3	10.73	3788	2642.61	607	69.76
T4	8.92	3681	2468.61	682	67.06
T5	8.68	3437	2274.13	728	66.13

花生产量由单位面积株数、单株结果数和果重（千克果数）构成。花生晚播生育期缩短，后期生长发育进程加快，荚果充实期缩短，造成减产（张林等，2011）。适宜的播期可增加花生单株结果数，早播和晚播均不利于花生结果，5 月 10 日播种的单株结果数达到 16.8 个，极显著高于 4 月 20 日以前和 5 月 20 日以后播种的（于旸等，2011）；适期播种有利于荚果充实饱满，果重较高，晚播的果重较低，5 月 10 日播种的果重较 5 月 30 日播种的增加 14.2%，差异达显著水平。

本研究发现，对于夏直播花生，6 月 5 日播种荚果产量最高，达 4403.75kg/hm²，6 月 25 日（T5）播种荚果产量最低，T2 播种荚果产量比 T1 平均显著降低 3.97%，播期推迟，荚果产量呈现逐渐下降趋势。在 D1、D2 和 D3 这三个密度下，籽仁产量均随着播期的推迟，逐渐降低，6 月 5 日播种籽仁产量高达 3114.90kg/hm²，6 月 20 日（T4）播种籽仁产量比 6 月 5 日（T1）平均显著降低 11.36%，6 月 25 日（T5）播种籽仁产量比 6 月 5 日（T1）平均显著降低 18.54%。说明夏直播花生适时抢播是花生高产实现的关键。6 月 15 日及以前（T1、T2、T3）播种，覆膜栽培与露地栽培荚果产量相差不大，为节省成本，可以直接露地栽培；6 月 15 日以后（T4、T5）播种，覆膜栽培与露地栽培荚果产量相差较大，为提高产量，应采用覆膜栽培的种植方式。

二、密度对夏直播花生产量及产量构成因素的影响

如图 8-11 所示，播期一定，密度对覆膜夏直播花生荚果产量影响显著。6 月
15 日及以前（T1、T2、T3）播种，密度低于 10 000 穴/亩（D3）时，随种植密度
增加，荚果产量升高，种植密度为 10 000 穴/亩（D3）时，荚果产量最高，分别为
4760kg/hm²、4615kg/hm²、4225kg/hm²；6 月 15 日以后（T4、T5）播种，密度高
于 11 000 穴/亩（d2）时，荚果产量呈下降趋势，种植密度为 11 000 穴/亩（d2）时，
荚果产量分别高达 4275kg/hm²、4030kg/hm²。表明，晚播条件下适当增加密度可
以缓解晚播带来的不利影响，密度对夏直播花生荚果产量影响明显，不同播期采
用最佳密度种植才能发挥夏直播花生群体高产潜力，达到增产的目的。本试验条
件下，6 月 15 日及以前播种，密度以 10 000 穴/亩为宜；6 月 15 日以后播种，密
度以 11 000 穴/亩为宜。从图 8-12 可以看出，露地夏直播花生荚果产量变化趋势
与覆膜一致。

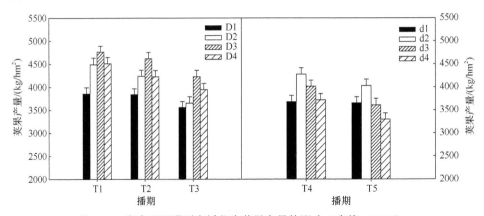

图 8-11　密度对覆膜夏直播花生荚果产量的影响（张倩，2016）

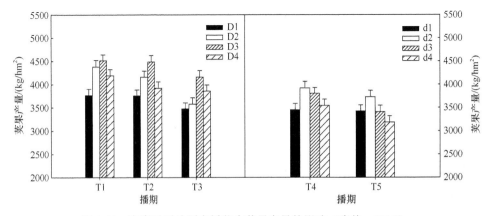

图 8-12　密度对露地夏直播花生荚果产量的影响（张倩，2016）

　　单株结果数、籽仁产量、千克果数、出仁率等产量构成因素是花生高产种质筛选的重要指标，可作为鉴定花生适宜密度的依据。从表 8-14 可以看出，6 月 15 日及以前（T1、T2、T3）播种，密度低于 10 000 穴/亩（D3）时，随密度增加，单株结果数、籽仁产量及荚果产量升高，密度高于 10 000 穴/亩（D3）时，单株结果数、籽仁产量及荚果产量降低；6 月 15 日以后（T4、T5）播种，密度高于 11 000 穴/亩（d2）时，单株结果数、籽仁产量及荚果产量呈下降趋势。由表 8-15 可以看出，露地夏直播花生产量构成因素变化趋势与覆膜栽培一致。

表 8-14　密度对覆膜夏直播花生产量构成因素的影响（张倩，2016）

处理		单株结果数/个	荚果产量/（kg/hm²）	籽仁产量/（kg/hm²）	千克果数/个	出仁率/%
T1	D1	10.48ab	3855c	2862.38d	551b	69.58c
	D2	10.38ab	4490b	3234.96b	561b	72.05b
	D3	11.10a	4760a	3840.41a	632a	73.12a
	D4	9.69b	4510b	3061.83c	619a	72.47ab
T2	D1	10.72bc	3840c	2700.26c	589b	70.32a
	D2	11.36ab	4235b	3024.41b	627a	70.84a
	D3	12.03a	4615a	3269.35a	628a	71.42a
	D4	10.23c	4225b	3192.08a	651a	70.78a
T3	D1	10.27bc	3560d	2493.05d	580c	70.02ab
	D2	10.14c	3655c	2579.44c	643b	70.57a
	D3	11.74a	4225a	2900.95a	724a	70.79a
	D4	11.07ab	3945b	2748.74b	676ab	69.68b
T4	d1	10.44b	3680c	2570.75c	697b	69.85b
	d2	11.72a	4275a	3042.77a	733a	71.18a
	d3	10.19b	4015b	2817.80b	681b	70.18b
	d4	8.50c	3720c	2612.46c	729a	70.22b
T5	d1	10.80a	3655b	2560.82b	712b	70.06a
	d2	10.85a	4030a	2828.07a	707b	70.17a
	d3	9.97b	3610b	2496.29b	753a	69.15b
	d4	8.40c	3295c	2264.88c	772a	68.74c

表 8-15　密度对露地夏直播花生产量构成因素的影响（张倩，2016）

处理		单株结果数/个	荚果产量/（kg/hm²）	籽仁产量/（kg/hm²）	千克果数/个	出仁率/%
T1	D1	10.35b	3765d	2609.70d	545b	69.31c
	D2	10.21b	4380b	3120.71b	553b	71.25b
	D3	11.44a	4515a	3259.04a	576a	72.19b
	D4	9.75c	4190c	3014.15c	592a	71.94b
T2	D1	10.49bc	3755d	2590.51c	559b	68.99b
	D2	11.16a	4160b	2938.00b	589a	70.62a

续表

处理		单株结果数/个	荚果产量/（kg/hm²）	籽仁产量/（kg/hm²）	千克果数/个	出仁率/%
T2	D3	10.86ab	4485a	3159.35a	575ab	70.44a
	D4	10.08c	3920c	2758.78b	563b	70.38a
T3	D1	10.30b	3475d	2419.33d	567b	69.63b
	D2	9.94c	3575c	2503.91c	595b	70.04a
	D3	10.41b	4160a	2917.10a	637a	70.12a
	D4	10.74a	3855b	2670.58b	629a	69.27b
T4	d1	9.53b	3450c	2331.74c	677ab	67.59a
	d2	10.85a	3925a	2657.83a	688a	67.71a
	d3	8.19c	3805b	2523.32b	655b	66.32b
	d4	7.11d	3545c	2361.69c	709a	66.62ab
T5	d1	9.49b	3425b	2276.42b	712b	66.46ab
	d2	10.38a	3730a	2493.22a	711b	66.84a
	d3	8.45c	3410b	2239.71b	740a	65.68b
	d4	6.40d	3185c	2087.30c	748a	65.54b

单位面积产量伴随密度增加而逐渐递增，但密度增加到一定范围时，单位面积产量则出现下滑趋势。试验以 1.00 万窝/亩密度单产最高，达 219.6kg，高于或低于此密度的产量均不理想（杨胜和和夏延茂，2011）。因此，花生示范推广建议采用 1.00 万窝/亩。‘鲁花 9 号’随种植密度的增大产量先升高后降低，在 10 000 穴/亩密度下产量最高（435.00kg/亩），在 8000 穴/亩密度下产量最低（348.80kg/亩），密度小不能达到足够的株数，亩果数会降低，百果重虽高，但是产量难以达到最高，只有在适宜密度下才能实现‘鲁花 9 号’的高产（郭宁，2013）。

本研究结果表明，6 月 15 日及以前（T1、T2、T3）播种，覆膜栽培夏直播花生最佳种植密度为 10 000 穴/亩（D3），此时荚果产量最高，分别为 4760kg/hm²、4615kg/hm²、4225kg/hm²，单株结果数及籽仁产量也最高；6 月 15 日以后（T4、T5）播种，密度高于 11 000 穴/亩（d2）时，单株结果数、籽仁产量及荚果产量呈下降趋势。露地栽培与覆膜种植趋势一致。表明，不同播期只有采用最佳密度种植才能发挥夏直播花生群体高产潜力，达到增产的目的，这与前人研究结果一致。晚播条件下可以适当增加密度，以缓解晚播带来的不利影响。

第五节　播期和密度对夏直播花生品质的影响

一、播期对夏直播花生品质的影响

由表 8-16 可以看出，6 月 20 日（T4）播种粗脂肪含量比 6 月 5 日（T1）平均显著降低 4.53%，6 月 25 日（T5）播种粗脂肪含量比 6 月 5 日（T1）平均显著降低 6.30%；6 月 20 日(T4)播种蛋白质含量比 6 月 5 日(T1)平均显著降低 8.50%，6 月 25 日（T5）播种蛋白质含量比 6 月 5 日（T1）平均显著降低 13.89%；6 月 20 日（T4）播种可溶性糖含量比 6 月 5 日（T1）平均显著提高 33.67%，6 月 25 日（T5）播种可溶性糖含量比 6 月 5 日（T1）平均显著提高 39.90%。从表 8-17 可以看出，露地栽培的变化趋势与覆膜种植一致。说明播期过晚阻止了可溶性糖向蛋白质和脂肪的转化，降低了籽仁中粗脂肪和蛋白质的含量。

表 8-16　播期对覆膜夏直播花生籽仁品质的影响（张倩，2016）

处理		粗脂肪含量/%	蛋白质含量/%	可溶性糖含量/%	O/L
D1	T1	49.40a	27.32a	7.30b	1.34a
	T2	48.75a	25.48b	9.19a	1.30b
	T3	46.89b	25.37b	10.40a	1.28c
D2	T1	49.89a	27.49a	7.39c	1.34a
	T2	48.50b	25.74b	8.94b	1.31b
	T3	47.89b	25.34b	10.31a	1.28c
D3	T1	49.70a	27.69a	7.13b	1.37a
	T2	48.57ab	26.23b	9.39a	1.32b
	T3	48.12b	25.61b	9.95a	1.29c
D4	T1	49.88a	27.33a	7.46c	1.35a
	T2	48.21b	25.40b	9.31b	1.30b
	T3	47.88b	24.93b	10.21a	1.29c
d1	T4	47.22a	25.44a	10.71b	1.28a
	T5	46.61a	23.73b	12.19a	1.26b
d2	T4	47.79a	24.94a	11.42b	1.28a
	T5	46.84a	23.89a	12.36a	1.26b
d3	T4	47.51a	25.13a	10.89b	1.27a
	T5	46.62b	23.54b	12.21a	1.25b
d4	T4	47.34a	24.98a	11.12b	1.27a
	T5	46.27b	23.42a	11.96a	1.23b

花生油脂中有 8 种脂肪酸含量超过总量 1%，仅油酸、棕榈酸、亚油酸就占 90% 以上。油酸及亚油酸营养价值与其他相比较高，且花生脂肪酸中油酸/亚油酸（O/L）值是花生制品耐储藏的重要指标，O/L 值较高可以延长储藏时间，进而提高花生制品的货架期。如表 8-16 所示，种植密度一定，随着播期的推迟，O/L 值逐渐降低，6 月 20 日（T4）播种 O/L 值比 6 月 5 日（T1）平均显著降低 5.56%，6 月 25 日（T5）播种 O/L 值比 6 月 5 日（T1）平均显著降低 7.40%。表明，发展夏直播花生应适时抢播，以保证花生及其制品的耐储藏性。

表 8-17 播期对露地夏直播花生籽仁品质的影响（张倩，2016）

处理		粗脂肪含量/%	蛋白质含量/%	可溶性糖含量/%	O/L
D1	T1	49.33a	27.08a	7.50c	1.33a
	T2	48.16b	25.25b	9.22b	1.28b
	T3	48.02b	25.13b	10.54a	1.28b
D2	T1	49.73a	27.55a	7.78c	1.33a
	T2	48.25b	26.07b	8.99b	1.29b
	T3	47.87b	25.16c	9.86a	1.28c
D3	T1	49.24a	27.47a	7.43b	1.35a
	T2	48.70b	26.19b	9.39a	1.30b
	T3	48.12c	26.00b	9.95a	1.28c
D4	T1	49.79a	26.67a	8.06c	1.34a
	T2	47.98b	26.07b	9.15b	1.30b
	T3	47.84b	24.87c	10.50a	1.28c
d1	T4	46.76a	23.44a	12.51a	1.26a
	T5	45.91b	23.07b	12.59a	1.24b
d2	T4	46.46a	24.01a	11.72b	1.26a
	T5	46.22a	23.71b	12.65a	1.25b
d3	T4	46.02a	23.47b	12.89b	1.25a
	T5	45.62b	22.54b	13.21a	1.23b
d4	T4	45.34a	23.64a	12.12b	1.24a
	T5	45.27b	22.42b	12.96a	1.23b

花生籽仁中蛋白质含量和脂肪含量随播期推迟均下降，趋势明显（甄志高等，2003）。播期晚于 5 月 1 日后，蛋白质含量和 O/L 值表现为减少趋势，脂肪含量在 4 月 19 日后播种呈降低趋势（王激清等，2012）。不同播期脂肪含量有明显差异，春播>麦套期播>夏直播，即随着播种期推迟脂肪含量呈下降趋势（程增书等，2006）。本研究结果表明，夏直播花生播期过晚，粗脂肪含量、蛋白质含量及 O/L 值数值较低，可溶性糖含量较高，花生耐储藏性能较差，晚播导致夏直播花生品质下降，这与前人研究结果一致。

二、密度对夏直播花生品质的影响

脂肪、蛋白质及可溶性糖含量是衡量花生籽仁品质的重要指标。从表 8-18、表 8-19 可以看出，无论覆膜栽培还是露地栽培，播期一定，各密度栽培条件下，粗脂肪、蛋白质、可溶性糖含量及 O/L 值数值差别不大。表明，不同密度对夏直播花生品质的影响不明显。

表 8-18　密度对覆膜夏直播花生籽仁品质的影响（张倩，2016）

处理		粗脂肪含量/%	蛋白质含量/%	可溶性糖含量/%	O/L
T1	D1	49.41a	27.32a	7.30a	1.33c
	D2	49.89a	27.49a	7.39a	1.34bc
	D3	49.70a	27.69a	7.13a	1.37a
	D4	49.89a	27.33a	7.46a	1.35b
T2	D1	48.75a	25.48b	9.20a	1.30b
	D2	48.50a	25.74ab	8.94a	1.31a
	D3	48.57a	26.23a	9.39a	1.32a
	D4	48.21a	25.40b	9.31a	1.30b
T3	D1	46.89a	25.37a	10.40a	1.28b
	D2	47.90a	25.34a	10.31a	1.28b
	D3	48.12a	25.61a	9.95a	1.29a
	D4	47.88a	24.93a	10.21a	1.29a
T4	d1	47.22a	25.44a	10.71c	1.28a
	d2	47.79a	24.94b	11.42a	1.28a
	d3	47.51a	25.13ab	10.89c	1.27b
	d4	47.34a	24.98b	11.12b	1.27b
T5	d1	46.61ab	23.73a	12.19a	1.26a
	d2	46.84a	23.89a	12.36a	1.26a
	d3	46.62ab	23.54a	12.21a	1.25a
	d4	46.27b	23.42a	11.96a	1.23b

表 8-19　密度对露地夏直播花生籽仁品质的影响（张倩，2016）

处理		粗脂肪含量/%	蛋白质含量/%	可溶性糖含量/%	O/L
T1	D1	49.33a	27.08a	7.50a	1.33c
	D2	49.73a	27.55a	7.78a	1.33c
	D3	49.24a	27.47a	7.43a	1.35a
	D4	49.79a	26.67a	8.06a	1.34b
T2	D1	48.16a	25.25b	9.22a	1.28b
	D2	48.25a	26.07ab	8.99a	1.29a
	D3	48.70a	26.19a	9.39a	1.30a
	D4	47.98a	26.07ab	9.15a	1.30a
T3	D1	48.02a	25.13a	10.54a	1.28a
	D2	47.87a	25.16a	9.86a	1.28a
	D3	48.12a	26.00a	9.95a	1.28a
	D4	47.84a	24.87b	10.50a	1.28a
T4	d1	46.76a	23.44a	12.51a	1.26a
	d2	46.46a	24.01a	11.72a	1.26a

续表

处理		粗脂肪含量/%	蛋白质含量/%	可溶性糖含量/%	O/L
T4	d3	46.02a	23.47a	12.89a	1.25b
	d4	45.34a	23.64a	12.12a	1.24c
T5	d1	45.91b	23.07a	12.59a	1.24b
	d2	46.22a	23.71a	12.65a	1.25a
	d3	45.62b	22.54a	13.21a	1.23c
	d4	45.27b	22.42a	12.96a	1.23c

　　试验结果显示，2003 年和 2004 年间相同种植密度条件下脂肪含量，蛋白质含量有一定差异，但在同一年份内不同种植密度间，脂肪含量、蛋白质含量没有明显差异（程增书等，2006）。结果表明，种植密度对花生的内在品质没有明显影响，高密度种植不会降低花生脂肪和蛋白质含量。本研究结果表明，播期一定，各密度栽培条件下，粗脂肪、蛋白质、可溶性糖含量及 O/L 值数值差别不大，说明不同种植密度对夏直播花生品质的影响不明显，这与前人研究结果一致。

参 考 文 献

陈华, 杨海棠, 白桂芳. 2008. 不同种植密度对花生品种郑花 5 号产量的影响. 陕西农业科学, (1): 5-6.
程增书, 徐桂真, 王延兵, 等. 2006. 播期和密度对花生产量和品质的影响. 中国农学通报, 6(7): 99-104.
高俊山. 1988. 豫东平原砂区花生栽培技术规程研究. 河南农业科学, (6): 8-10.
葛再伟, 杨丽英. 2002. 不同种植密度对花生生育及产量的影响. 花生学报, 31(3): 33-35.
郭宁. 2013. 不同种植密度对花生鲁花 9 号产量的影响. 农学科技通讯, (11): 110-111.
黄敬雄. 2001. 花生覆膜栽培不同播期效果试验. 福建农业科技, (2): 002.
姜辉. 2012. 适应气象条件的花生生育进程及增产机理研究. 泰安: 山东农业大学.
姜言生, 付春, 李成军, 等. 2012. 不同种植密度对潍花 8 号主要农艺性状及产量的影响. 山东农业科学, 44(4): 58-59.
刘登望. 1996. 播期与气象条件对花生发育和产量的影响. 作物研究, (4): 27-30.
刘明, 陶洪斌, 王璞, 等. 2009. 播期对春玉米生长发育与产量形成的影响. 中国生态农业学报, 17(1): 18-23.
沈毓骏. 1954. 落花生的密植试验. 农业学报, 5(2-4): 261-266.
孙彦浩, 王才斌, 陶寿祥, 等. 1998. 试论花生的高产潜力和途径. 花生科技, (4): 5-9.
孙彦浩. 1997. 花生高产种植新技术. 北京: 金盾出版社.
万书波. 2003. 中国花生栽培学. 上海: 上海科学技术出版社.
王激清, 白宝民, 刘社平. 2012. 播期和密度对冀西北彩色花生产量及品质的影响. 河南农业科学, 41(12): 56-58.
吴国梁, 崔秀珍. 2003. 麦套花生密矮栽培对花生生长发育的影响. 中国农学通报, 19(6): 117-119.

吴亚平. 2011. 种植密度对花育 30 号生长发育的影响. 山东农业科学, 4: 42-43.

吴志勇, 丁世斌, 黄亚利, 等. 2006. 不同密度和化控量对制种玉米产量及农艺性状影响的研究. 新疆农业科学, 43(S1): 85-87.

杨胜和, 夏延茂. 2011. 不同密度对花生的生育期和农艺性状及产量的影响. 耕作与栽培, (6): 40-53.

于旸, 王铭伦, 张俊, 等. 2011. 播期对花生光合性能与产量影响的研究. 青岛农业大学学报, 28(1): 16-19.

张俊, 王铭伦, 王月福, 等. 2010. 不同种植密度对花生群体透光率的影响. 山东农业科学, (10): 52-54.

张林, 马超, 吴正锋, 等. 2011. 鲁西南地区花生适宜播期研究. 中国农学通报, 27(7): 147-152.

张倩. 2016. 播期与密度对夏直播花生生理特性及产量、品质的影响. 泰安: 山东农业大学.

张思斌, 王丽丽, 丛星梅, 等. 2011. 大花生品种花育 22 号不同播期试验. 山东农业科学, (8): 12-15.

张智猛, 万书波, 宁堂原, 等. 2008. 氮素水平对花生氮素代谢及相关酶活性的影响. 植物生态学报, 32(6): 1407-1416.

甄志高, 王晓林, 段莹, 等. 2003. 播期对花生生长发育及产量的影响. 安徽农业科学, 31(5): 722-726.

甄志高, 王晓林, 段莹, 等. 2004. 不同种植密度对花生产量的影响. 中国农学通报, 20(2): 90-91.

Biswas A K, Choudhuri M A. 1980. Mechanism of monocarpic senescence in rice. Plant Physiology, 65: 340-345.

第九章　夏直播花生高产栽培技术体系

近些年，黄淮海地区粮油两熟机械化生产发展较快，小麦机收、机整地、花生机播大幅缩短了"三夏"（夏收、夏种和夏管）生产时间，延长了夏直播花生饱果时间，不仅解决了麦田套种人工播种费工费时、成本高、播种质量差、花生与小麦共生矛盾突出的问题，而且方便花生基施和深施肥料，以及灌溉和排水，实现苗壮、高产和高效的目标。符合现代农业轻简栽培的要求，代表着麦油两熟制发展的方向。夏直播花生种植模式主要包括免耕直播、旋耕平地直播、耕翻起垄露栽、耕翻起垄覆膜4种。麦后直播花生最早起源于黄淮海南部热量资源较丰富地区，主要采用免耕直播模式，通过抢时早播，保证花生有足够的饱果时间。旋耕平地直播种植模式有利于提高播种质量，培育壮苗。耕翻起垄露栽能创造松暄的土体结构，利于精量播种，便于排水防涝及田间管理。耕翻起垄覆膜栽培能保持松暄的土体结构，增加有效积温；利于培育壮苗，便于管理，提高群体质量，是扩大夏直播花生面积，实现高产高效栽培的主要途径。目前，山东省以耕翻起垄覆膜为主，安徽省、江苏省以耕翻起垄露栽模式为主，河南省、河北省以免耕直播为主，河南省耕翻起垄露栽发展较快。

目前，夏直播花生高产栽培技术有了进一步发展，能够为加快夏直播花生发展提供技术支撑。一是培育出一批适合夏直播的早中熟高产优质品种。例如，山东省的'花育25号'、'山花9号'、'潍花10号'等早中熟大花生品种；河南省的'豫花9327'、'豫花9326'、'远杂9847'等早熟大花生品种，'豫花23号'、'远杂9307'等早熟小花生品种；河北省的'冀花8号'、'冀花9号'、'冀花13号'等早熟中小果品种。二是高产轻简栽培技术基本成熟。已研发出花生免耕覆秸直播机，不仅提高了生产效率，而且显著提高花生产量。地膜覆盖、精量播种、肥水调控、化学调控等麦后直播花生关键增产技术更加成熟，并集成出适合不同生态区的麦后夏直播花生高产、高效、轻简种植技术体系，为扩大夏直播花生面积，提高单产提供了技术支持。

第一节　夏直播花生早熟和晚熟品种植株发育和产量差异

夏直播花生生育期短导致积温不足，产量低、品质差等问题直接影响花生的生产效益。如何弥补因生育期不足引起的减产是发展夏直播花生的主要研究方向。夏直播花生的研究多集中在前茬处理、播种方式、播期、水分胁迫以及不同肥料配比对其生长发育和产量影响方面（沈毓骏等，1993；孙彦浩等，1999；吴继华等，2003；李俊庆，2004；黄长志等，2006；顾峰玮等，2010）。研究表明，夏直播花生饱果率和荚果产量与播期呈显著负相关，地膜覆盖可以解决积温不足问题，提高结果数和饱果率。但对夏直播花生不同熟期品种选择以及早熟品种和晚熟品种的比较研究还较少。通过对比研究早熟和晚熟花生品种的植株发育动态和产量品质的差异，明确夏直播花生不同熟期品种间产量和品质差异的原因，为夏直播花生的品种选择及高产栽培提供理论依据。

供试花生分别为中晚熟品种‘花育 22 号’（‘HY22’）和早熟品种‘365-1’，两者均为普通型大花生。‘HY22’生育期 130d 左右，由山东省花生研究所提供；‘365-1’生育期 110d 左右，由山东农业大学提供。

试验于 2015 年在泰安市宁阳县蒋集镇西北村的高产田中进行。0～20cm 土层有机质含量为 11.13g/kg，碱解氮为 48.3mg/kg，速效磷为 42.6mg/kg，速效钾为 63.7mg/kg。前茬作物为小麦，于 6 月 12 日收获，秸秆全部粉碎还田。基施氮磷钾复合肥（15-15-15）1125.0kg/hm^2，造墒之后旋耕。于 6 月 15 日播种，10 月 3 日收获，全生育期 110d 左右。耕翻起垄覆膜栽培，垄距 80cm，垄面宽 50cm。垄上播种两行，行距 30cm，株距 10cm，单粒播种，种植密度为 24.9 万株/hm^2。每个品种种植 3 个小区，共 6 个小区，每个小区面积 200m^2，随机区组排列。

一、夏直播花生不同熟期品种植株性状差异

由图 9-1 可知，晚熟品种‘HY22’的地上部营养生长速率要高于早熟品种‘365-1’。‘HY22’各生育期的主茎高和侧枝长均高于‘365-1’，尤其是在结荚期和收获期差异显著。‘HY22’在收获期的主茎高比‘365-1’大 5.88cm，侧枝长比后者大 5.5cm。各生育期‘HY22’的分枝数显著高于‘365-1’，在结荚期差异最大，‘HY22’在饱果期的分枝数比‘365-1’多 1.75 个。开花期‘HY22’的主茎节数和主茎绿叶数高于‘365-1’，但在结荚期之后‘365-1’的主茎发育较快，节数略高于‘HY22’；‘365-1’在结荚期和饱果期的主茎绿叶数均高于‘HY22’，在收获期又低于‘HY22’。各时期的叶面积指数均以‘HY22’的较高，在开花期和收获期差异较大，而在结荚期和饱果期差异较小；‘HY22’在收获期的叶面积指数为 3.58，显著高于‘365-1’的 2.29，与收获期的主茎绿叶数差异表现一致，主要由‘365-1’在收获期自然落叶造成。

二、夏直播花生不同熟期品种干物质积累差异

图 9-2 显示，晚熟品种‘HY22’在饱果期之前的单株干物质积累量和干物质

积累速率均高于早熟品种'365-1',尤其在结荚期两品种的差异显著,'HY22'干物质积累量比'365-1'高22.98%,干物质积累速率比'365-1'高17.67%。而两品种在饱果期的干物质积累量差异较小,原因是'365-1'的荚果发育较快,其饱果期的干物质积累速率比'HY22'高8.02%。'365-1'在收获期的干物质积累量和干物质积累速率均略高于'HY22'。

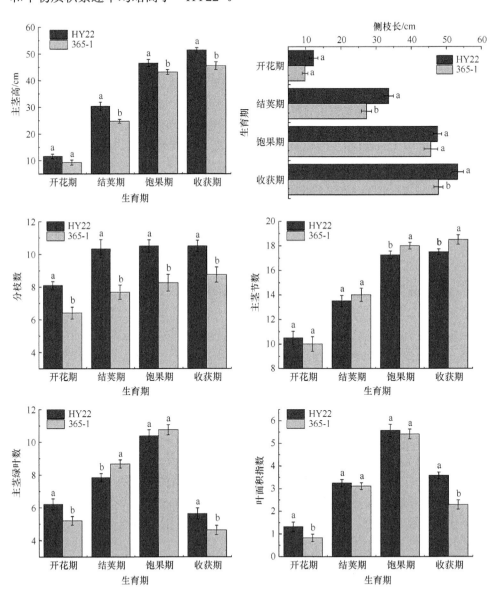

图 9-1 夏直播花生不同熟期品种植株性状差异(张佳蕾等,2017)

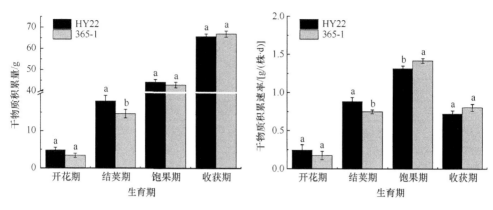

图 9-2　夏直播花生不同熟期品种干物质积累差异（张佳蕾等，2017）

三、夏直播花生不同熟期品种叶片生理特性差异

饱果期除'HY22'的叶片 SOD 活性显著高于'365-1'外，两品种的 POD 和 CAT 活性、MDA 和叶绿素含量以及净光合速率均差异不显著，说明两品种在饱果期的叶片衰老特性和光合能力差异较小（表 9-1）。收获期'HY22'叶片的 SOD、POD、CAT 活性以及叶绿素含量和净光合速率均显著高于'365-1'，其 MDA 含量显著低于后者。'HY22'收获期的叶绿素含量比'365-1'高 17.61%，净光合速率比'365-1'高 20.21%。原因是两品种在收获期的成熟度不同，早熟品种'365-1'在收获期能正常衰老成熟，而晚熟品种'HY22'在收获期还未成熟，植株保绿性较好，营养生长还较旺盛。

表 9-1　夏直播花生不同熟期品种叶片生理特性差异（张佳蕾等，2017）

生育期	品种	SOD/ （U/g）	POD/ [Δ_{470}/(g·min)]	CAT/ [H_2O_2 mg/(g·min)]	MDA 含量/ （μmol/g）	叶绿素含量/ （mg/g）	净光合速率/ [μmol/(m²·s)]
饱果期	HY22	95.76±4.56a	45.33±3.69a	7.45±0.32a	6.95±0.45a	1.98±0.13a	26.87±1.23a
	365-1	86.18±2.87b	42.21±3.14a	7.28±0.27a	7.02±0.31a	1.84±0.19a	24.74±2.04a
收获期	HY22	78.46±3.76a	38.78±2.51a	5.96±0.23a	9.25±0.76b	1.67±0.11a	22.42±1.65a
	365-1	49.76±5.25b	26.63±1.82b	3.67±0.62b	13.76±0.59a	1.42±0.13b	18.65±1.32b

注：同列不同小写字母表示差异达 5% 显著水平，下同

四、夏直播花生不同熟期品种产量和产量构成因素差异

收获期测产结果表明，早熟品种'365-1'的荚果产量显著高于晚熟品种'HY22'，高 16.13%，单株果重比'HY22'高 20.42%（表 9-2）。'365-1'的单位面积株数略低于'HY22'，但差异不显著。两品种的单株结果数差异不显著，但'365-1'的单株饱果数显著高于'HY22'，平均每株多 8.74 个，而'HY22'的单

株秕果数平均比'365-1'多 4.89 个。较高的饱果率是早熟品种'365-1'产量显著高于'HY22'的主要原因。'365-1'的经济系数也显著高于'HY22'，前者比后者高 15.56%，说明早熟品种'365-1'的光合产物积累于荚果的部分要高于晚熟品种'HY22'。

表 9-2　夏直播花生不同熟期品种的产量和产量构成因素差异（张佳蕾等，2017）

品种	荚果产量/（kg/hm²）	株数/（株/hm²）	单株果重/g	单株结果数	单株饱果数	单株秕果数	经济系数
HY22	6663.8±156.8b	223200±3375a	29.58b	17.25a	3.52b	9.56a	0.45b
365-1	7738.5±232.5a	218100±4950a	35.621a	18.34a	12.26a	4.67b	0.52a

五、夏直播花生不同熟期品种籽仁品质差异

由表 9-3 可以看出，晚熟品种'HY22'和早熟品种'365-1'用于夏直播花生时的籽仁品质差异较大，'365-1'的蛋白质含量比'HY22'高 3.13 个百分点，其赖氨酸和总氨基酸含量也均显著高于'HY22'。两品种的脂肪含量、油酸和亚油酸的相对含量均差异较小，'HY22'的油酸相对含量较高，而'365-1'的亚油酸相对含量较高。'HY22'的 O/L 值显著高于'365-1'，前者比后者高 9.56%。综合分析，夏直播时早熟品种'365-1'的品质要优于晚熟品种'HY22'。

表 9-3　夏直播花生不同熟期品种籽仁品质差异（张佳蕾等，2017）

品种	蛋白质/%	脂肪/%	赖氨酸/%	总氨基酸/%	油酸相对含量/%	亚油酸相对含量/%	O/L
HY22	23.19±0.46b	50.01±0.52a	0.83±0.02b	20.96±0.36b	47.32±1.03a	31.76±1.65a	1.49±0.03a
365-1	26.32±0.28a	49.87±0.48a	0.98±0.04a	24.63±0.47a	45.29±2.21a	33.30±1.97a	1.36±0.04b

注：油酸、亚油酸相对含量是其占各脂肪酸组分总量的比例

本研究选用晚熟品种'HY22'和早熟品种'365-1'作为试验材料，研究麦茬夏直播花生不同熟期品种的植株发育、叶片生理特性、产量构成因素及籽仁品质的差异。结果表明：'HY22'各生育期的主茎高、侧枝长、分枝数和叶面积指数等地上部营养生长指标均高于'365-1'；'HY22'收获期的叶片保护酶活性、叶绿素含量和净光合速率显著高于'365-1'；但'HY22'的荚果产量显著低于'365-1'，原因是其成熟度较差，单株饱果数显著低于后者；'365-1'的籽仁蛋白质、赖氨酸和总氨基酸含量均显著高于'HY22'，两者脂肪含量差异较小。影响夏直播花生产量和品质的主要因素是荚果饱满度，早熟品种要优于晚熟品种。

夏直播花生与春花生相比可以减缓粮油争地矛盾，充分利用土地资源和光热资源。与麦套花生相比，可降低小麦对花生苗期生长竞争的影响，便于栽培管理

（冯烨等，2013a）。夏花生生长期受限于小麦、大蒜等前茬作物，全生育期仅 110d 左右。夏直播花生由于生长期短、单株生产力低，以往多是通过栽培措施的改进来创高产，如采取增加种植密度（孙彦浩等，1999）、合理化控、地膜覆盖等措施。而夏花生品种宜选择生育性状良好、综合抗性高、生育期适宜、荚果产量高的品种（高建玲等，2012），尤其要注意能提早结果和结果集中，能保证荚果数量和荚果充实的品种。本研究结果表明，早熟品种'365-1'的荚果产量要显著高于晚熟品种'HY22'，原因是'365-1'结果较早，能保证较高饱果率，而'HY22'的结果不集中，收获时荚果不够充实，秕果和幼果较多。

叶面积指数是反映作物群体结构的重要量化指标，其动态变化及其特征值在一定程度上可以作为群体结构能否高产的参考（于振文，2003；张宾等，2007）。花生在整个生育时期内能保持叶面积指数处于合理范围，是花生可以取得高产的基础（李向东等，2001）。夏花生生育前期所处温度较高，叶面积生长较快，达到峰值较早，峰值多出现在结荚期的中期，而春花生大多出现在结荚期的末期（王才斌等，1999）。本研究中，晚熟品种'HY22'由于其较多的分枝数使其叶面积指数要高于早熟品种'365-1'，并且收获期叶片保护酶活性、叶绿素含量及净光合速率均显著高于'365-1'，但由于其主茎高、侧枝长和分枝数等地上部营养体要显著大于后者，消耗了部分光合产物，所以在同样的生长周期内，'HY22'的经济系数较低，荚果产量也较低。

花生蛋白质和脂肪含量是花生生产中主要的品质指标，花生荚果的成熟度、饱满度在很大程度上可以反映品质的好坏，花生籽仁脂肪含量、蛋白质含量、O/L 值都与饱果率有相关性（邱庆树等，2001；胡文广等，2002；程增书等，2006）。本研究结果表明，早熟品种'365-1'籽仁蛋白质和总氨基酸含量以及禾谷类作物中严重缺乏的赖氨酸含量均显著高于晚熟品种'HY22'，其原因除了品种因素之外，也与'365-1'的饱果率显著高于'HY22'有关。综上所述，影响夏直播花生产量和品质的关键因素是荚果成熟度和饱满度，夏直播花生更适合选用早熟品种。

第二节　单粒精播对夏直播花生生理特性和产量的影响

合理的种植方式及种植密度能有效改善群体结构，减少群体与个体间的矛盾（吕丽华等，2008；宋伟等，2011；余利等，2013），采取合理的种植方式及种植密度，对延缓花生衰老、提高夏直播花生产量具有重要意义。从对小麦、玉米和水稻三大作物的研究来看，理想株型和群体的构建对于高产的实现至关重要。有研究提出在夏玉米超高产中，以"群体结构性获得"为主要突破途径，而在高密度群体中进一步挖掘"个体功能性获得"将是玉米超高产栽培的主要目标（陈传永等，2010）。据研究表明，"稳叶控株增穗"途径下的高产麦田群体在增源、扩库、畅流方面都具有明显优势（慕美财等，2010）。较高的生物学产量是水稻（*Oryza sativa*）高产的重要特征之一，而在各生育期干物质积累、经济系数及其与产量的关系等方面，则因栽培生态区域、所用品种类型及栽培技术体系等方面的差异而有所不同（刘建丰等，2005；史鸿儒等，2008；吴桂成等，2010）。花生产量构成因素、个体发育与群体结构表现消长规律，三者结构合理与否是权衡群体高产的重要标志（孙彦浩等，1982）。传统双粒穴播花生在高产条件下群体与个体矛盾突出，容易出现大小株现象，群体质量下降，产量降低。以单粒精播代替双粒穴播，可以缓解花生群体与个体的矛盾，实现花生高产高效（李安东等，2004；冯烨等，2013b）。而目前关于麦茬夏直播花生单粒精播与双粒穴播的产量差异研究较少。因此，研究夏直播花生在单粒精播和双粒穴播下的植株发育动态差异，明确单粒精播对夏直播花生的个体发育和群体结构以及产量的影响，可为夏直播花生单产水平的进一步提高提供理论依据和技术支撑。

供试花生品种为'花育22号'（'HY22'），于2014～2015年在山东省冠县梁堂乡的高产田中进行。2014年0～20cm土层有机质含量为11.85g/g，碱解氮为49.3mg/g，速效磷为62.6mg/g，速效钾为92.8mg/g；2015年0～20cm土层有机质含量为16.45g/g，碱解氮为68.5mg/g，速效磷为92.1mg/g，速效钾为110.7mg/g。

前茬作物为小麦，于6月15日收获，秸秆全部粉碎还田，施氮磷钾复合肥（15-15-15）1125kg/hm²，造墒之后旋耕。于6月20日播种，10月5日收获，生育期110d左右。耕翻起垄覆膜栽培，垄距80cm，垄面宽50cm，垄上播种两行，行距30cm。

试验设单粒精播和双粒穴播两个处理。单粒精播（SS）株距10cm，每穴一粒，种植密度是25万株/hm²；双粒穴播（DS）穴距20cm，每穴两粒，种植密度12.5万株/hm²。两种种植方式各3次重复，共6个小区，每个小区面积100m²，随机区组排列。其他田间管理措施同普通高产田。

一、夏直播花生单粒精播与双粒穴播各生育期植株性状差异

图9-3表明，夏直播花生的主茎高和侧枝长前期生长较快，饱果期之后增速率减慢。单粒精播与双粒穴播相比，前者的主茎高和侧枝长在生育前期要高于后者，但差异不显著，结荚期单粒精播的主茎高比双粒穴播大1.44cm（两年平均），侧枝长比双粒穴播大1.30cm。说明单粒精播花生能早发快长，有利于提早封垄。而双粒穴播的主茎高和侧枝长在生育后期增长速率要明显快于单粒精播，单粒精播在2014年成熟期的主茎高以及饱果期和成熟期的侧枝长均显著低于双粒穴播；2015年差异较小，从两年的平均数来看，双粒穴播的主茎高和侧枝长比单粒精播分别大2.22cm和2.94cm。

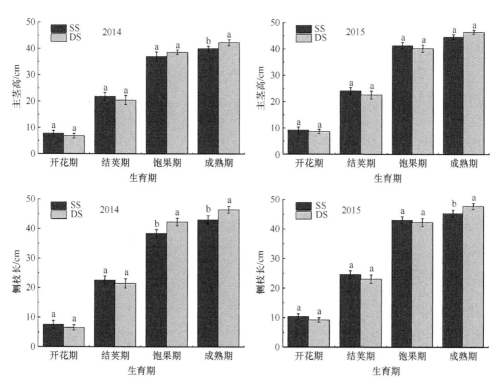

图 9-3　夏直播花生单粒精播（SS）与双粒穴播（DS）各生育期主茎高和
侧枝长（张佳蕾等，2016a）

夏直播花生单粒精播和双粒穴播的主茎节数动态变化与其主茎高和侧枝长发育动态基本一致，前期增长较快，后期增长较慢（图 9-4）。单粒精播在整个生育期的主茎节数均大于双粒穴播，在 2014 年差异较小，在 2015 年差异显著。结合主茎高的变化动态，可以表明双粒穴播在生育后期的主茎增长是通过增加节间长度而不是增加节间数来实现的。两种种植方式的主茎绿叶数呈单峰曲线，前期增长较快，到饱果期达到最大值，之后由于植株下部叶片衰老掉落而使主茎绿叶数减少（图 9-5）。单粒精播在各个生育期的主茎绿叶数均大于双粒穴播，2014 年单粒精播在饱果期的主茎绿叶数比双粒穴播多 1.01 个，2015 年单粒精播在饱果期的主茎绿叶数比双粒穴播多 1.33 个，在成熟期比双粒穴播多 1.58 个。

单粒精播和双粒穴播在各生育期的分枝数差异显著，单粒精播的分枝数要显著高于双粒穴播（图 9-6）。两种种植方式的分枝数在开花期之前差异较小，结荚期之后差异变大。2014 年单粒精播在成熟期的分枝数为 11.25 条，比双粒穴播的分枝数多 2 条。2015 年单粒精播在成熟期的分枝数也为 11.25 条，比双粒穴播的多 1.5 条。单粒精播较多的分枝数可以着生较多的下位果针，有利于果针提早下扎增加饱果的数量。单粒精播和双粒穴播的叶面积指数变化动态与其主茎绿叶数变化

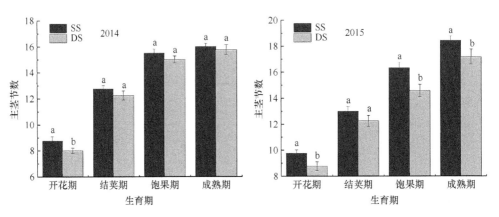

图 9-4　夏直播花生单粒精播（SS）与双粒穴播（DS）各生育期主茎节数（张佳蕾等，2016a）

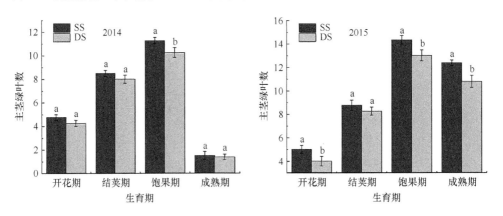

图 9-5　夏直播花生单粒精播（SS）与双粒穴播（DS）各生育期主茎绿叶数（张佳蕾等，2016a）

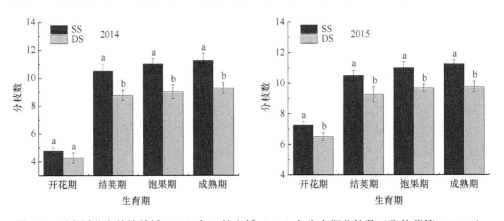

图 9-6　夏直播花生单粒精播（SS）与双粒穴播（DS）各生育期分枝数（张佳蕾等，2016a）

趋势基本一致，前期增长较快，饱果期达到最大值后随着落叶而降低（图 9-7）。2014 年单粒精播在饱果期的叶面积指数显著高于双粒穴播（单粒精播为 4.57，双粒穴播为 4.15)。2015 年单粒精播在饱果期和成熟期的叶面积指数均显著高于双粒穴播(单粒精播分别为 4.81 和 3.27,双粒穴播分别为 4.38 和 2.85),说明单粒精播生育后期的植株保绿性较好,能较长时间保持较大的叶面积,有利于光合产物的积累。

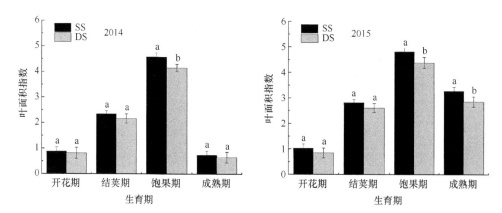

图 9-7　夏直播花生单粒精播(SS)与双粒穴播(DS)各生育期叶面积指数(张佳蕾等,2016a)

夏直播花生由于生长期短,单株生产力低,为了创高产多采取增加密度的措施(孙彦浩等,1999)。密植群体形成高产的关键在于构建合理的群体结构(Maddonni et al.,2001)。有研究表明,随着花生密度的增加,植株主茎高、侧枝长逐渐降低,分枝数逐渐减少,花生单株果数、百果重、双仁率和饱果率逐渐降低,花生产量随密度的增加呈现抛物线趋势。单粒播种的个体在田间分布均匀,减轻或消除了群体内部个体之间对光照、肥水等需求的矛盾,有利于营养生长和干物质积累,形成壮苗(梁晓艳等,2016)。夏直播花生单粒精播在生育前期的植株营养生长要快于双粒穴播,其主茎高、侧枝长、分枝数、主茎节数、主茎绿叶数和叶面积指数等均高于后者。这表明单粒精播有利于形成壮苗,构建合理群体结构,这与春花生表现一致。本研究中单粒精播在成熟期的主茎高和侧枝长要低于双粒穴播,主茎节数和分枝数均显著高于双粒穴播,说明夏直播花生双粒穴播在生育后期节间伸长较快,有徒长趋势。

二、夏直播花生单粒精播与双粒穴播叶片生理特性差异

由表 9-4 可知,两种种植方式在饱果期的叶片 SOD、POD 和 CAT 活性,以及 MDA 含量、叶绿素含量、净光合速率差异较小,而在成熟期的差异显著。2014 年单粒精播在饱果期和成熟期的叶片 SOD 活性和净光合速率均显著高于同期双粒穴播的,而单粒精播在两个生育期 MDA 含量要显著低于双粒穴播,单粒精播在成熟期的 POD 活性和叶绿素含量显著高于双粒穴播。2015 年单粒精播在饱果

期和成熟期的叶片 POD 活性显著高于双粒穴播，而两个生育期的 MDA 含量显著低于双粒穴播。单粒精播在成熟期的 SOD 活性、叶绿素含量和净光合速率均显著高于双粒穴播。单粒精播和双粒穴播在成熟期的保护酶活性、叶绿素含量及净光合速率差异要大于在饱果期的差异，说明两种种植方式的叶片生理特性在成熟期的差异较大，单粒精播能延缓植株衰老，从而保持较高的光合能力。

表 9-4　夏直播花生单粒精播（SS）与双粒穴播（DS）的叶片抗氧化性能、
叶绿素含量和净光合速率（张佳蕾等，2016a）

年份	生育期	处理	SOD/ (U/g)	POD/ [Δ_{470}/(g·min)]	CAT/ [H_2O_2 mg/(g·min)]	MDA 含量/ (μmol/g)	叶绿素含量/ (mg/g)	净光合速率/ [μmol/(m²·s)]
2014	饱果期	SS	94.58±3.27a	48.55±2.13a	7.83±0.57a	7.82±0.37b	1.67±0.06a	26.56±0.67a
		DS	86.25±3.65b	47.28±2.76a	7.28±0.48a	8.76±0.41a	1.61±0.04a	24.31±0.52b
	成熟期	SS	58.32±2.89a	35.29±1.68a	5.13±0.43a	11.87±0.68b	1.25±0.03a	14.56±0.62a
		DS	52.78±3.17b	31.45±2.36b	4.87±0.47a	13.65±0.54a	1.15±0.02b	12.72±0.48b
2015	饱果期	SS	104.78±4.65a	57.21±2.51a	8.48±0.52a	6.42±0.39b	1.71±0.04a	28.17±0.44a
		DS	98.35±3.98a	52.87±1.67b	7.96±0.38a	7.57±0.53a	1.65±0.05a	26.84±0.58a
	成熟期	SS	84.23±5.27a	47.78±2.22a	6.15±0.34a	8.79±0.67b	1.48±0.06a	20.82±0.67a
		DS	69.65±3.54b	42.87±2.05b	5.77±0.42a	11.62±0.55a	1.33±0.03b	17.15±0.75b

前人研究表明，合理群体结构的构建，最重要的是叶面积的建成，叶面积指数大小和叶面积指数峰值持续期，直接影响干物质的生产能力（马国胜等，2005）。花生高产的主要问题是如何提高光能利用率，而提高光能利用率首先要增大有效叶面积（孙彦浩等，1982）。叶面积指数峰值持续时间长是高产花生的一个显著特点（王才斌等，2004b）。本研究结果表明，夏直播花生叶面积指数峰值也出现在饱果期，单粒精播的叶面积指数最高为 4.81，要显著高于双粒穴播的最高值 4.38。而双粒穴播由于生育后期落叶较重使叶面积指数低于单粒精播。单粒精播可通过影响活性氧代谢水平延缓植株衰老进程，改善地上部群体和荚果的干物质积累动态（冯烨等，2013c），并且生育后期根系衰老死亡速率较慢，保证其地上部养分供给及物质的同化（冯烨等，2013c）。单粒精播在饱果期和成熟期的叶片 SOD、POD 和 CAT 活性均高于双粒穴播，MDA 含量显著低于后者，说明夏直播花生单粒精播有利于改善植株衰老。单粒精播模式下花生叶片的光合色素含量、光合速率均高于传统双粒穴播（沈毓骏等，1993）。本试验中单粒精播和双粒穴播在饱果期的叶绿素含量和净光合速率差异不大，但在成熟期由于单粒精播的植株保护酶活性较高，叶片衰老较慢，使生育后期的叶绿素含量和净光合速率均显著高于双粒穴播。

三、夏直播花生单粒精播与双粒穴播产量和产量构成因素差异

由表 9-5 可见，夏直播花生单粒精播的单位面积荚果产量、单位面积株数、单株果重、单株饱果数和经济系数均高于双粒穴播。单粒精播在 2014 年的单位面积荚果产量比双粒穴播高 6.89%，单株果重比双粒穴播高 6.06%。单粒精播在 2015 年的单位面积荚果产量比双粒穴播高 8.74%，单株果重比双粒穴播高 5.86%，差异均达显著水平。单粒精播在两年中的单位面积株数均要高于双粒穴播，也说明单粒精播花生的成株率要高于双粒穴播。两种种植方式的单株结果数差异不显著，但单粒精播的单株饱果数要显著高于双粒穴播（2014 年和 2015 年单粒精播比双粒穴播分别高 17.71% 和 45.16%），而双粒穴播的秕果数和幼果数较多，说明影响夏直播花生荚果产量的关键因素是单株饱果数而不是单株结果数。单粒精播在 2014 年的经济系数比双粒穴播高 4.55%，在 2015 年的经济系数比双粒穴播高 8.51%。

表 9-5　夏花生单粒精播（SS）与双粒穴播（DS）产量和产量构成因素（张佳蕾等，2016a）

年份	处理	单位面积荚果产量/（kg/hm²）	单位面积株数/6.67m²	单株果重/g	单株结果数	单株饱果数	秕果数	经济系数
2014	SS	6 328.4±136.2a	148±4.3a	30.26±0.78a	17.6±1.5a	11.3±0.6a	3.1±0.4a	0.46±0.02a
	DS	5 920.5±98.7b	142±3.7a	28.53±0.54b	16.5±1.3a	9.6±0.4b	2.3±0.5a	0.44±0.03a
2015	SS	7 585.3±165.2a	150±4.5a	34.67±0.65a	21.7±1.6a	13.5±1.2a	4.3±1.3b	0.51±0.02a
	DS	6 975.6±143.9b	145±3.3a	32.75±0.72b	22.6±1.9a	9.3±1.5b	8.6±2.2a	0.47±0.01b

四、夏直播花生产量构成与植株性状及光合能力相关性分析

将两种种植方式收获时的单位面积荚果产量、单株果重、单株结果数、经济系数与成熟期的主茎高、分枝数以及与饱果期和成熟期的主茎绿叶数、叶面积指数、叶绿素含量、净光合速率进行相关性分析表明（表 9-6），单位面积荚果产量与单株果重和叶片净光合速率呈极显著正相关，与经济系数、主茎绿叶数、叶面积指数和叶绿素含量呈显著正相关，而与单株结果数、主茎高和分枝数的正相关性不显著。单株果重与经济系数、主茎绿叶数、叶面积指数、叶绿素含量和净光合速率呈显著正相关。经济系数与净光合速率呈显著正相关，与叶绿素含量呈极显著正相关。叶面积指数与主茎绿叶数呈极显著正相关。净光合速率与叶面积指数呈显著正相关，与叶绿素含量呈极显著正相关。

在花生控制下针（AnM）法基础上研究夏花生减粒增穴的种植方法，比现行密度常规种植每公顷播种粒数减少 23%，穴数则增加 54.1%，单株结实增多 52.8%，增产 18% 左右（沈毓骏等，1993）。其原因是单粒播种易于形成壮苗，所以单株果数和单株产量都显著高于双粒播种。以上研究结果是基于单粒播种的密度显著

表 9-6   夏直播花生产量与植株性状和光合能力相关性分析（张佳蕾等，2016a）

	单位面积荚果产量	单株果重	单株结果数	经济系数	主茎高	分枝数	主茎绿叶数	叶面积指数	叶绿素含量
单株果重	0.998**								
单株结果数	0.888	0.907							
经济系数	0.968*	0.955*	0.743						
主茎高	0.659	0.669	0.871	0.469					
分枝数	0.815	0.800	0.481	0.928	0.108				
主茎绿叶数	0.966*	0.969*	0.957*	0.877	0.830	0.641			
叶面积指数	0.987*	0.989*	0.941	0.918	0.769	0.713	0.995**		
叶绿素含量	0.973*	0.966*	0.771	0.995**	0.466	0.927	0.880	0.923	
净光合速率	0.991**	0.988*	0.836	0.985*	0.552	0.881	0.923	0.957*	0.994**

注：*表示在 0.05 水平上差异显著，**表示在 0.01 水平上差异显著

低于双粒播种的密度条件下，而本研究是在相同密度条件下研究单粒精播与双粒穴播的产量构成差异，更利于控制试验条件，消除环境因子和水肥利用等的影响。结果表明，双粒穴播的单株幼果数较多，但是单粒精播和双粒穴播的单株结果数差异不大，单株产量差异的关键因素在于单株饱果数的多少。夏直播花生单粒精播荚果产量高于双粒穴播的原因是单粒精播的单株饱果数增多，幼果数减少，从而增加了单株果重。前期对春花生单粒精播研究表明，单株果重与分枝数和叶面积指数呈显著正相关，与主茎高和侧枝长呈负相关（张佳蕾等，2015）。而本试验条件下，夏直播花生单株果重与单株结果数、主茎高和分枝数呈正相关。对单株果重影响显著的因素是经济系数、叶面积指数、叶绿素含量和净光合速率。这表明较高的经济系数以及较高的光合能力是夏直播花生荚果产量提高的基础。

综上所述，夏直播花生单粒精播的植株个体发育和群体结构较优，其分枝数、主茎节数、叶面积指数要明显高于双粒穴播，有利于较早地构建营养体促进干物质较快积累。单粒精播生育后期的叶片保护酶活性、叶绿素含量和净光合速率要显著高于双粒穴播，植株衰老较慢，有利于保持较高的光合速率和延长光合时间。单粒精播的荚果产量要显著高于双粒穴播，原因是单粒精播的单株饱果数显著增加，从而提高了单株果重。单粒精播的成株率和经济系数要高于双粒穴播，也是单粒精播增产的原因之一。

第三节   单粒定向播种对花生生长发育和产量的影响

单粒播种高产栽培技术应用竞争排斥原理，在保证较大密度的前提下，将传统的双粒播种改为单粒播种，同时增加穴数，不仅节约了用种量，而且减轻株间竞争，使群体结构更加优化。通过设置种子定向入土方式（陈建林等，2012；黄

恒掌和陆春燕，2012），可有效提高出苗后叶片生长的定向率，增加冠层对光能的截获，解决高密度群体下叶片随机分布相互遮蔽导致的光能利用率低的问题（杨粉团等，2015；赵伟等，2019）。李玉华（2022）的研究表明，大蒜种植采用"单粒播种、根下芽上、直立定深栽种"的种芽定向调控技术，具有出苗齐、早、壮的优势，对大蒜的潜在产量、出苗整齐性及生长态势均有影响。赵伟等（2019）的研究表明，定向种植的玉米群体中，叶片在空间上能够有序排列，从而改善群体内光环境，有效增强群体光合效率，最终显著提高了玉米产量。清棵是指当花生基本齐苗时将近地面的第一对侧枝附近的土壤人为扒开，让第一对侧枝及其子叶露出土壤的田间管理方法。通过清棵，一是可以蹲苗，使第一对侧枝一出生就直接见光，基部节间短而粗壮，侧枝基部的二次枝早生快发，开花早且多，结果早、多、整齐，饱果率高；二是可以促根生长，使主根深扎，侧根发生多，有利于提高植株抗旱能力（万书波，2003）。前人对单粒播种进行了大量研究，而关于定向播种的研究大多集中在玉米、大蒜等作物上，在花生上的研究较少，尚缺乏单粒定向播种对花生生长发育和增产机制的研究。花生单粒播种与清棵均能促进苗期根系下扎及侧枝生长，但单粒胚根朝下播种能否达到与清棵相同的增产效果尚不明确。本试验在大田条件下设置单粒播种和双粒穴播两种方式，单粒播种设置3个不同胚根朝向处理，以随机播种处理为对照；双粒穴播设置出苗后清棵1个处理。研究不同播种方式对花生群体质量、光能利用、干物质积累、衰老特性及产量的影响，探讨单粒定向播种能否达到清棵的增产效果，以期为花生高效种植提供技术指导。

于 2021 年和 2022 年在山东农业大学农学试验站（36°15′N，117°15′E）进行试验，土壤类型为沙壤土。试验地耕层（0～20cm）土壤含有机质、碱解氮、速效磷和速效钾分别为 12.25g/kg、75.79mg/kg、60.04mg/kg 和 61.05mg/kg。供试花生品种为'花育 25 号'，耕翻起垄覆膜栽培，垄距 85cm。试验设置单粒随机播种（RS）、胚根朝下（RD）、胚根平放（RF）、胚根朝上（RU）和双粒出苗后清棵（QK）5 个播种处理。单粒播种密度为 23.5 万穴/hm²，行距 30cm，穴距 10cm。双粒播种密度为 11.8 万穴/hm²，行距 30cm，穴距 20cm。2021 年播种时间为 5 月 8 日，收获时间为 9 月 20 日；2022 年播种时间为 5 月 12 日，收获时间为 9 月 22 日，小区面积 5.1m²（3 垄×2m），每个处理重复 3 次。

一、单粒定向播种对花生胚轴生长的影响

花生种子出苗时，RD 和 RF 下胚轴生长速率高于 RU（图 9-8），这是由于 RU 的种子发芽后胚根需要旋转 180°子叶才能出土，而 RD 不需要旋转，较快的胚轴生长速率促进提早出芽，相较于 RU，RD 提早出苗 2～3d。

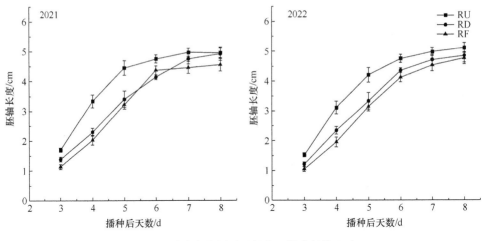

图 9-8 单粒定向播种对花生胚轴生长的影响

二、单粒定向播种对花生出苗率和子叶出土率的影响

如表 9-7 所示，单粒定向播种条件下，RD 的出苗率和子叶出土率均高于 RF、RS 和 RU，两年趋势基本一致，RD 的出苗率较 RF、RS 和 RU 提高了 2.02%、1.0% 和 17.8%。与双粒播种的 QK 相比，RD 的出苗率提高了 9.5%，RD 和 QK 的子叶出土率无显著差异。

表 9-7 单粒定向播种对花生出苗率和子叶出土率（%）的影响

处理	2021		2022	
	出苗率	子叶出土率	出苗率	子叶出土率
RU	79.5±2.1c	63.5±2.3c	78.5±1.9c	65.7±1.6c
RF	92.2±1.5a	79.7±1.2a	90.3±3.5a	81.8±2.5a
RS	85.7±1.5b	78.5±4.0b	83.6±1.6b	80.7±3.1b
RD	93.0±3.9a	83.3±1.2a	93.2±4.3a	84.7±2.0a
QK	85.8±1.0b	85.8±2.5a	84.2±2.0b	83.6±4.2a

注：RU，胚根朝上；RF，胚根平放；RS，随机播种；RD，胚根朝下；QK，清棵。同列不同字母表示处理间存在显著差异（$P<0.05$）

高等植物下胚轴连接胚根和子叶，是水分、无机盐、营养物质以及激素等上下运输的通道。双子叶植物种子萌发后主要通过细胞的伸长和分裂使下胚轴伸长来实现出苗，下胚轴的伸长速率及长度关系到作物能否破土出苗和苗势，因此，下胚轴的伸长生长是植物生长发育的第一个关键阶段（姜楠等，2014）。研究表明，胚轴生长需要消耗子叶养分，而且受光、温、湿、重力和触碰等外界环境的强烈影响（宋雨函和张锐，2021）。大田生产中，若播种过深，花生胚轴也会相应地伸长，子叶中的营养物质消耗增多，这也就意味着子叶供幼叶和根系生长发育所需的养分将会相对减少，同时还会延长花生破土出苗的时间（Qin et al.，2012）。本研究中，播种方向影响了下胚轴的生长方向。例如，RU 和 RF 处理的花生种子萌发后下胚轴需要分别旋转 180°和 90°子叶才能出土，使下胚轴长度增加，这一过程需要消耗更多的能量。同时，RU 与 RF 处理的下胚轴在旋转过程中胚轴与土壤的阻力及机械磨损度增加，也会导致出苗时间延长，最终影响出苗率。

三、单粒定向播种对花生光合特性的影响

单粒定向播种条件下，封垄前、后群体净光合速率的大小均表现为 RD>RF>RS>RU，RD 封垄前、后的群体净光合速率较 RS 和 RU 分别提高了 48.3%、9.1% 和 78.9%、37.9%。与 QK 相比，RD 的群体净光合速率在封垄前显著提高，在 2021 年和 2022 年分别比 QK 提高了 25.2%和 8.7%；RD 的群体净光合速率在封垄后略低于 QK，但两个处理间差异不显著（图 9-9）。

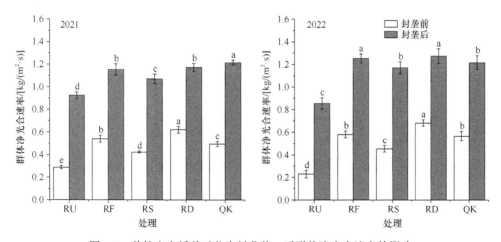

图 9-9　单粒定向播种对花生封垄前、后群体净光合速率的影响
不同字母表示处理间存在显著差异（$P<0.05$）

单粒定向播种条件下，各生育时期的净光合速率（P_n）、蒸腾速率（T_r）和气孔导度（G_s）均表现为 RD>RF>RS>RU，与 RU 相比，RD 的净光合速率、蒸腾速率和气孔导度在成熟期分别提高了 45.7%、39.5%和 16.7%；胞间二氧化碳浓度（C_i）均表现为 RU>RS>RF>RD。与 QK 相比，RD 的净光合速率、气孔导度和胞间二氧化碳浓度差异不显著，但 RD 的蒸腾速率在结荚期和成熟期显著低于 QK（表 9-8）。

叶片净光合速率是衡量植物光合作用能力的重要指标，但作物生产是一个群体过程，而非个体单独的表现（张佳蕾等，2016a）。前人研究发现，与单叶净光合速率相比，作物产量与群体光合速率的关系更为密切（吴香奇等，2023）。合理的

表 9-8 单粒定向播种对花生气体交换参数的影响

生育时期	处理	2021				2022			
		净光合速率/ [μmol/(m²·s)]	蒸腾速率/ [mmol/(m²·s)]	气孔导度/ [mmol/(m²·s)]	胞间二氧化碳浓度/ (μmol/mol)	净光合速率/ [μmol/(m²·s)]	蒸腾速率/ [mmol/(m²·s)]	气孔导度/ [mmol/(m²·s)]	胞间二氧化碳浓度/ (μmol/mol)
花针期	RU	26.96±0.14c	7.50±0.22cd	0.33±0.08d	250.0±5.10a	26.96±0.25c	8.33±0.27de	0.31±0.04c	253.9±6.31a
	RF	32.00±1.25ab	8.22±0.53bc	0.38±0.02bc	246.8±5.89a	34.30±0.16ab	9.26±0.42bc	0.36±0.12b	245.2±6.32abc
	RS	31.22±1.06bc	7.96±0.25cd	0.35±0.08cd	247.4±4.21a	31.42±0.20bc	8.82±0.40cd	0.33±0.35bc	248.7±8.21ab
	RD	33.66±3.36ab	8.77±0.64ab	0.39±0.14ab	244.6±6.22a	36.22±1.53a	10.0±0.69ab	0.41±0.38a	231.7±6.32bc
	QK	35.72±0.18a	9.25±0.23a	0.41±0.23a	240.2±6.32a	37.66±0.63a	10.77±0.32a	0.41±0.08a	232.6±5.23c
结荚期	RU	32.72±1.51d	9.62±0.42d	0.60±0.12b	222.4±6.89ab	31.97±1.22e	9.41±0.60c	0.66±0.35cd	227.5±5.02a
	RF	38.72±2.29bc	11.41±0.11c	0.70±0.07a	209.2±8.21bcd	40.02±3.12bc	12.36±1.69c	0.70±0.28bc	208.4±5.03bc
	RS	36.10±0.35cd	10.16±0.64d	0.66±0.03ab	215.6±7.12abc	37.12±4.01cd	10.68±0.35d	0.69±0.12bc	219.5±5.22ab
	RD	44.25±3.29a	12.84±0.78b	0.71±0.23a	205.2±7.02cd	45.85±3.25a	13.93±0.42b	0.78±0.52ab	190.8±7.02d
	QK	41.76±2.66ab	13.49±0.31a	0.68±0.15ab	200.4±5.20d	42.86±0.14ab	14.50±0.53a	0.81±0.23a	197.1±3.90cd
饱果期	RU	18.38±0.28e	7.30±0.18bc	1.05±0.19ab	275.4±6.32a	17.52±3.28e	6.99±0.52cd	1.04±0.35b	279.3±5.26a
	RF	22.78±1.69bc	8.12±0.28ab	1.11±0.05ab	268.2±6.33ab	22.47±5.93bc	8.38±0.35ab	1.11±0.25ab	269.7±6.33b
	RS	21.14±0.52cd	7.88±0.36abc	1.08±0.06ab	271.4±7.82a	20.55±2.01cd	7.86±0.25bc	1.08±0.12ab	276.5±4.21a
	RD	25.38±0.32a	8.30±0.25ab	1.14±0.08ab	255.6±6.12bc	25.03±1.36a	8.56±0.35ab	1.17±0.12ab	253.7±3.12c
	QK	24.66±0.21ab	8.56±0.36a	1.21±0.21a	248.4±4.55c	24.40±0.32ab	8.73±0.41a	1.23±0.21a	243.2±5.61c
成熟期	RU	9.50±2.15d	4.46±0.12cd	0.46±0.01a	322.6±5.39a	9.31±1.32c	4.25±0.52c	0.44±0.03a	326.7±5.27a
	RF	11.88±0.18abc	5.60±0.35ab	0.51±0.07a	318.4±6.36a	12.19±0.55ab	5.71±0.33b	0.51±0.09a	319.7±4.98a
	RS	10.98±0.22bcd	5.30±0.22bc	0.48±0.02a	319.8±4.23a	11.14±0.36bc	5.30±0.38b	0.46±0.12a	323.7±6.32a
	RD	13.54±3.82a	5.92±0.28ab	0.52±0.17a	314.0±5.34a	13.87±1.35a	6.23±0.41b	0.53±0.31a	310.1±5.39a
	QK	12.82±2.32ab	6.37±0.42a	0.53±0.12a	308.4±6.31a	13.05±0.93a	6.66±0.25a	0.56±0.14a	300.3±3.98b

种植方式以及适宜的种植密度可以改善群体结构，缓解群体与个体间的矛盾，从而优化群体微环境，延长有效光合作用持续期。杨吉顺等（2020）认为，单粒播种有利于维持生育后期花生净光合速率和群体光合速率的高值持续期，从而为花生荚果的充实提供物质基础。在本研究中，RF 和 RD 在整个生育期内叶片净光合速率均高于 RU 和 RS，这与前人研究结果一致。我们分析认为，单粒定向播种在田间配置上使花生的植株分布更均匀，减少了漏光损失，有效地提高了光能利用率，同时还可以减轻株间竞争，充分发挥单株潜力，提高群体质量，改善田间小气候，进而提高群体光合速率，有利于产量的提高。

四、单粒定向播种对花生植株性状的影响

从图 9-10 可以看出，单粒定向播种条件下，各处理生育前期的主茎高和侧枝

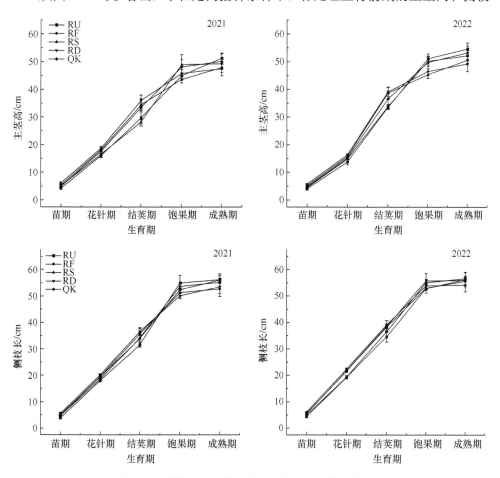

图 9-10　单粒定向播种对花生主茎高和侧枝长的影响

长表现为 RD>RF>RS>RU，与 RU 相比，RD 的主茎高和侧枝长在苗期、花针期、结荚期分别增加了 45.5%、16.8%、20.1% 和 44.1%、12.2%、15.7%；饱果期和成熟期表现出相同的变化趋势，均为 RD<RF<RS<RU，两年规律一致。与 QK 相比，RD 的主茎高、侧枝长在花针期和结荚期分别增加了 7.5%、6.7% 和 7.7%、4.2%。

由图 9-11 可以看出，在整个生育时期各处理的叶面积指数呈先升高后降低趋势，在饱果期达到峰值。单粒定向播种条件下，RD 的叶面积指数最高，RF 次之，RU 最低，RD 的叶面积指数在花针期、结荚期和饱果期较 RU 分别提高了 24.3%、12.1% 和 15.9%。与 QK 相比，RD 的叶面积指数在花针期、结荚期、饱果期和成熟期分别平均提高了 3.9%、2.8%、3.5% 和 14.3%。

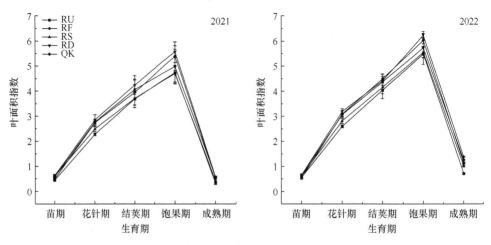

图 9-11 单粒定向播种对花生叶面积指数的影响

花生干物质积累量随生育期推进逐渐增加，在成熟期达到最大值（图 9-12）。单粒定向播种条件下，各处理的干物质积累量表现为 RD>RF>RS>RU，RD 在苗期和花针期的干物质积累量较 RU 分别提升了 22.6% 和 12.6%。与 QK 相比，RD 在苗期、花针期和结荚期的干物质积累量分别平均增加了 15.0%、6.3% 和 2.5%。

清棵处理可使花生从子叶处分生出来的第一对侧枝一出生就见光，基部节间短而粗壮，使第一对侧枝充分发育。此外，子叶出土变成绿色后还是幼苗进行光合作用和物质合成的关键场所，对幼苗和根系的生长发育具有重要影响（董春娟等，2016）。本研究发现，RD 与 QK 处理的子叶出土率无显著差异，但均显著高于其他处理，说明单粒定向播种在促进子叶出土方面能够达到与 QK 同样的目的，能够降低劳动力成本，这可能是由于胚根朝下放置发芽时需要的总能量较少，充足的能量有利于下胚轴迅速伸长，使子叶尽早出土接受光照，较高的子叶出土率也促进了花生主茎和侧枝的生长。闫彩霞等（2021）研究表明，花生产量与主茎高、侧枝长、干物质量和单株产量之间存在显著正相关关系。本试验发现，RD

与 QK 处理的主茎高和侧枝长高于其他处理，植株生长健壮，具有较高的干物质积累量。此外，单粒定向播种能减少株间竞争，有利于提高个体发育质量，增加干物质积累量，使干物质积累量在所有处理中最高。

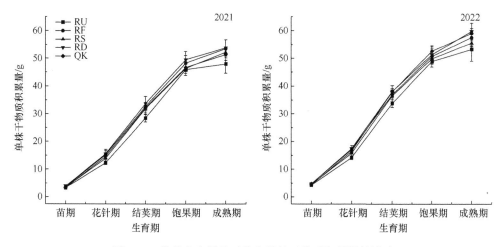

图 9-12　单粒定向播种对花生单株干物质积累量的影响

叶面积大小和峰值持续期直接影响着作物干物质的生产能力，在一定范围内增加叶面积指数仍然是提高作物产量的有效途径之一（马国胜等，2005）。王才斌等（2004a）研究表明，花生叶面积的大小对光能的利用、干物质的积累和分配以及产量的形成具有重要作用。谢孟林等（2017）认为，高产群体的叶面积指数应表现为前期增长速率较快，峰值持续时间长，后期下降速率缓慢。从不同种植方式来看，无论是麦茬夏直播花生还是春花生，单粒播种的叶面积指数在花生生育后期均高于双粒穴播，有效光合时间得到了延长（张佳蕾等，2016a）。本试验发现，单粒播种的叶面积指数在苗期与双粒播种无显著差异，但在花针期后显著高于双粒播种。单粒播种条件下，RD 的叶面积指数发展动态表现为前期上升较快，后期下降缓慢，且该处理在整个生育期中维持了较高的单叶净光合速率，说明 RD 能显著提高叶片光合性能，增大叶面积指数，从而增加干物质积累量。双粒播种条件下，QK 可促进花生叶片的生长，并能延缓后期叶片脱落的速率，使花生在成熟期时仍能保持一定的绿叶面积。

五、单粒定向播种对花生叶片衰老特性的影响

如图 9-13 所示，随着花生生育进程的推进，各处理叶片的 MDA 含量呈现逐渐上升的趋势。单粒定向播种条件下，2021 年花针期和结荚期 RD 的 MDA 含量最高，RF 次之，RU 最低，饱果期和成熟期 RD 的 MDA 含量与 RF、RS、RU 无

显著差异。与 QK 相比，RD 的 MDA 含量在结荚期差异较小，而在花针期 RD 的 MDA 含量较 QK 平均增加了 20.7%，在饱果期和成熟期 RD 的 MDA 含量均低于 QK。

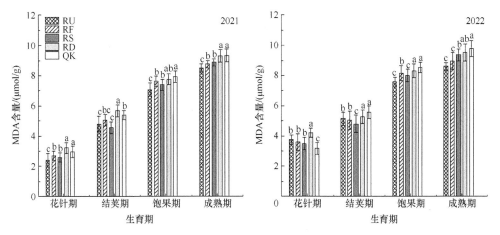

图 9-13 单粒定向播种对花生叶片 MDA 含量的影响

由图 9-14 可知，花生叶片中 CAT、POD 和 SOD 活性随着花生生育进程均呈现先升高后降低的变化趋势，在结荚期到达最大值。单粒定向播种条件下，RD 能显著提高各生育期 CAT、POD 和 SOD 活性，花针期和结荚期 RD 的 CAT、POD、SOD 活性较 RU 分别提高了 21.2%、16.9%、37.9%和 8.8%、18.5%、26.8%。与 QK 相比，RD 的 CAT 活性在成熟期提高了 12.1%，但 RD 的 POD 和 SOD 活性在各生育时期与 QK 无显著差异。

单粒定向播种条件下，在饱果期各处理叶片可溶性蛋白含量表现为 RD>RF>RS>RU，RD 的叶片可溶性蛋白含量在饱果期和成熟期较 RU 分别提高了 43.5% 和 20.1%。与 QK 相比，RD 的叶片可溶性蛋白含量在花针期和结荚期差异不显著，但在饱果期高于 QK（图 9-15）。

植物生长发育过程中会产生过氧化氢等活性氧（ROS），活性氧在植物生长中起调节分子和信号物质的作用，但是活性氧过度积累会导致膜脂质过氧化等不可逆的细胞损伤（Chen and Yang，2020）。MDA 是植物在发生膜脂质过氧化后分解形成的一种物质，其含量多少与植物衰老快慢在一定程度上成正比（李向东等，2001）。SOD、POD 和 CAT 是植物抗氧化系统中的重要保护酶（Faizan et al.，2018），植物中的 SOD 将活性氧分解成 H_2O_2，然后通过 POD 和 CAT 进一步清除 H_2O_2 和其他过氧化物（Gechev et al.，2010），从而维持植株内活性氧的平衡。冯烨等（2013c）研究发现，采用适当的种植方法和种植密度能够增强群体内透光性，提高花生后期叶片中保护酶活性，降低 MDA 含量，从而减缓植株的衰老过程。张佳蕾等

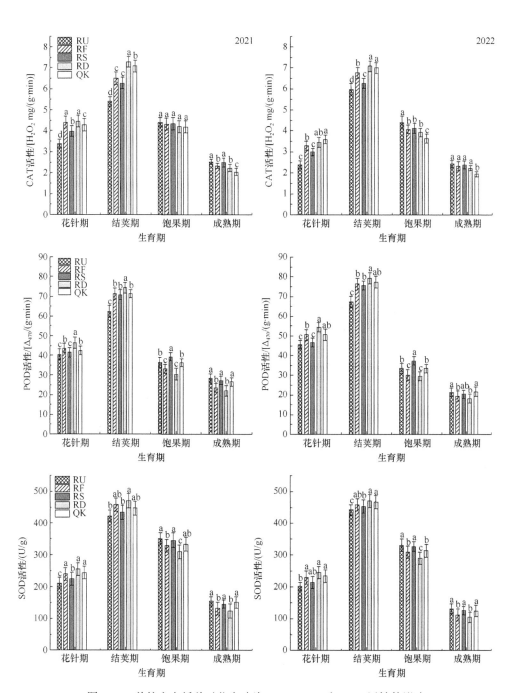

图 9-14　单粒定向播种对花生叶片 CAT、POD 和 SOD 活性的影响

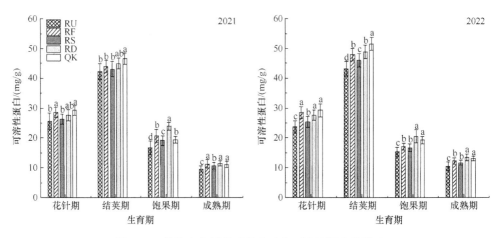

图 9-15 单粒定向播种对花生叶片可溶性蛋白的影响

（2016b）对夏直播花生的研究表明，单粒播种在生育后期叶片的 SOD、POD 和 CAT 活性均高于双粒穴播，MDA 含量低于后者，这是因为两株花生之间过窄的间距及较大的种植密度容易造成植株间竞争加剧，个体发育受到限制，结荚盛期植株间出现"拥挤现象"，造成群体环境恶化，从而导致叶片过早衰老（宋伟等，2011；梁晓艳等，2015）。本研究中 RD 处理花生叶片 SOD、POD 和 CAT 活性在花针期和结荚期均高于 QK，这与前人研究结果一致。前人研究表明，当作物叶片过早衰老时，作物减产幅度最高可达 50%（Navabpour et al.，2003）。在花生大田生产中，结荚后期叶片的早衰和脱落是限制荚果充实和产量提高的重要因素（李向东等，2002）。不同种植方式通过改善群体结构，减少群体与个体间的矛盾，优化群体微环境，延长有效光合作用持续期，从而延缓花生衰老。梁晓艳等（2015）研究发现，单粒精播提高了花生生育期内的冠层透光率、冠层温度和 CO_2 浓度，降低了冠层相对湿度，延长了叶片功能期。本研究中，RD 处理的可溶性蛋白含量在饱果期高于 QK，这是由于 RD 的播种方式更有利于创建合理的群体结构，保持生育后期冠层合理的光分布和气流交换，从而延缓生育后期叶片的衰老。

六、单粒定向播种对花生产量及其构成因素的影响

由表 9-9 可知，单粒定向播种条件下，RD 的荚果产量最高，RF 次之，RU 最低，RD 的荚果产量在 2021 年和 2022 年较 RU 分别提高了 17.8% 和 18.4%；从产量构成因素看，RD 的单株果数、单株果针数和出仁率也高于 RF 和 RU。与 QK 相比，2021 年 RD 的荚果产量无显著差异，2022 年 RD 的荚果产量高于 QK，主要是因为其提高了单株结果数。

表 9-9　单粒定向播种对花生产量及其构成因素的影响

年份	处理	荚果产量/（kg/hm²）	单株果数/个	单株果针数/个	出仁率/%	千克果数/个
	RU	4114±27c	18.96±0.13c	44.8±0.49c	69.3±0.92b	593.12±11.01a
	RF	4803±114a	22.30±0.57ab	61.6±0.74a	71.7±1.20a	530.21±13.20b
2021	RS	4529±50b	21.20±0.30b	52.6±0.66b	71.9±0.85a	579.43±14.10a
	RD	4847±93a	23.33±0.41a	65.2±0.49a	72.0±1.31a	535.37±12.15b
	QK	4778±75a	22.00±0.45ab	53.0±0.47b	72.7±1.21a	545.25±13.00a
	RU	4125±32c	18.60±0.20c	41.2±0.67b	68.1±0.92c	599.78±12.11a
	RF	4780±119ab	21.00±0.35b	47.6±0.60a	71.6±1.01ab	538.01±15.03b
2022	RS	4475±40c	19.40±0.22c	41.6±0.55b	70.7±0.82abc	581.09±16.71a
	RD	4884±43a	22.60±0.55a	48.4±0.48a	73.1±1.41a	548.16±13.02b
	QK	4671±35bc	21.60±0.21a	42.6±0.73b	72.5a±1.13b	551.49±14.28b

构建合理的群体结构是提高作物单产的基础（Jägermeyr and Frieler，2018）。小麦精量播种研究表明，通过培育健壮个体，突出个体的产量在整个生育期内对高产的贡献，能够达到群体高产稳产（黄钢和汤永禄，2006）。在超高产条件下，水稻精量播种使稻株尽可能稀植匀播，能较好地改善中下层叶片的受光量，提高群体在中、后期的光合生产能力，充分发挥植株自身生产力，增加单株穗数和单位面积穗数，最终提高产量（凌启鸿等，2007）。在花生大田生产中，同穴双株甚至同穴多株会使株距过窄，造成同穴范围内密度过大，使花生个体发育空间有限，对光、温、水、肥的竞争较为激烈，个体生长发育条件较差，单株生产力下降，而与传统的双粒穴播相比，单粒播种荚果产量提高了 6.3%～7.8%（李向东等，2001；张佳蕾等，2015）。本研究结果表明，单粒播种优于双粒播种，RD 提高了花生的单株结果数和荚果产量，这是因为单粒播种的个体在田间分布均匀，避免了因同穴竞争而出现的大小苗现象，减轻或消除了群体内部个体之间对光照和肥水等需求的矛盾，从而建立合理的群体结构，有利于营养生长和干物质积累，形成壮苗，单株生产力提高，荚果产量也随之增加（黄恒掌和陆春燕，2012）。前人研究发现，人为控制玉米种子种胚的播种方位，能够降低群体内叶片分布随机化程度，使玉米叶片空间有序排列，从而构建合理冠层结构，提高光能利用率（Dong et al.，1993）。赵伟等（2019）研究表明，定向种植玉米群体内叶片分布随机化程度降低，群体内光环境改善显著，群体穗位层截获光合有效辐射较多，光合能力和干物质生产能力增强，使夏玉米产量提高了 17.8%。本研究中，在单粒定向播种条件下，RD 的荚果产量高于 QK，这说明 RD 达到了与 QK 相同的增产效果，这是因为 RD 促进了苗期花生第一对侧枝的生长发育，有利于开花早，且开花时间集中，从而使结果早、多、整齐，增加了荚果饱满度和果重，最终提高了荚果产量。

第四节　夏直播花生膜下滴灌 "干播湿出" 技术

一、膜下滴灌对麦茬夏花生出苗质量和产量的影响

　　近年来，关于春花生膜下滴灌技术研究较多，从灌水时期、灌水数量的控制，到不同时期灌水对春花生生长发育及产量的影响等方面，有了较为详细的阐述，但是对麦茬夏花生膜下滴灌技术未见报道（刘小武等，2012；苏君伟等，2012；张智猛等，2013；胡宝忱和李绍会，2013；范丽娟和索长利，2013；康涛等，2015；付晓等，2015；刘孟娟等，2015）。膜下滴灌是覆膜栽培和滴灌相结合的灌溉技术，不仅节水节肥，还能够有效提高水分和养分利用效率（丁红等，2014）。近年来，国家出台了系列节水减肥的指导性文件，指出大力普及喷灌、滴灌等节水灌溉技术。研究利用膜下滴灌技术对推动农业可持续发展具有重要意义。一直以来，我国麦茬夏花生生产环节存在夏收夏种时间长、出苗质量差、夏花生生育期短（特别是黄淮北部地区）、产量不稳等问题，限制了夏花生产量的提高。为此，探讨利用膜下滴灌，在麦茬夏花生上实施 "干播湿出" 技术，不仅可以节省传统播种前造墒的时间，还可以提高出苗质量，有效解决花针期及后期偶遇干旱问题，提高水肥利用率，显著提高麦茬夏花生产量。因此，探讨膜下滴灌对促进麦茬夏花生健康发展意义重大。

　　供试花生品种为 '花育 22 号'。试验地点设在高唐县梁村镇，土壤类型为壤土，地力均匀，肥力中等偏上，排灌方便，前茬小麦。

　　麦收后，及时灭茬施肥、旋耕，旋耕前以当地施肥习惯施用氮磷钾缓释肥（18-8-18）60kg/亩，以生产实际为基础，采用大区设置多点调查，夏直播花生播种后即大水漫灌（CK）、膜下滴灌处理（I）（表 9-10），主管道为内径 75mm 的胶管，采用单翼迷宫式滴灌带，内径 16mm，滴孔间距 300mm，流量 1.5L/h。生育期中期为雨季不灌水，生育后期即结荚末期—饱果期进行灌水（表 9-11）。

表 9-10　试验设计（郭峰等，2018a）

处理	面积/m²	施肥方式	肥料种类	施肥量/（kg/亩）	浇水方式
CK	3333.5	基施	缓释肥（18-8-18）	60	漫灌
I	3333.5	基施	缓释肥（18-8-18）	60	滴灌

表 9-11　灌水时期与灌水量（郭峰等，2018a）

灌水时期	处理	灌水量/（m³/亩）
播种后	CK	35
	I	17
结荚末期-饱果期	CK	25
	I	15

　　试验采用双行单粒播种方式，垄距为 85cm，播种密度 16 000 穴/亩，机械化播种铺管覆膜等工序一次性完成。其他田间管理措施参照一般花生高产田。

　　由表 9-12 可以看出，麦茬夏花生 50%幼苗出土时间，漫灌（对照）和滴灌平均分别为 8.5d 和 7.6d，滴灌出苗时间较漫灌早近 1d；漫灌与滴灌出苗率平均分别为 74.5%和 82.7%，滴灌较漫灌提高 11.0%；漫灌与滴灌烂种率平均分别为 5.3%和 4.8%，滴灌较漫灌减少 9.4%；漫灌与滴灌幼苗整齐度平均分别为 68.1%和 76.4%，滴灌较漫灌提高 12.2%；着生第一对侧枝植株数，漫灌与滴灌平均分别为 59.0%和 65.7%，滴灌较漫灌提高 11.4%；苗期叶面积，滴灌较漫灌提高 9.5%。

表 9-12　膜下滴灌对夏直播花生出苗质量的影响（郭峰等，2018a）

处理	出苗时间/d	出苗率/%	烂种率/%	幼苗整齐度/%	着生第一对侧枝植株数/%	苗期叶面积/cm²
CK	8.1～8.8	69.4～79.5	4.2～6.3	63.3～72.8	54.2～63.7	84.38
I	7.2～8.0	79.6～85.7	3.7～5.9	72.5～80.3	62.3～69.1	92.42

　　收获期，麦茬夏花生主茎滴灌较漫灌高 3.9cm、8.7%，第一对侧枝长较对照长 4.1cm、8.7%，分枝数较对照多 0.7 条、8.0%。叶干重、茎干重、根干重和果干重，滴灌较漫灌增加 0.48g、0.93g、0.16g 和 1.91g，增加率分别为 9.4%、5.9%、10.1%、8.2%，滴灌尤其有利于促进叶片、根系和荚果发育（表 9-13）。

表 9-13　膜下滴灌对夏直播花生农艺性状和生物量的影响（郭峰等，2018a）

处理	主茎高/cm	第一对侧枝长/cm	分枝数/条	叶干重/g	茎干重/g	根干重/g	果干重/g
CK	45.0	47.3	8.8	5.13	15.76	1.59	23.16
I	48.9	51.4	9.5	5.61	16.69	1.75	25.07

　　表 9-14 表明，麦茬夏花生单株结果数、双仁果率、饱果率滴灌较漫灌分别提高 5.9%、6.5%、6.5%，有效植株率较对照提高 6.2%，理论产量较对照提高 14.8%，这与苗期出苗质量的提高密切相关。

表 9-14　膜下滴灌对夏直播花生产量构成因素的影响（郭峰等，2018a）

处理	单株结果数/个	双仁果率/%	饱果率/%	有效植株率/%	理论产量/（kg/亩）
CK	13.5	64.3	67.2	82.3	303.86
I	14.3	68.5	71.6	87.4	348.97

　　已有的研究表明，春花生不同时期采用膜下滴灌技术可使主茎高、侧枝长、单株叶面积、生物量积累和产量提高，说明膜下滴灌促进了花生生长发育（丁红等，2014；康涛等，2015；付晓等，2015；刘孟娟等，2015）。对麦茬夏花生采用膜下滴灌技术同样具有显著效果，显著提高了麦茬夏花生的出苗质量，出苗时间较对照明显提前，其原因可能与大水漫灌降低地温有关；膜下滴灌出苗率、幼苗

整齐度、着生第一对侧枝植株数、苗期叶面积均较对照提高，烂种率降低，除与地温较高有关外，还与膜下滴灌土壤的良好通透性等有关，大水漫灌会使土壤沉实板结。

滴灌显著促进了麦茬夏花生的发育，其主茎高、第一对侧枝长、分枝数均较漫灌显著提高，叶干重、茎干重、根干重和果干重显著高于漫灌，尤其促进了叶片和根系发育，有利于光合作用和养分吸收，促进了荚果饱满度提高。收获期有效植株率较漫灌提高，理论产量较漫灌显著提高，这与出苗质量的提高密切相关，显著不同于传统灌溉方式。

因此，采用膜下滴灌、实施"干播湿出"技术，在节水46.7%的情况下，能显著提高麦茬夏花生出苗质量，并对产量构成因素具有明显的促进作用，为实现高质量麦茬夏花生生产提供了技术保障。

二、膜下滴灌对麦茬夏花生土壤理化性状及肥料农学效率的影响

在麦茬夏花生栽培中，多数研究主要集中在膜下滴灌对花生出苗质量以及产量构成因素的促进作用（杨宏伟和李思恩，2022；曹巍等，2023；邱悦等，2023），然而膜下滴灌对于花生植株养分积累、肥料利用率的影响未见报道。本试验通过系统研究膜下滴灌对土壤温度、土壤含水量以及土壤和植株养分含量的影响，探究膜下滴灌对麦茬夏花生田土壤理化性质及肥料利用率的影响，阐明膜下滴灌对麦茬夏花生的增产效应，为花生高产栽培的水肥灌溉提供理论依据。

田间试验于2020年、2021年在高唐县梁村镇进行，前茬作物为小麦，供试花生品种为'花育22号'。2020年5月15日播种，10月2日收获；2021年5月20日播种，10月9日收获。土壤基础养分见表9-15。

表 9-15　播种前土壤基础地力

土层深度/cm	pH	碱解氮/（mg/kg）	有效磷/（mg/kg）	速效钾/（mg/kg）	有机质/（g/kg）
0～20	8.4	123.3	14.3	132.3	18.8

试验设置三个处理，即大水漫灌（CK），膜下滴灌（T1），并设置大水漫灌不施肥为空白处理（表9-16）。麦收后，及时灭茬施肥、旋耕，旋耕前大水漫灌、膜下滴灌处理均基施缓释肥（N-P$_2$O$_5$-K$_2$O：18-8-18）960kg/hm^2。膜下滴灌处理铺设滴灌带，主管道为内径75mm的胶管，采用单翼迷宫式滴灌带，内径16mm，滴孔间距300mm，流量1.5L/h。灌溉时期：花生播种时期、结荚末期及饱果期，具体灌水量详见表9-16。

试验采用双行单粒播种方式，垄距为85cm，播种密度24万穴/hm^2，机械化播种、铺管、覆膜等工序一次性完成。其他田间管理措施参照一般花生高产田。

表 9-16　试验设计

处理	施肥量/（kg/hm²）	灌溉方式	灌水量/（m³/hm²）	
			播种后	结荚末期
空白	0	漫灌	525	375
CK	960	漫灌	525	375
T1	960	滴灌	255	225

图 9-16 表明，漫灌、滴灌处理 5cm、10cm、15cm 处地温均随时间推移呈先升后降的趋势，而 20cm 处地温滴灌处理先升后降，漫灌持续升高；滴灌处理各层地温在 7:00、9:00、11:30、14:30 均高于漫灌，而 17:00 除 10cm 地温滴灌略高于漫灌外，其他土层温度漫灌略高。由此可见，漫灌处理降低了土壤温度，其原因可能有两个方面：一是地下水温较低，二是由于垄沟水分蒸发带走大量热量。

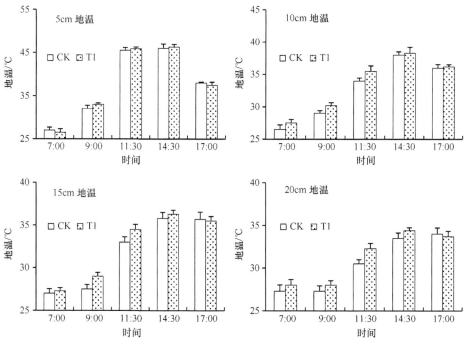

图 9-16　土壤地温情况

表 9-17 是不同灌溉方式对土壤含水量及容重的影响，滴灌处理在 0～15cm 的土壤容重显著低于漫灌，随着土层深度的增加，滴灌与漫灌土壤容重差异逐渐减小，2 个处理在 15～30cm、30～45cm 处土壤容重无显著差异。滴灌处理土壤含水量在 0～30cm 显著高于漫灌，而 30～45cm 漫灌土壤含水量超过滴灌，这说明

大水漫灌主要进行垂向运移，造成深层渗漏，后期容易使花生耕作层土壤板结，滴灌土壤水分主要集中在0～30cm，可增加灌水均匀度，有利于提升表层土的湿度及疏松度。

表9-17　土壤含水量及容重

土层深度/cm	灌溉方式	含水量/%	容重/（g/cm³）
0～15	CK	8.20±0.02b	1.304±0.005a
	T1	9.28±0.03a	1.199±0.009b
15～30	CK	9.42±0.31b	1.465±0.009a
	T1	11.10±1.03a	1.413±0.008a
30～45	CK	12.90±0.61a	1.553±0.002a
	T1	11.64±0.22b	1.556±0.008a

注：不同小写字母代表同一土层深度下不同处理间差异显著（$P<0.05$），下同

从表9-18可知，与漫灌相比，滴灌施肥提高了各土层的有机质含量，其中20～40cm土层有机质增长最为显著，增长了1.7g/kg；与漫灌相比，滴灌在20～40cm土层碱解氮的含量也增长了6.7%，但0～20cm和40～60cm土层碱解氮含量稍有下降。2个处理的有效磷含量在不同土层均无显著差异。与漫灌相比，滴灌处理中的速效钾含量在0～40cm并无显著差异，而在40～60cm处显著提高。

表9-18　土壤有机质、碱解氮、有效磷、有效钾含量

土层深度/cm	处理	有机质/（g/kg）	碱解氮/（mg/kg）	有效磷/（mg/kg）	速效钾/（mg/kg）
0～20	CK	18.9a	85.3a	25.3a	173.5a
	T1	19.0a	78.1b	24.3a	168.0a
20～40	CK	8.7b	40.4b	15.4a	84.5a
	T1	10.4a	43.1a	15.0a	85.0a
40～60	CK	4.9a	25.5a	6.1a	40.0b
	T1	5.0a	25.1a	6.2a	51.0a

漫灌、滴灌处理中籽仁氮含量分别为40.6mg/g和43.8mg/g。对于植株全氮含量与氮素积累量，植株不同器官的滴灌处理都要略高于漫灌处理（图9-17），植株全氮含量中根和籽仁的差值较为明显，而在氮素积累量中籽仁的差值较为明显。植株全磷含量与磷素积累量中，除根外，茎、叶、果壳等其他植株器官的滴灌处理都要低于漫灌处理（图9-18）。滴灌处理的根、茎、叶、果壳和籽仁钾含量都要高于漫灌处理，其差值在0.1～2.3mg/g，其中以叶的差值最大，达到了2.3mg/g。植株各器官钾素积累量滴灌处理都要高于漫灌处理，各器官钾素积累量差值最大的为叶，差值达28.1mg/g（图9-19）。

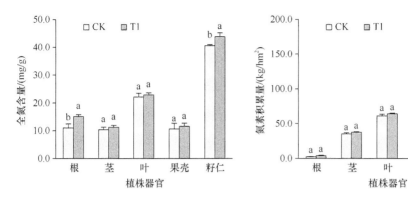

图 9-17　植株全氮含量与氮素积累量

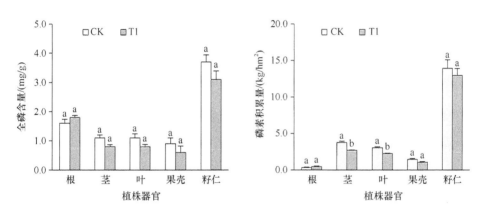

图 9-18　植株全磷含量与磷素积累量

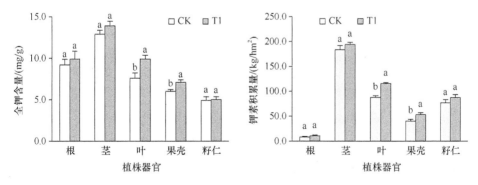

图 9-19　植株全钾含量与钾素积累量

由表 9-19 可知，在不同灌溉方式下，与漫灌处理相比，滴灌处理显著提高了肥料农学效率。进一步分析发现氮肥农学效率、磷肥农学效率和钾肥农学效率分别提高约 49.46%、51.44%、57.29%。

表 9-19　膜下滴灌对肥料农学效率的影响

处理	氮肥农学效率/（kg/kg）	磷肥农学效率/（kg/kg）	钾肥农学效率/（kg/kg）
CK	9.3b	20.8b	9.6b
T1	13.9a	31.5a	15.1a

由表 9-20 可知，滴灌较漫灌产量提高 817.2kg/hm²，显著增产 17.8%，且滴灌较漫灌节水 46.7%，而成本只增加了 2100 元/hm²，但纯效益增收 1659.2 元/hm²，增幅为 23.3%，表明滴灌技术显著增加了经济效益。

表 9-20　效益分析表

处理	产量/（kg/hm²）	成本/（元/hm²）	总效益/（元/hm²）	纯效益/（元/hm²）	灌溉水量/m³
CK	4 581.38b	13 965.0	21 074.4	7 109.4	900.0
T1	5 398.60a	16 065.0	24 833.6	8 768.6	480.0

注：1hm² 所需缓释肥 900kg、2400 元，毒饵 375 元，种子 3825 元，除草剂 150 元，种衣剂 120 元，播种 600 元，薄膜 420 元，放苗 1200 元，中耕 225 元，化控 150 元，收获摘果 3000 元，滴灌管及设备 2100 元，其他人工等成本 1500 元。花生荚果 4.6 元/kg

已有研究表明，膜下滴灌可有效提高土壤的水热及养分含量，提高水分利用效率进而促进植株生长（樊吴静等，2023）。本研究结果显示，滴灌施肥条件下，各层地温在 9:00、11:30、14:30 均高于漫灌，而 17:00 除 10cm 地温滴灌略高于漫灌外，其他土层温度漫灌略高。这与前人研究结果类似：2013 年膜下滴灌和不覆膜滴灌处理在不同生育阶段 20cm 深度处土壤温度的典型日变化中，膜下滴灌处理在玉米苗期、拔节期和抽穗期典型日的土壤温度都高于不覆膜滴灌处理，苗期的温差最大，拔节期次之，抽穗期最小（孙仕军等，2021）。

不同的灌水方式对土壤的物理性状影响是不同的（王航等，2021）。研究表明，不同灌溉方式下比重、容重及土壤含水量呈现漫灌>沟灌>滴灌，而孔隙度则反之（王怀苹等，2024）。本试验表层滴灌处理容重低于漫灌处理，滴灌处理的深层土壤含水量低于漫灌处理，这与上文研究相似。本试验还指出，与漫灌相比，滴灌施肥提高了各土层的有机质含量，这与前人探讨不同灌溉施肥方式对生姜氮、磷、钾利用率的影响相吻合，滴灌等量施肥处理后的吸收量较高，常规沟灌施肥处理后的吸收量较低，但均极显著高于常规沟灌不施肥处理（刘虎成，2013）。

土壤理化性质的改变，促进了作物的生长发育，增加了花生产量，提高了肥料的利用率（聂修平，2022）。在本试验中，滴灌肥料农学效率明显提高，氮肥农学效率、磷肥农学效率和钾肥农学效率分别提高了 4.6kg/kg、10.7kg/kg 和 5.5kg/kg。这表明漫灌施肥有大量的养分没有被吸收利用，给环境造成了严重的污染，带来了巨大的潜在危险。膜下滴灌施肥技术的应用，不仅能够提升肥料利用效率，降低肥料的成本，还可以将农业造成的污染问题降低（刘洋等，2015）。

经济效益是滴灌施肥技术是否可以长期持续发展的一项重要指标（曲杰等，2017）。在本研究之中，尽管滴灌成本有所增加，但滴灌相较于漫灌纯效益显著提高。滴灌设备因投入较高所以在花生种植中成为限制的主要因素，但是水泵及供水管道可以通过重复利用来平摊到每年来降低成本，逐步提高花生滴灌的整体收益（华克骥等，2022）。

膜下滴灌处理通过降低0~15cm土层的土壤容重，增加0~30cm土层的土壤含水量以及提高土壤有机质含量，从而促进了花生自身的生长发育，提高了肥料的农学效率。滴灌技术显著增强了作物对土壤水分的有效利用，滴灌处理较漫灌处理产量增加了817.2kg/hm²，显著增产17.8%，促进了花生生态经济效益的提高。

第五节　夏直播花生"三增加三精准"高产栽培技术体系

对如何提高夏直播花生产量，科研人员进行了较多研究，如不同密植方式对夏直播花生生理特性、干物质积累及产量的影响（翟彬彬等，2016；陈雷等，2018；曲杰，2020；张俊等，2021），"干播湿出"水肥一体化技术对麦茬夏花生提高出苗质量的研究（郭峰等，2018a），施肥方式和施肥量对花生产量和产量构成因素等的影响（孙彦浩等，2000；孔显民等，2003；张毅等，2018；王建国等，2021）。前人研究多针对单一技术，未对关键技术进行集成应用，限制了高产花生田间管理水平的提高。试验结合多年研究经验，在产量调控理论和田间调控技术研究的基础上（王才斌等，2000b；张佳蕾等，2016b，2018；郭峰等，2018b），对多项关键生产技术进行整合优化，创建了夏直播花生"三增加三精准"高产栽培技术：干播湿出，增加积温；增加密度，壮大群体；增施钙肥，促进饱果；精准施肥，分期供氮；精准播种，定向镇压；精准调控，三防三促。通过上述技术的应用，实现提高有效积温、提高抗倒伏能力、提高光合峰值持续期和提高物质分配系数的"四提"目标。"三增加三精准"技术通过干播湿出和定向播种，使前期早生快发，促进前期生物量快速积累，使之提前进入产量形成期；在单粒精播和增加密度的基础上，配套钙肥调控、分期供氮和"三防三促"等关键技术，实现群体矮化密植，保证整个产量形成期尤其是生育后期具有足够的叶面积和光合能力，延长了产量形成期，增加了物质向荚果的积累强度，提高了结果数和饱果率。2022年在泰安市宁阳县堽城镇实打验收单产619.31kg/亩，创造夏直播花生实打验收单产纪录。夏直播花生"三增加三精准"高产栽培技术能够根据麦茬夏花生的生育特性，充分挖掘其生产潜力，是创造高产纪录的关键技术之一，为我国夏直播花生单产水平的进一步提高提供强有力的技术支撑。

2021~2022年在泰安市宁阳县堽城镇高产试验田进行试验。小麦于2021年10月23日播种，2022年6月12日收获。花生品种选用'花育9511号'，设置对照、干播湿出、增加密度、增施钙肥、分期供氮、定向播种、三防三促处理，每个处理 3 次重复，每个小区面积 66.67m²。同时设置"三增加三精准"高产栽培技术攻关田，面积 2000m²。所有处理均采用覆膜栽培方式，人工播种，具体试验设计如下：

（1）对照（CK）：6 月 12 日麦收造墒，6 月 15 日播种。双粒穴播，垄距 85cm、行距 30cm、穴距 20cm，密度 11.77 万穴/hm²。每亩基施氮磷钾复合肥（15-15-15）75kg，主茎高 35cm 时每公顷用 15%多效唑可湿性粉剂 500g 兑水 450kg 进行均匀的叶面喷施。

（2）干播湿出（I1）：6 月 12 日麦收、6 月 13 日干播滴灌。双粒穴播，垄距 85cm、行距 30cm、穴距 20cm，密度 11.77 万穴/hm²。每亩基施复合肥（15-15-15）75kg，主茎高 35cm 时每公顷用 15%多效唑可湿性粉剂 500g 兑水 450kg 进行均匀的叶面喷施。

（3）增加密度（I2）：6 月 12 日麦收造墒，6 月 15 日播种。单粒精播，垄距 80cm、行距 30cm、穴距 10cm，密度 25.00 万穴/hm²。每亩基施复合肥（15-15-15）75kg，主茎高 35cm 时每公顷用 15%多效唑可湿性粉剂 500g 兑水 450kg 进行均匀的叶面喷施。

（4）增加施钙肥（I3）：6 月 12 日麦收造墒，6 月 15 日播种。单粒精播，垄距 80cm、行距 30cm、穴距 10cm，密度 25.00 万穴/hm²。每亩基施复合肥（15-15-15）75kg、钙镁磷肥 50kg，主茎高 35cm 时每公顷用 15%多效唑可湿性粉剂 500g 兑水 450kg 进行均匀的叶面喷施。

（5）分期供氮（P1）：6 月 12 日麦收造墒，6 月 15 日播种。单粒精播，垄距 80cm、行距 30cm、穴距 10cm，密度 25.00 万穴/hm²。每亩基施复合肥（15-15-15）60kg（其中速效肥 40kg、40d 左右开始释放且释放周期 60d 左右的花生专用控释肥 20kg）、钙镁磷肥 50kg。主茎高 35cm 时每公顷用 15%多效唑可湿性粉剂 500g 兑水 450kg 进行均匀的叶面喷施。

（6）定向播种（P2）：6 月 12 日麦收造墒，6 月 15 日播种。单粒精播，垄距 80cm、行距 30cm、穴距 10cm，密度 25.00 万穴/hm²。开沟镇压，使种子定向平放，覆土镇压。每亩基施复合肥（15-15-15）75kg、钙镁磷肥 50kg，主茎高 35cm 时每公顷用 15%多效唑可湿性粉剂 500g 兑水 450kg 进行均匀的叶面喷施。

（7）三防三促（P3）：6 月 12 日麦收造墒，6 月 15 日播种。单粒精播，垄距 80cm、行距 30cm、穴距 10cm，密度 25.00 万穴/hm²。每 666.7m² 基施复合肥（15-15-15）75kg、钙镁磷肥 50kg。主茎高 28cm 时每公顷用 15%多效唑可湿性粉剂 500g 兑水 450kg 进行均匀的叶面喷施；7 月 5 日开始每隔 15d 左右叶面喷施杀菌剂苯醚甲环唑+嘧菌脂 800 倍液，连续喷施 3 次；8 月 20 日开始每隔 7d 左右每公顷叶面喷施 2%尿素+0.2%磷酸二氢钾水溶液 750kg，连续喷施 3 次。

（8）三增加三精准（TT）：6月12日麦收、6月13日干播滴灌。单粒精播，垄距 80cm、行距 30cm、穴距 10cm，密度 25.00 万穴/hm²。开沟镇压，使种子定向平放，覆土镇压。每 666.7m² 基施复合肥（15-15-15）60kg（其中速效肥 40kg、40d 左右开始释放且释放周期 60d 左右的花生专用控释肥 20kg）、钙镁磷肥 50kg。主茎高 28cm 时每公顷用 15% 多效唑可湿性粉剂 500g 兑水 450kg 进行均匀的叶面喷施；7月5日开始每隔 15d 左右叶面喷施杀菌剂苯醚甲环唑+嘧菌脂 800 倍液，连续喷施 3 次；8月20日开始每隔 7d 左右每公顷叶面喷施 2% 尿素+0.2% 磷酸二氢钾水溶液 750kg，连续喷施 3 次。

一、出苗日期和出苗率

由表 9-21 可知，I1（干播湿出）处理由于省却了造墒环节，播种日期较对照提早 2 天，配合滴灌，避免了因大水漫灌造成的地温下降和土壤板结，在保证土壤墒情的同时使有效积温快速积累，从而使出苗日期较对照提前 2 天。P2（定向播种）通过使种子定向平放，覆土镇压，避免了一般田间播种出现的胚端倒置造成的出苗延迟和出苗失败现象，出苗日期较对照提早 1 天，且出苗率较对照相比大幅提高，为 4.7%；TT（三增加三精准）处理因综合了干播湿出和定向播种的优势，不仅使出苗日期较对照提前了 3 天，且出苗率也显著提高，比对照提高 5.9%。

表 9-21　不同栽培方式对夏直播花生出苗日期和出苗率的影响（刘珂珂等，2023）

处理	出苗日期（年.月.日）	出苗率/%
CK	2022.06.22	91.34bc
I1	2022.06.20	90.28c
I2	2022.06.22	92.76b
I3	2022.06.22	93.72b
P1	2022.06.22	92.48b
P2	2022.06.21	95.62a
P3	2022.06.22	92.33b
TT	2022.06.19	96.75a

注：同列不同小写字母表示差异显著（$P<0.05$）

二、主茎高、侧枝长、分枝数、主茎节数、主茎绿叶数、叶面积指数

由表 9-22 可知，与对照相比，I1（干播湿出）、I2（增加密度）、P2（定向播种）及 P3（三防三促）处理的主茎高均显著增加，较对照分别增加 2.30%、3.67%、2.47% 和 3.12%，I2 增幅最大；而 P1（分期供氮）处理的主茎高与对照相比显著降低，为 4.39%；I3（增施钙肥）和 TT（三增加三精准）对主茎高影响不显著。

不同处理对侧枝长影响均不显著。除 I1 外，其他处理均显著促进花生的分枝数、主茎节数和主茎绿叶数，其中分枝数以 P2 和 TT 增幅最大，均为 12.90%；主茎节数以 P1 增幅最大，为 9.95%；主茎绿叶数以 TT 增幅最大，为 16.84%。由此可以看出，"三增加三精准"高产栽培技术充分融合了各处理的优势，既有效地抑制了主茎伸长，促进了侧枝分化，又显著增强了植株的保绿性能，有效提高了生育后期的叶面积指数，有利于理想株型的构建，为夏直播花生高产奠定基础。

表 9-22　不同处理夏直播花生成熟期植株性状差异（刘珂珂等，2023）

处理	主茎高/cm	侧枝长/cm	分枝数/个	主茎节数/个	主茎绿叶数/个	叶面积指数
CK	52.57b	55.98ab	9.30b	19.10b	9.50b	3.33d
I1	53.78a	57.52a	9.40b	18.90b	9.60b	3.41d
I2	54.50a	58.25a	10.00a	20.70a	10.50a	3.57c
I3	53.25ab	56.34ab	10.30a	20.90a	10.70a	3.68b
P1	50.26c	53.42b	10.30a	21.00a	10.60a	3.61bc
P2	53.87a	57.23a	10.50a	20.90a	10.80a	3.72ab
P3	54.21a	57.38a	10.10a	20.70a	11.00a	3.81a
TT	53.45ab	56.28ab	10.50a	20.80a	11.10a	3.85a

三、叶片保护酶活性和 MDA 含量

由图 9-20 可知，与对照相比，不同处理对花生成熟期叶片的 SOD、POD、CAT 活性及 MDA 含量影响各不相同。各处理 SOD、POD 和 CAT 的活性与对照相比均表现出显著差异，且趋势基本一致，各处理 SOD 活性依次为 TT>P3>P2>I3>I1>CK>P1>I2，POD 活性依次为 TT>P3>I3>CK>P1>I1>P2>I2，CAT 活性依次为 TT>P3>I3>P2>I1>P1>CK>I2，各项酶活性均以 TT（三增加三精准）处理的增幅最大，SOD、POD 和 CAT 活性较对照分别增加 17.44%、14.54% 和 34.82%；P3（三防三促）处理次之，SOD、POD 和 CAT 活性较对照分别增加 13.30%、6.80% 和 25.88%；各项酶活性均以 I2（增加密度）处理的降幅最大，SOD、POD 和 CAT 活性较对照分别减少 5.94%、10.30% 和 11.82%。与各项酶活性变化趋势相反，TT（三增加三精准）处理成熟期的叶片 MDA 含量显著降低，较对照减少 15.61%，P3 处理降幅次之，较对照减少 12.09%；I2（增加密度）处理的 MDA 含量显著升高，较对照升高 4.49%。说明除增加密度处理外，干播湿出、增施钙肥、分期供氮、定向播种和三防三促单项处理均能在一定程度上提高花生叶片保护酶活性，降低 MDA 含量，"三防三促"技术提高保护酶活性和降低 MDA 含量的幅度最大，而"三增加三精准"高产栽培技术通过融合各处理的优势，取长补短，弥补了因单纯增加密度引起的叶片保护酶活性下降、MDA 含量升高等不足，有效延缓高产

花生生育后期的叶片衰老。

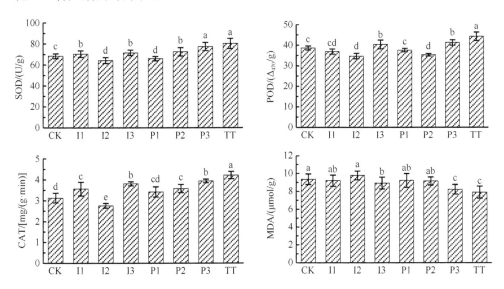

图 9-20　不同处理对叶片 SOD、POD、CAT 活性和 MDA 含量的影响（刘珂珂等，2023）

四、产量和产量构成因素

由表 9-23 可知，P1（分期供氮）、P2（定向播种）、P3（三防三促）和 TT（三增加三精准）处理均显著提高了夏直播花生单株秕果数、单株饱果数，进而使单株结果数也较对照显著增加，各项指标依次为 TT>P3>P1>P2，以 TT 处理各项指标增幅最大，单株秕果数、单株饱果数和单株结果数分别较对照增加 66.00%、47.06% 和 54.07%；此外，I1（干播湿出）、P1（分期供氮）、P2（定向播种）、P3（三防三促）和 TT（三增加三精准）处理的单株果重均显著增加，分别较对照增加 8.62%、19.77%、17.20%、25.48% 和 55.35%；与单株果重变化趋势相反，P3（三防三促）和 TT（三增加三精准）处理的千克果数较对照显著降低，分别降低 1.90% 和 2.46%，而 I2（增加密度）的千克果数较对照显著升高了 1.48%；实收株数除 I1（干播湿出）外，其他处理因播种密度增加均显著高于对照，尤以 P2（定向播种）和 TT（三增加三精准）处理的实收株数最高，分别较对照增加 14.21% 和 15.35%；不同处理均显著提高了花生荚果产量，且不同处理间荚果产量也存在显著差异，各处理荚果产量由高到低依次为 TT>P3>P2>P1>I3>I2>I1>CK，分别较对照提高 79.06%、37.81%、33.12%、31.21%、18.73%、10.67% 和 8.03%。以上数据表明各处理均能在不同程度上通过改善产量构成因素从而显著提高荚果产量，而"三增加三精准"高产栽培技术在增加密度的基础上叠加定向播种处理，使实收株数显著提高，再通过融合以三防三促等为主的优势处理措施，在有效提高实收株数的同时显著增加单株结果数、单株果重，从而使荚果产量大幅提高。

表 9-23　不同处理对夏直播花生产量构成的影响（刘珂珂等，2023）

处理	单株 秕果数	单株 饱果数	单株 结果数	单株 果重/g	千克 果数	实收株数/ （万株/hm²）	荚果产量/ （kg/hm²）
CK	5.00c	8.50c	13.50d	26.81d	503.87b	19.28c	5188.05f
I1	5.20c	9.20b	14.40cd	29.12c	496.56bc	19.16c	5604.75e
I2	5.80c	8.40c	14.20d	26.86d	511.34a	21.33b	5741.7e
I3	6.20bc	8.90bc	15.10c	28.46cd	500.53b	21.56ab	6159.75d
P1	6.60b	9.30b	15.90bc	32.11b	496.81bc	21.27b	6807.3c
P2	6.50b	9.20b	15.70bc	31.42bc	503.25b	22.02a	6906.45bc
P3	7.30ab	9.50b	16.80b	33.64b	494.28c	21.29b	7149.75ab
TT	8.30a	12.50a	20.80a	41.65a	491.47c	22.24a	9289.65a

五、实打验收

2022 年 10 月 10 日组织有关专家，在"三增加三精准"高产栽培技术攻关田内去掉边行和两头，量取 666.7m²，实收全部鲜果重 1190.76kg，测算折干率为 52.01%，折合荚果干重为 619.31kg，创造麦茬夏直播花生实打验收单产纪录。

"三增加三精准"技术融合了各技术的优势，充分挖掘了麦茬夏直播花生的生产潜力：干播湿出和定向播种不仅使花生提前 3 天出苗，还显著提高出苗率和出苗质量，有利于培育壮苗，使夏直播花生提早进入产量形成期；在花生单粒精播的基础上增加密度，再配合"三防三促"调控技术，在壮大群体的同时有效抑制地上部植株过旺生长，实现群体矮化密植，显著提高了饱果期和成熟期叶片的叶面积指数和保护酶活性，延长了较高光合效率和较大光合面积的持续期，保证了产量形成期具有强大的物质生产能力，同时促进了光合产物向荚果的转运和分配；分期供氮在保证花生生长发育过程中对氮素营养需求的同时，有效避免因氮肥供应过量造成的花生植株徒长倒伏和减产；增施钙肥可以促进荚果发育，提高结果数，从而提高产品器官对总干物质的需求和接纳能力，进而提高物质分配系数。因此，"三增加三精准"技术的应用是夏直播花生获取高产的重要措施，有利于农民增收、花生增产，对于扩大夏直播花生的影响力、缓解粮油争地矛盾、提高我国花生产业的国际竞争力具有重要意义。

第六节　夏直播花生发展潜力

自 2010 年以来，山东省农业科学院花生栽培团队和山东农业大学花生栽培研究室在山东省泰安、东平、宁阳、菏泽、聊城、济宁和临沂等地进行了夏直播花生高产栽培技术试验示范，取得了良好的示范效果，也说明黄淮地区发展夏直播花生的潜力很大。

一是气候潜力。山东省年平均气温 12～14℃，≥15℃期间的日数为 150d 左右，无霜期 180～220d。夏直播花生生育期间（6 月中旬至 10 月上旬）的积温在 2683～3049℃，但不同产区存在一定差异。其中鲁南包括临沂、日照等市，鲁西南包括泰安、济宁、枣庄和菏泽等市，鲁西包括聊城、济南等市，夏直播花生生育期间的积温可达到 2900℃或以上，能满足或基本满足中早熟大、小花生对积温的要求；鲁东的潍坊市、平度市等主产区一般年份积温也可达到 2800℃或以上，基本可满足早熟花生对积温的要求。因此，从热量资源看，山东省大部分地区可满足夏直播花生对温度的要求。山东省花生主产区年降水量一般为 500～950mm，但分布不匀，旱涝现象时有发生，季、月相对变率大，多数年份 6～8 月偏多，一般在 300～600mm，9 月时多时少。正常年份，可满足 250～300kg/亩中等产量水平花生对水分的要求，但 350kg/hm² 以上的高产地块少雨年份仍需适当补灌。

二是面积潜力。山东省夏直播花生栽培面积潜力主要来源于鲁中南、鲁西、鲁西南及潍坊市等主产区的春花生高产田、麦套田和其他夏收作物（如大蒜等）等。随着土壤肥力的提高、生产基础设施的改善，约 165 万亩的春花生高产田可实行小麦、夏直播花生两熟制栽培。现有的 150 万亩麦套花生，从光热情况看，均可改为夏直播。此外还有 20 万亩夏收作物也可发展夏直播花生。另外，随着供给侧结构改革的不断深入和国家作物生产"双减"战略的实施，玉米面积逐渐调减，又为发展夏直播花生提供了前所未有的机遇。山东省夏直播花生面积潜力可达 400 万亩以上。

三是产量潜力。自 20 世纪 80 年代以来，山东省相继开展了"夏花生亩产 400kg高产栽培技术研究""夏花生小麦双高产栽培规律及配套技术研究"，小面积攻关亩产突破了 600kg，大面积示范实现了亩产 300kg；2011～2012 年东明县夏直播花生平均亩产达到 369kg，百亩高产示范田平均亩产达到 528kg；2016 年高唐县夏直播花生实收 1 亩产量达 562.6kg；2022 年宁阳县堽城镇夏直播花生实打 1 亩产量达到 619.31kg，创造了我国夏直播花生单产新纪录。证明夏直播花生具有较高的增产潜力。

四是经济效益潜力。与同等条件下的春播花生相比，夏直播花生一般减产 50～100kg/亩，亩收入减少 250～500 元（按 5 元/kg 计），但一季小麦（产量 400～450kg/亩，按 2.5 元/kg 计）可增收 1000～1125 元。因此，麦油两熟亩可增收 500～875 元。夏直播花生（250～300kg/亩）和夏玉米（450～500kg/亩，按 1.5 元/kg 计）相比，夏直播花生比夏玉米每亩可增收 500～825 元，而且花生是豆科作物，对维持土壤氮素水平有益，有利于下季小麦高产。

参 考 文 献

曹巍, 刘宏权, 陈任强, 等. 2023. 膜下滴灌对玉米生长及土壤影响的研究进展. 节水灌溉, (4): 39-51.

陈传永, 侯玉虹, 孙锐, 等. 2010. 密植对不同玉米品种产量性能的影响及其耐密性分析. 作物学报, 36(7): 1153-1160.

陈建林, 陈建强, 庞继孚, 等. 2012. 玉米叶片定向生长栽培研究. 农业工程, 2(8): 63-66.

陈雷, 范小玉, 李可, 等. 2018. 不同种植方式对夏花生光合速率、干物质积累及产量的影响. 山西农业科学, 46(7): 1128-1131.

程增书, 徐桂真, 王延兵, 等. 2006. 播期和密度对花生产量和品质的影响. 中国农学通报, 22(7): 190-193.

丁红, 张智猛, 康涛, 等. 2014. 花后膜下滴灌对花生生长及产量的影响. 花生学报, 43(3): 37-41.

董春娟, 曹宁, 王玲玲, 等. 2016. 黄瓜子叶源生长素对下胚轴不定根发生的调控作用. 园艺学报, 43(10): 1929-1940.

樊吴静, 杨鑫, 李丽淑, 等. 2023. 不同灌溉方式对冬种马铃薯土壤理化性状、水分利用效率及块茎产量的影响. 西南农业学报, 36(11): 2374-2381.

范丽娟, 索长利. 2013. 花生膜下滴灌机械化栽培技术. 新疆农机化, (5): 25-26.

冯烨, 郭峰, 李宝龙, 等. 2013a. 单粒精播对花生根系生长、根冠比和产量的影响. 作物学报, 39(12): 2228-2237.

冯烨, 郭峰, 李新国, 等. 2013b. 我国花生栽培模式的演变与发展. 山东农业科学, 45(1): 133-136.

冯烨, 李宝龙, 郭峰, 等. 2013c. 单粒精播对花生活性氧代谢、干物质积累和产量的影响. 山东农业科学, 45(8): 42-46.

付晓, 祝令晓, 刘孟娟, 等. 2015. 不同生育时期膜下灌水对花生生长发育及产量的影响. 新疆农业科学, 52(12): 2187-2193.

高建玲, 王成超, 吕敬军, 等. 2012. 黄淮区域夏花生新品种筛选试验. 山东农业科学, 44(4): 28-30.

顾峰玮, 胡志超, 田立佳, 等. 2010. 我国花生机械化播种概况与发展思路. 江苏农业科学, (3): 462-464.

郭峰, 张智猛, 李庆凯, 等. 2018a. 膜下滴灌对麦茬夏花生出苗质量和产量的影响. 花生学报, 47(2): 74-76.

郭峰, 张智猛, 张佳蕾, 等. 2018b. 麦茬夏花生"干播湿出"水肥一体化技术. 山东农业科学, 50(6): 116-118.

胡宝忱, 李绍会. 2013. 花生膜下滴灌节水高产栽培技术. 园艺与种苗, (5): 6-8.

胡文广, 邱庆树, 李正超, 等. 2002. 花生品质的影响因素研究 II. 栽培因素. 花生学报, 31(4): 14-18.

华克骥, 何军, 张宇航, 等. 2022. 不同灌溉和施肥方式对稻田土壤氮、磷迁移转化的影响. 灌溉排水学报, 41(7): 35-43.

黄长志, 周秋峰, 刘软枝. 2006. 夏花生开花结实性及提高饱果率的研究. 作物杂志, (3): 35-36.

黄钢, 汤永禄. 2006. 精量露播小麦的群体质量分析. 西南农业学报, 19(6): 1044-1048.

黄恒掌, 陆春燕. 2012. 玉米定向栽培密度与施肥量试验研究. 广东农业科学, 39(17): 4-6.

姜楠, 王超, 潘建伟. 2014. 拟南芥下胚轴伸长与向光性的分子调控机理. 植物生理学报, 50(10): 1435-1444.

康涛, 李文金, 张艳艳, 等. 2015. 不同生育时期膜下滴灌对花生生长发育及产量的影响. 花生学报, 44(3): 35-40.

孔显民, 郑亚萍, 成波, 等. 2003. 冬小麦夏直播花生两熟制栽培钾肥用量与分配研究. 花生学报, 32(9): 29-33.

李安东, 任卫国, 王才斌, 等. 2004. 花生单粒精播高产栽培生育特点及配套技术研究. 花生学报, 33(2): 17-22.

李俊庆. 2004. 不同生育时期干旱处理对夏花生生长发育的影响. 花生学报, 33(4): 33-35.

李向东, 万勇善, 于振文, 等. 2001. 花生叶片衰老过程中氮素代谢指标变化. 植物生态学报, 25(5): 549-552.

李向东, 王晓云, 余松烈, 等. 2002. 花生叶片衰老过程中光合性能及细胞微结构变化. 中国农业科学, 35(4): 384-389.

李玉华. 2022. 大蒜单粒播种种芽定向调控技术研究. 泰安: 山东农业大学.

梁晓艳, 郭峰, 张佳蕾, 等. 2015. 单粒精播对花生冠层微环境、光合特性及产量的影响. 应用生态学报, 26(12): 3700-3706.

梁晓艳, 郭峰, 张佳蕾, 等. 2016. 不同密度单粒精播对花生养分吸收及分配的影响. 中国生态农业学报, 24(7): 893-901.

凌启鸿, 张洪程, 丁艳锋, 等. 2007. 水稻高产精确定量栽培. 北方水稻, (2): 1-9.

刘虎成. 2013. 灌溉施肥方式对生姜生长及水肥利用特性的影响. 泰安: 山东农业大学.

刘建丰, 袁隆平, 邓启云, 等. 2005. 超高产杂交稻的光合特性研究. 中国农业科学, 38(2): 258-264.

刘珂珂, 郭峰, 王建国, 等. 2023. "三增加三精准" 技术对夏直播花生农艺性状和产量的影响. 中国油料作物学报, 46(6): 1312-1319.

刘孟娟, 丁红, 戴良香, 等. 2015. 花针期灌水对花生植株生长发育及光合物质积累的影响. 中国农学通报, 31(27): 75-81.

刘小武, 李高华, 赵双玲. 2012. 膜下滴灌花生栽培技术. 新疆农垦科技, (4): 12-13.

刘洋, 栗岩峰, 李久生, 等. 2015. 东北半湿润区膜下滴灌对农田水热和玉米产量的影响. 农业机械学报, 46(10): 93-104, 135.

吕丽华, 陶洪斌, 夏来坤, 等. 2008. 不同种植密度下的夏玉米冠层结构及光合特性. 作物学报, 34(3): 447-455.

马国胜, 薛吉全, 路海东, 等. 2005. 不同类型饲用玉米群体光合生理特性的研究. 西北植物学报, 25(3): 536-540.

慕美财, 张曰秋, 崔从光, 等. 2010. 冬小麦高产群体源-库-流特征及指标研究. 中国生态农业学报, 18(1): 35-40.

聂修平. 2022. 不同施氮量下调亏灌溉对花生形态生理特征及氮磷积累的影响. 沈阳: 沈阳农业大学.

邱庆树, 李正超, 段淑芬. 2001. 花生品质的影响因素研究. 花生品种因素. 花生学报, 30(3): 21-26.

邱悦, 崔静, 杨晓燕, 等. 2023. 减氮配施缓释氮肥对滴灌棉花氮素利用和产量的影响. 华中农业大学学报, 42(5): 122-131.

曲杰, 高建强, 程亮, 等. 2017. 膜下滴灌条件下土壤质地对花生生长发育及产量形成的影响. 山东农业科学, 49(1): 95-97, 102.

曲杰. 2020. 不同密度对单粒播种夏花生开花规律及结实的影响. 中国农学通报, 36(17): 31-35.

沈毓骏, 安克, 王铭伦, 等. 1993. 夏直播覆膜花生减粒增穴的研究. 莱阳农学院学报, 10(1): 1-4.

史鸿儒, 张文忠, 解文孝, 等. 2008. 不同氮肥施用模式下北方粳型超级稻物质生产特性分析. 作物学报, 34(11): 1985-1993.

宋伟, 赵长星, 王月福, 等. 2011. 不同种植方式对花生田间小气候效应和产量的影响. 生态学报, 31(23): 7188-7195.

宋雨函, 张锐. 2021. 高等植物下胚轴伸长的调控机制. 生命的化学, 41(6): 1116-1125.

苏君伟, 王惠新, 吴占鹏, 等. 2012. 辽西半干旱区膜下滴灌条件下对花生田土壤微生物量碳、产量及 WUE 的影响. 花生学报, 41(4): 37-41.

孙仕军, 杨金鑫, 万博, 等. 2021. 不同滴灌方式对辽西半干旱区春玉米生长及产量的影响. 沈阳农业大学学报, 52(1): 32-39.

孙彦浩, 刘恩鸿, 隋清卫, 等. 1982. 花生亩产千斤高产因素结构与群体动态的研究. 中国农业科学, 15(1), 71-75.

孙彦浩, 陶寿祥, 陈殿绪, 等. 1999. 夏花生矮化密植增产效果的研究. 花生科技, 2(2): 5-8.

孙彦浩, 陶寿祥, 陈殿绪. 2000. 夏花生重施前茬肥效果研究. 花生学报, (1): 15-18.

万书波. 2003. 中国花生栽培学. 上海: 上海科学技术出版社, 252-272.

王才斌, 成波, 王志芬, 等. 2000. 冬小麦夏直播花生两熟制栽培氮肥用量与分配研究. 中国油料作物学报, 22(4): 25-28.

王才斌, 成波, 郑亚萍, 等. 1999. 高产条件下不同种植方式和密度对花生产量、产量性状及冠层特征的影响. 花生科技, (1): 12-14.

王才斌, 郑亚萍, 成波, 等. 2004a. 高产花生冠层光截获和光合、呼吸特性研究. 作物学报, 30(3): 274-278.

王才斌, 郑亚萍, 成波, 等. 2004b. 花生超高产群体特征与光能利用研究. 华北农学报, 19(2): 40-43.

王航, 周青云, 张宝忠, 等. 2021. 不同滴灌方式对滨海盐碱地土壤剖面盐分变化的影响. 节水灌溉, (11): 35-40, 46.

王怀苹, 杨明达, 张素瑜, 等. 2024. 不同节水灌溉方式对夏玉米生长、产量及水分利用的影响. 作物杂志, (2): 206-212.

王建国, 张佳蕾, 郭峰, 等. 2021. 钙与氮肥互作对花生干物质和氮素积累分配及产量的影响. 作物学报, 47(9): 1666-1679.

吴桂成, 张洪程, 钱银飞, 等. 2010. 粳型超级稻产量构成因素协同规律及超高产特征的研究. 中国农业科学, 43(2): 266-276.

吴继华, 石秀云, 王素真, 等. 2003. 钙、硼、钼肥对夏花生的增产效应研究. 耕作与栽培, (1): 62-63.

吴香奇, 刘博, 张威, 等. 2023. 小麦豌豆间作对群体光合特性和生产力的影响. 作物学报, 49(4): 1079-1089.

谢孟林, 查丽, 郭萍, 等. 2017. 垄作覆膜对川中丘区土壤物理性状和春玉米产量的影响. 干旱地区农业研究, 35(2): 31-38.

闫彩霞, 王娟, 赵小波, 等. 2021. 全生育期鉴定筛选耐盐碱花生品种. 作物学报, 47(3): 556-565.

杨粉团, 曹庆军, 姜晓莉, 等. 2015. 玉米种子定向入土方式与叶片空间分布关系. 浙江农业学报, 27(3): 406-411.

杨宏伟, 李思恩. 2022. 多年膜下滴灌对土壤水盐及棉花产量的影响. 节水灌溉, 326(10): 79-85.

杨吉顺, 齐林, 李尚霞, 等. 2020. 单粒精播对花生产量、光合特性及干物质积累的影响. 江苏农业科学, 48(6): 64-67.

于振文. 2003. 作物栽培学各论(北方本). 北京: 中国农业出版社.

余利, 刘正, 王波, 等. 2013. 行距和行向对不同密度玉米群体田间小气候和产量的影响. 中国生态农业学报, 21(8): 938-942.

翟彬彬, 丁述举, 高于, 等. 2016. 配置方式与密度对夏直播花生产量的影响. 耕作与栽培, (2): 8-10.

张宾, 赵明, 董志强, 等. 2007. 作物产量"三合结构"定量表达及高产分析. 作物学报, 33(10): 1674-1681.

张佳蕾, 郭峰, 李德文, 等. 2018. "三防三促"调控技术对高产花生农艺性状和产量的影响. 中国油料作物学报, 40(6): 828-834.

张佳蕾, 郭峰, 孟静静, 等. 2016a. 钙肥对旱地花生生育后期生理特性和产量的影响. 中国油料作物学报, 38(3): 321-327.

张佳蕾, 郭峰, 孟静静, 等. 2016b. 单粒精播对夏直播花生生育生理特性和产量的影响. 中国生态农业学报, 24(11): 1482-1490.

张佳蕾, 郭峰, 杨佃卿, 等. 2015. 单粒精播对超高产花生群体结构和产量的影响. 中国农业科学, (18): 3757-3766.

张佳蕾, 郭峰, 杨莎, 等. 2017. 夏直播花生早熟和晚熟品种植株发育和产量品质差异. 山东农业科学, 49(1): 48-52.

张俊, 臧秀旺, 郝西, 等. 2021. 不同密植方式对夏直播花生叶片功能及产量的影响. 中国油料作物学报, 43(4): 656-663.

张毅, 张佳蕾, 郭峰, 等. 2018. 不同施氮量对麦茬夏花生氮素吸收分配及产量的影响. 花生学报, 47(3): 52-56.

张智猛, 吴正锋, 丁红, 等. 2013. 灌水时期对花生生育后期土壤剖面水分变化和产量的影响. 花生学报, 42 (2): 14-20.

赵伟, 徐铮, 高大鹏, 等. 2019. 定向种植对夏玉米群体内光环境及叶片光合性能的影响. 应用生态学报, 30(8): 2707-2716.

Chen Q, Yang G. 2020. Signal function studies of ROS, especially RBOH-dependent ROS, in plant growth, development and environmental stress. Journal of Plant Growth Regulation, 39: 157-171.

Dong S T, Hu C H, Gao R Q. 1993. Rates of apparent photosynthesis, respiration and dry matter accumulation in maize canopies. Biologia Plantarum, 35: 273-277.

Faizan M, Faraz A, Khan S T, et al. 2018. Zinc oxide nanoparticle-mediated changes in photosynthetic efficiency and antioxidant system of tomato plants. Photosynthetica, 56: 678-686.

Gechev T S, Breusegem F V, Stone J M, et al. 2010. Reactive oxygen species as signals that modulate plant stress responses and programmed cell death. Bioessays, 28: 1091-1101.

Jägermeyr J, Frieler K. 2018. Spatial variations in crop growing seasons pivotal to reproduce global fluctuations in maize and wheat yields. Science Advances, 4: 2375-2548.

Maddonni G, Chelle M, Drouet J L, et al. 2001. Light interception of contrasting azimuth canopies under square and rectangular plant spatial distributions: Simulations and crop measurements. Field Crops Research, 70: 1-13.

Navabpour S, Morris K, Allen R, et al. 2003. Expression of senescence enhanced genes in response to oxidative stress. Journal of Experimental Botany, 54: 2285-2292.

Qin F F, Xu H L, Lv D Q, et al. 2012. Responses of hypocotyl elongation to light and sowing depth in peanut seedlings. Journal of Food Agriculture and Environment, 10: 607-612.